JN015303

電気系のための光工学

OPTICAL ENGINEERING

―回路理論に基づいて―

左貝潤一 [著]

共立出版

まえがき

　近年，オプトエレクトロニクスやオプトメカトロニクスなど，光学との融合領域である光工学を必要とする分野が増加している。また，これら以外の分野でも，企業内で光工学の知識が必要となっている。しかし，その素養のある人材は少ないので，電気・電子関係出身の技術者をあてている場合が多い。

　新たに異なる分野の内容を学習・理解して仕事に役立てるには，多くの時間と努力を必要とする。その際，すでに知っている内容からの類推を働かすことができれば，理解が促進され深まるはずである。

　本書では，光工学を学習したことのない電気系出身の読者を想定している。電気系出身者は通常，回路理論を通じて，インピーダンス・アドミタンスや各種変換行列，例えばＦ行列（ABCD行列）に精通している。光工学の分野において，見掛け上の現象が異なっていても，その内容が回路理論と対応づけられる例が多く存在する。光工学の内容を電気回路における用語に置き換えて説明すると，電気系出身者が理解しやすくなる。また，新しい人工物質であるフォトニック結晶やメタマテリアルなどの理解もスムーズとなる。

　本書の目的は，インピーダンスやＦ行列を通して，回路理論と光工学との対応関係に着目して，光工学への応用に際して重要な概念や現象の理解を助けることである。

　第１章では二端子対回路，第２章では分布定数線路を取り上げる。ここでは，回路理論で基礎となるインピーダンスや電圧・電流の関係を記述するＦ行列，縦続回路や周期回路へのＦ行列の適用などを説明する。さらに，Ｆ行列のユニモジュラー性，一次分数変換とＦパラメータの関係，周期構造の特性に関係するチェビシェフの恒等式などを説明し，以降の本題へ入るための準備をする。

　第３章では電波と光波を包含する電磁波に関する基礎的内容を扱う。ここで

は，電磁波と分布定数線路における電界・磁界と電圧・電流での対応関係を示し，光波の屈折と反射に関する特性をインピーダンスと関連づけて説明し，光学現象が回路理論の言葉で理解できるようにする。

第4章では，結像素子での光線伝搬特性を，近軸光線を用いてユニモジュラー行列で記述できるようにする。第5〜7章では，近軸近似の下で成り立つガウスビームを特徴づける複素ビームパラメータ（スポットサイズと波面の曲率半径の同時表示が可能）による変換則とインピーダンス変換との類似性，および第4章の結果を利用した周期的レンズ列に関するFパラメータによる等価特性に着目して，光共振器や2乗分布形媒質での光伝搬特性を求める。

第8章では光導波路，第9章では周期構造における光波伝搬特性を，電界・磁界と電圧・電流の対応関係を利用した等価回路により，F行列を用いて導波特性の解析を行い，各種特性を示す。

光工学における内容を，インピーダンスやF行列などで対応づけて議論するだけでは，重要な内容を網羅できない。そこで，第10章では電波と光波の類似点や相違点，光固有の概念，光の伝搬に関する基本原理・定理などを説明する。

最後の第11章では，本書の主旨を理解する上では後に回しても差し支えない内容として，マクスウェル方程式，電磁波の性質，境界条件などを述べる。

本書の特徴は以下のとおりである。

(i) 電気系学生および出身者を対象に，回路理論をベースとして，光工学における基礎的内容を対応関係で示しつつ理解できるようにする。

(ii) F行列の性質を全体の縦糸とし，光工学における重要な概念や内容を横糸として全体を構成する。

(iii) 光工学固有の概念を，電気系では既知の内容と対応させつつ随時説明する。

(iv) 内容のまとめや式の意味などを，要所において箇条書きで示す。

(v) 理解を助けるため例題と演習問題を設け，その解答を載せている。

本書を出版するにあたり，終始お世話になった共立出版(株)の関係各位に厚くお礼を申しあげる。

2022年4月

左貝潤一

目　　次

第1章　二端子対回路

　回路網を二端子対回路の形で整理すると，電気特性を 2 次の正方行列で記述できる。この行列を利用すると，いちいちキルヒホッフの法則までさかのぼることなく，縦続する回路の特性を容易に解析できる利点が生まれる。

　§1.1 では，二端子対回路の表示法のうち，よく用いられるインピーダンス行列，アドミタンス行列，F 行列の定義等を紹介する。§1.2 では，F 行列を用いると，縦続接続された二端子対回路での電圧・電流特性が F 行列の積で記述できることを示す。§1.3 では，相反回路に対する F 行列がユニモジュラー行列となること，およびユニモジュラー行列の性質を示す。§1.4 では，インピーダンス変換やインピーダンス整合などに伴う F 行列の性質を，§1.5 では，無限周期回路の特性解析などを説明する。

§1.1　二端子対回路の表示法

　回路網が電力や信号の伝送に使用される場合，回路網を入力側と出力側に端子が 2 つずつあるとして，入・出力側の電圧と電流の関係が記述される。これは二端子が対にあることから**二端子対回路**（two-terminal pair circuit），あるいは単に**四端子回路**（four-terminal circuit）と呼ばれる。これは回路網をシステム的に解析する上で有用である。

　図 1.1 に示すように，二端子対回路で入力端での電圧と電流を V_1, I_1, 出力端での電圧と電流を V_2, I_2 と設定する。これらに関して 6 通りの表示法があり，それらのパラメータは相互に変換できる。

　ここではよく利用される，インピーダンス行列，アドミタンス行列，F 行列の概略を**表 1.1** に示し，以下で説明する。F 行列とインピーダンス行列，アド

図 **1.1**　二端子対回路の概略

表 **1.1**　電圧・電流特性に関する主な行列表示

インピーダンス行列 Z	アドミタンス行列 Y	F 行列　F
I_1　　　　I_2　回路　V_1　　　V_2	I_1　　　I_2　回路　V_1　　　V_2	I_1　　　I_2　回路　V_1　　　V_2
$\begin{pmatrix} V_1 \\ V_2 \end{pmatrix} = \begin{pmatrix} Z_{11} & Z_{12} \\ Z_{21} & Z_{22} \end{pmatrix} \begin{pmatrix} I_1 \\ I_2 \end{pmatrix}$	$\begin{pmatrix} I_1 \\ I_2 \end{pmatrix} = \begin{pmatrix} Y_{11} & Y_{12} \\ Y_{21} & Y_{22} \end{pmatrix} \begin{pmatrix} V_1 \\ V_2 \end{pmatrix}$	$\begin{pmatrix} V_1 \\ I_1 \end{pmatrix} = \begin{pmatrix} A & B \\ C & D \end{pmatrix} \begin{pmatrix} V_2 \\ I_2 \end{pmatrix}$
左辺に電圧がくる	左辺に電流がくる	左辺に入力端での値がくる

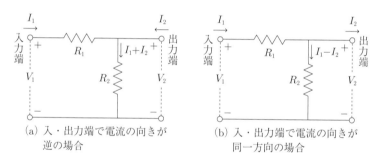

（a）入・出力端で電流の向きが　　　　（b）入・出力端で電流の向きが
　　　逆の場合　　　　　　　　　　　　　　同一方向の場合

図 **1.2**　二端子対回路における電流の向きによる違い

ミタンス行列では，出力端での電流 I_2 の向きが逆であることに注意せよ。行列演算の利点は，コンピュータを使えば計算が機械的に行えることである。

　図 **1.2**(a) に示すように，直列枝に抵抗 R_1，並列枝に抵抗 R_2 があり，入・出力端での直流 I_1 と I_2 が逆向きに流れている場合を考える。キルヒホッフの法則を用いて，抵抗 R_1 による電圧降下が $R_1 I_1$，R_2 に上側から流れる電流が $I_1 + I_2$ であることを考慮すると，両端での電圧は

$$V_1 = R_1 I_1 + V_2, \quad V_2 = R_2(I_1 + I_2) \tag{1.1a,b}$$

で書ける。式 (1.1) で入・出力端の電圧を入・出力端の電流の関数として求め，左辺を電圧とした行列形式で表すと，次式で書ける。

$$\begin{pmatrix} V_1 \\ V_2 \end{pmatrix} = \mathrm{Z} \begin{pmatrix} I_1 \\ I_2 \end{pmatrix}, \quad \mathrm{Z} \equiv \begin{pmatrix} R_1 + R_2 & R_2 \\ R_2 & R_2 \end{pmatrix} \tag{1.2a,b}$$

式 (1.2) における行列 Z の成分はすべて抵抗，つまりインピーダンスの実部であり，行列 Z を**インピーダンス行列** (impedance matrix) または **Z 行列**と呼ぶ。

一方，式 (1.1) を電流について整理すると，$I_1 = V_1/R_1 - V_2/R_1$，$I_2 = V_2/R_2 - I_1 = -V_1/R_1 + V_2(1/R_1 + 1/R_2)$ を得る。これを，左辺を電流とした行列形式で表すと，次式で書ける。

$$\begin{pmatrix} I_1 \\ I_2 \end{pmatrix} = \mathrm{Y} \begin{pmatrix} V_1 \\ V_2 \end{pmatrix}, \quad \mathrm{Y} \equiv \begin{pmatrix} 1/R_1 & -1/R_1 \\ -1/R_1 & 1/R_1 + 1/R_2 \end{pmatrix} \tag{1.3a,b}$$

式 (1.3) における行列 Y の成分はすべて抵抗の逆数，つまりアドミタンスの実部であり，これを**アドミタンス行列** (admittance matrix) または **Y 行列**と呼ぶ。

式 (1.2b) の逆行列 Z^{-1} は

$$\mathrm{Z}^{-1} = \begin{pmatrix} R_1 + R_2 & R_2 \\ R_2 & R_2 \end{pmatrix}^{-1} = \frac{1}{R_1 R_2} \begin{pmatrix} R_2 & -R_2 \\ -R_2 & R_1 + R_2 \end{pmatrix} = \mathrm{Y} \tag{1.4}$$

で書ける。式 (1.4) は式 (1.3b) に一致しており，アドミタンス行列 Y がインピーダンス行列 Z の逆行列となることが確認できる。

図 1.2(a) では直流で回路素子として抵抗のみを用いて説明したが，角周波数 ω の交流回路に対しても容易に拡張できる。アドミタンス Y は

$$Y = \frac{1}{Z} \tag{1.5}$$

のように，インピーダンス Z の逆数で得られる。インピーダンス Z とアドミタンス Y は，抵抗 R，インダクタンス L，電気容量 C のそれぞれに対して

$$Z = R, \quad Z = j\omega L, \quad Z = 1/j\omega C \tag{1.6}$$

$$Y = 1/R, \quad Y = 1/j\omega L, \quad Y = j\omega C \tag{1.7}$$

で書ける。

　二端子対回路を交流まで一般化すると，電圧を電流の関数として表す式 (1.2) は

$$\begin{pmatrix} V_1 \\ V_2 \end{pmatrix} = \mathrm{Z} \begin{pmatrix} I_1 \\ I_2 \end{pmatrix}, \quad \mathrm{Z} \equiv \begin{pmatrix} Z_{11} & Z_{12} \\ Z_{21} & Z_{22} \end{pmatrix} \tag{1.8a,b}$$

で書ける。ここで，インピーダンス行列 Z の成分 Z_{ij} $(i, j = 1, 2)$ はインピーダンスであり，これらを **Z** パラメータと呼ぶ。また，電流を電圧の関数として表す式 (1.3) に対応して

$$\begin{pmatrix} I_1 \\ I_2 \end{pmatrix} = \mathrm{Y} \begin{pmatrix} V_1 \\ V_2 \end{pmatrix}, \quad \mathrm{Y} \equiv \begin{pmatrix} Y_{11} & Y_{12} \\ Y_{21} & Y_{22} \end{pmatrix} \tag{1.9a,b}$$

が使用される。ここで，アドミタンス行列 Y の成分 Y_{ij} $(i, j = 1, 2)$ はアドミタンスであり，これらを **Y** パラメータと呼ぶ。

　次に，図 1.2(b) に示すように，入・出力端の電流が同一方向を向いた場合を考える。キルヒホッフの法則より，このときの両端での電圧は

$$V_1 = V_2 + R_1 I_1, \quad V_2 = R_2(I_1 - I_2) \tag{1.10a,b}$$

で書ける。式 (1.10) を，入力端での電圧と電流が左辺にくるように

$$V_1 = AV_2 + BI_2, \quad I_1 = CV_2 + DI_2 \quad （A \sim D：定数） \tag{1.11a,b}$$

の形で整理することを考える。式 (1.10) より $I_1 = V_2/R_2 + I_2$，$V_1 = (1 + R_1/R_2)V_2 + R_1 I_2$ を得る。両式を式 (1.11) に合わせると行列形式で

$$\begin{pmatrix} V_1 \\ I_1 \end{pmatrix} = \mathrm{F} \begin{pmatrix} V_2 \\ I_2 \end{pmatrix}, \quad \mathrm{F} \equiv \begin{pmatrix} A & B \\ C & D \end{pmatrix} = \begin{pmatrix} 1 + R_1/R_2 & R_1 \\ 1/R_2 & 1 \end{pmatrix}$$

$$(1.12\mathrm{a,b})$$

で書ける。式 (1.12) における行列 F は，**F 行列** (fundamental matrix) と呼ばれることが多く，**ABCD 行列** (ABCD matrix) や K 行列 (Ketten matrix) とも呼ばれる。F 行列の成分 $A \sim D$ を **F パラメータ** (fundamental parameters) と呼ぶ。

　F 行列の特徴は，入・出力端での値が等号の左右で分離され，左（右）辺に入（出）力端での電圧と電流が設定されていることである。この特徴は，後述する縦続回路の電圧・電流特性を求める上で有用であるだけでなく，後続する章の議論においても重要な役割を果たす。

　インピーダンス行列 Z が式 (1.8b)，アドミタンス行列 Y が式 (1.9b)，F 行列が式 (1.12b) で表されるとき，各行列は次式で相互に変換できる。

$$\mathrm{Z} \equiv \begin{pmatrix} Z_{11} & Z_{12} \\ Z_{21} & Z_{22} \end{pmatrix} = \frac{1}{|\mathrm{Y}|} \begin{pmatrix} Y_{22} & -Y_{12} \\ -Y_{21} & Y_{11} \end{pmatrix} = \frac{1}{C} \begin{pmatrix} A & |\mathrm{F}| \\ 1 & D \end{pmatrix}$$

$$(1.13\mathrm{a})$$

$$\mathrm{Y} \equiv \begin{pmatrix} Y_{11} & Y_{12} \\ Y_{21} & Y_{22} \end{pmatrix} = \frac{1}{|\mathrm{Z}|} \begin{pmatrix} Z_{22} & -Z_{12} \\ -Z_{21} & Z_{11} \end{pmatrix} = \frac{1}{B} \begin{pmatrix} D & -|\mathrm{F}| \\ -1 & A \end{pmatrix}$$

$$(1.13\mathrm{b})$$

$$\mathrm{F} \equiv \begin{pmatrix} A & B \\ C & D \end{pmatrix} = \frac{1}{Z_{21}} \begin{pmatrix} Z_{11} & |\mathrm{Z}| \\ 1 & Z_{22} \end{pmatrix} = \frac{-1}{Y_{21}} \begin{pmatrix} Y_{22} & 1 \\ |\mathrm{Y}| & Y_{11} \end{pmatrix}$$

$$(1.13\mathrm{c})$$

$$|\mathrm{Z}| \equiv Z_{11}Z_{22} - Z_{12}Z_{21}, \quad |\mathrm{Y}| \equiv Y_{11}Y_{22} - Y_{12}Y_{21}, \quad |\mathrm{F}| \equiv AD - BC$$

$$(1.13\mathrm{d})$$

式 (1.13d) は各行列の行列式を表している。

§1.2　二端子対回路の F 行列による表現

1.2.1　二端子対回路における基本回路

図 **1.3**(a) に示すように，直列枝にインピーダンス $Z_1(=1/Y_1)$ のみがあり，入・出力端での電流が同一方向を向いているとする。このとき，キルヒホッフの法則を用いて，入力端での電圧と電流は次式で書ける。

$$V_1 = V_2 + Z_1 I_1, \quad I_1 = I_2 \tag{1.14a,b}$$

入力端での電圧を出力端での値で表すため，式 (1.14b) を (1.14a) に代入して $V_1 = V_2 + Z_1 I_2$ を得る。これと式 (1.14b) を F 行列の形式で表すと，次式で書ける。

$$\begin{pmatrix} V_1 \\ I_1 \end{pmatrix} = \mathrm{F}_1 \begin{pmatrix} V_2 \\ I_2 \end{pmatrix} \tag{1.15a}$$

$$\mathrm{F}_1 \equiv \begin{pmatrix} A_1 & B_1 \\ C_1 & D_1 \end{pmatrix} = \begin{pmatrix} 1 & Z_1 \\ 0 & 1 \end{pmatrix} = \begin{pmatrix} 1 & 1/Y_1 \\ 0 & 1 \end{pmatrix} \tag{1.15b}$$

行列 F_1 の行列式の値は，式 (1.15b) を用いて

$$|\mathrm{F}_1| = A_1 D_1 - B_1 C_1 = 1 \tag{1.16}$$

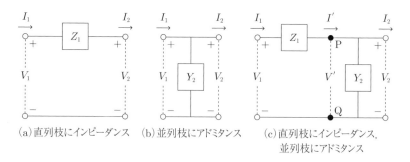

　(a)直列枝にインピーダンス　(b)並列枝にアドミタンス　(c)直列枝にインピーダンス，
　　　　　　　　　　　　　　　　　　　　　　　　　　　　　　並列枝にアドミタンス

図 **1.3**　基本要素の二端子対回路と縦続回路
Z_1：インピーダンス，Y_2：アドミタンス

表 1.2 直列枝と並列枝にある回路素子の F 行列

	インピーダンス Z アドミタンス Y	抵抗 R	インダクタンス L	電気容量 C
	$\mathrm{F} = \begin{pmatrix} 1 & Z \\ 0 & 1 \end{pmatrix}$	$\begin{pmatrix} 1 & R \\ 0 & 1 \end{pmatrix}$	$\begin{pmatrix} 1 & j\omega L \\ 0 & 1 \end{pmatrix}$	$\begin{pmatrix} 1 & 1/j\omega C \\ 0 & 1 \end{pmatrix}$
	$\mathrm{F} = \begin{pmatrix} 1 & 0 \\ Y & 1 \end{pmatrix}$	$\begin{pmatrix} 1 & 0 \\ 1/R & 1 \end{pmatrix}$	$\begin{pmatrix} 1 & 0 \\ 1/j\omega L & 1 \end{pmatrix}$	$\begin{pmatrix} 1 & 0 \\ j\omega C & 1 \end{pmatrix}$

のように，1となる。行列式の値が1となる行列は**ユニモジュラー行列**（unimodular matrix）と呼ばれる。ユニモジュラー行列は，次項で説明するように，二端子対回路が縦続した回路を扱う場合に有用となる。

　表 1.2 に，直列枝にインピーダンスがあるときの F 行列を，次に説明する並列枝にアドミタンスがあるときの F 行列とともに示す。

　図 1.3(b) に示すように，並列枝にアドミタンス $Y_2(= 1/Z_2)$ のみがあり，同じく入・出力端での電流が同一方向を向いているとき，入力端での電圧と電流は

$$V_1 = V_2, \quad I_1 = I_2 + Y_2 V_1 \tag{1.17a,b}$$

で書ける。式 (1.17a) を式 (1.17b) に適用すると，F 行列を用いて

$$\begin{pmatrix} V_1 \\ I_1 \end{pmatrix} = \mathrm{F}_2 \begin{pmatrix} V_2 \\ I_2 \end{pmatrix} \tag{1.18a}$$

$$\mathrm{F}_2 \equiv \begin{pmatrix} A_2 & B_2 \\ C_2 & D_2 \end{pmatrix} = \begin{pmatrix} 1 & 0 \\ Y_2 & 1 \end{pmatrix} = \begin{pmatrix} 1 & 0 \\ 1/Z_2 & 1 \end{pmatrix} \tag{1.18b}$$

で表せる。行列 F_2 の行列式の値も，式 (1.18b) を用いて

$$|\mathrm{F}_2| = A_2 D_2 - B_2 C_2 = 1 \tag{1.19}$$

となり，ユニモジュラーとなる。

1.2.2 縦続回路

　図 1.3(c) に示すように，直列枝にインピーダンス Z_1，並列枝にアドミタン

ス Y_2 があるとき，入力端での電圧と電流は次式で書ける。

$$V_1 = V_2 + Z_1 I_1, \quad I_1 = I_2 + Y_2 V_2 \tag{1.20a,b}$$

式 (1.20b) を式 (1.20a) に代入して，$V_1 = V_2 + Z_1 I_1 = (1 + Z_1 Y_2)V_2 + Z_1 I_2$ を得る。これと式 (1.20b) を F 行列の形式で書くと，次式で表せる。

$$\begin{pmatrix} V_1 \\ I_1 \end{pmatrix} = \mathrm{F} \begin{pmatrix} V_2 \\ I_2 \end{pmatrix}, \quad \mathrm{F} \equiv \begin{pmatrix} 1 + Z_1 Y_2 & Z_1 \\ Y_2 & 1 \end{pmatrix} \tag{1.21}$$

図 1.3(c) を 1 つの回路素子のみを含む基本要素に分解するため P，Q で分割する。これは直列枝にインピーダンス Z_1 だけがある二端子対回路（図 1.3(a) 参照）と並列枝にアドミタンス Y_2 だけがある二端子対回路（図 1.3(b) 参照）を縦続接続した回路とみなせる。これを**縦続回路**（cascaded circuit）と呼ぶ。

　この縦続回路の分割位置 P，Q での電圧・電流を V'，I' とおく。このとき，各位置での電圧と電流の関係は，式 (1.15)，(1.18) を利用して

$$\begin{pmatrix} V_1 \\ I_1 \end{pmatrix} = \mathrm{F}_1 \begin{pmatrix} V' \\ I' \end{pmatrix}, \quad \begin{pmatrix} V' \\ I' \end{pmatrix} = \mathrm{F}_2 \begin{pmatrix} V_2 \\ I_2 \end{pmatrix} \tag{1.22a,b}$$

で書ける。よって，入・出力端での電圧・電流特性は

$$\begin{pmatrix} V_1 \\ I_1 \end{pmatrix} = \mathrm{F}_3 \begin{pmatrix} V_2 \\ I_2 \end{pmatrix} \tag{1.23a}$$

$$\mathrm{F}_3 = \mathrm{F}_1 \mathrm{F}_2 = \begin{pmatrix} 1 & Z_1 \\ 0 & 1 \end{pmatrix} \begin{pmatrix} 1 & 0 \\ Y_2 & 1 \end{pmatrix} = \begin{pmatrix} 1 + Z_1 Y_2 & Z_1 \\ Y_2 & 1 \end{pmatrix} \tag{1.23b}$$

のように F 行列の積で記述でき，式 (1.23) は式 (1.21) と一致する。

　式 (1.23) は，縦続接続された二端子対回路の F 行列が，基本要素の F 行列の積で表せることを示している。つまり，式 (1.20) のようにキルヒホッフの定理を使うことなく，回路全体の F 行列を求めることができる。

　縦続接続された二端子対回路が 2 段の場合の摸式図を**図 1.4** に示す。第 1・

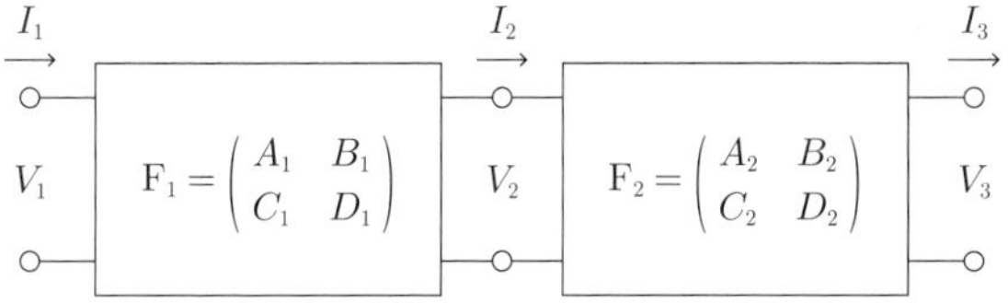

図 **1.4** 縦続回路における行列演算

$$\begin{pmatrix} V_1 \\ I_1 \end{pmatrix} = F_1 F_2 \begin{pmatrix} V_3 \\ I_3 \end{pmatrix}$$

2 段での基本要素の F 行列がそれぞれ F_1, F_2 で表されているとする。このとき，各段での特性は次式で記述される。

$$\begin{pmatrix} V_1 \\ I_1 \end{pmatrix} = F_1 \begin{pmatrix} V_2 \\ I_2 \end{pmatrix}, \quad F_1 \equiv \begin{pmatrix} A_1 & B_1 \\ C_1 & D_1 \end{pmatrix} \tag{1.24a}$$

$$\begin{pmatrix} V_2 \\ I_2 \end{pmatrix} = F_2 \begin{pmatrix} V_3 \\ I_3 \end{pmatrix}, \quad F_2 \equiv \begin{pmatrix} A_2 & B_2 \\ C_2 & D_2 \end{pmatrix} \tag{1.24b}$$

縦続回路の両端での電圧・電流特性は次式で表される。

$$\begin{pmatrix} V_1 \\ I_1 \end{pmatrix} = F_3 \begin{pmatrix} V_3 \\ I_3 \end{pmatrix} \tag{1.25a}$$

$$F_3 \equiv \begin{pmatrix} A_3 & B_3 \\ C_3 & D_3 \end{pmatrix} = F_1 F_2 = \begin{pmatrix} A_1 A_2 + B_1 C_2 & A_1 B_2 + B_1 D_2 \\ C_1 A_2 + D_1 C_2 & C_1 B_2 + D_1 D_2 \end{pmatrix}$$
$$\tag{1.25b}$$

　上で説明した，基本要素が 2 段ある場合の縦続回路の考え方は，基本要素が N 段ある場合にも容易に一般化できる。入力端での電圧と電流を V_1, I_1，出力端での電圧と電流を V_{N+1}, I_{N+1}，分割された位置での電圧と電流を V_i, I_i $(i = 1, 2, \cdots, N)$，V_i, I_i と V_{i+1}, I_{i+1} の間の F 行列を F_i とおく。このとき，両端での関係は，式 (1.23) を N 段の場合に一般化した行列積を用いて

$$\begin{pmatrix} V_1 \\ I_1 \end{pmatrix} = F_{\text{tot}} \begin{pmatrix} V_{N+1} \\ I_{N+1} \end{pmatrix}, \quad F_{\text{tot}} = F_1 F_2 \cdots F_N \tag{1.26a,b}$$

で書ける。

§1.3　相反回路の特性

　二端子対回路で入・出力端を逆にしても，同一の電圧・電流特性が得られる回路を**相反回路**（reciprocal circuit）または**可逆回路**という。相反回路は受動回路素子（抵抗，インダクタンス，コンデンサ，変成器）のみから構成されている。本節では，相反回路における F 行列の性質と利用法を説明する。

1.3.1　相反回路における F 行列のユニモジュラー性

　本項では，二端子対回路が相反回路になっているとき，F 行列がユニモジュラー行列となることを一般的に説明する。

　図 1.5(a) で，相反回路で入・出力端での電流の向きを同一方向にとる。このときの電圧・電流特性が式 (1.11) で表されるとすると，次式で書ける。

$$\left(\begin{array}{c} V_1 \\ I_1 \end{array} \right) = \mathrm{F} \left(\begin{array}{c} V_2 \\ I_2 \end{array} \right), \quad \mathrm{F} \equiv \left(\begin{array}{cc} A & B \\ C & D \end{array} \right) \tag{1.27a,b}$$

　相反回路では，入・出力端を逆にしても，同一の電圧・電流特性が得られる。出力端での電流の向きを，図 1.5(b) のように図 (a) と逆にとり，電流の符号の基準を図 (a) に合わせると，インピーダンス行列を用いた表示では形式的に

$$\left(\begin{array}{c} V_1 \\ V_2 \end{array} \right) = \left(\begin{array}{cc} Z_{11} & Z_{12} \\ Z_{21} & Z_{22} \end{array} \right) \left(\begin{array}{c} I_1 \\ -I_2 \end{array} \right) \tag{1.28}$$

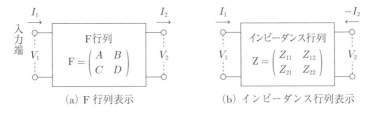

（a）F 行列表示　　　　　　（b）インピーダンス行列表示

図 1.5　相反回路における F 行列とインピーダンス行列

と書ける。相反回路では，電流 I_1 に対する電圧 V_2 と，電流 $-I_2$ に対する電圧 V_1 が同じインピーダンスになるから，式 (1.28) で次式を満たさなければならない。

$$Z_{12} = Z_{21} \tag{1.29}$$

式 (1.27) の F 行列からインピーダンス行列への変換は，式 (1.13a) より

$$\begin{pmatrix} V_1 \\ V_2 \end{pmatrix} = \frac{1}{C} \begin{pmatrix} A & |\mathrm{F}| \\ 1 & D \end{pmatrix} \begin{pmatrix} I_1 \\ -I_2 \end{pmatrix} \tag{1.30}$$

で書ける。式 (1.30) が式 (1.29) を満たすには

$$|\mathrm{F}| = AD - BC = 1 \tag{1.31}$$

が常に成り立てばよい。式 (1.31) は，相反回路の F 行列の行列式が 1，つまり**ユニモジュラー行列**となるべきことを表しており，これを**相反定理**（reciprocal theorem）という。

1.2.2 項の最後で説明したように，基本要素の二端子対回路が N 段ある場合，縦続回路全体の F 行列 $\mathrm{F}_{\mathrm{tot}}$ は基本要素の F 行列の積で表せる。代数学の定理によると，行列の積の行列式は，各行列の行列式の積で求められる。したがって，基本要素の F 行列がユニモジュラー，すなわち各行列式の値が 1 であれば

$$|\mathrm{F}_{\mathrm{tot}}| = |\mathrm{F}_1| \cdot |\mathrm{F}_2| \cdots |\mathrm{F}_N| = 1 \tag{1.32}$$

が成り立つ（演習問題 1.1 参照）。式 (1.32) におけるユニモジュラー行列の性質は，電気回路だけでなく本書の随所で使用される。

1.3.2 縦続回路の具体例と対称回路

本項では，よく利用される縦続回路の具体的な回路構成として，T 型回路と π 型回路に対する電圧・電流特性を説明する。

図 1.6(a) に T 型回路を示す。これは Y 型回路とも呼ばれる。直列枝にあるインピーダンス Z_1 と Z_3 の間に，インピーダンス Z_2 の並列枝がある。こ

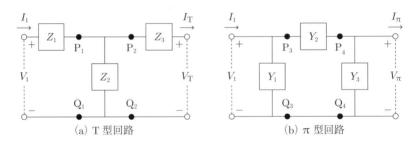

図 1.6　T 型回路と π 型回路
黒丸は行列で計算するときの分割位置

れらを P_1-Q_1, P_2-Q_2 で基本要素に分割し，基本要素の F 行列を左から順に F_1, F_2, F_3 とする．入力端での電圧と電流を V_1, I_1，出力端での電圧と電流を V_T, I_T とおく．T 型回路の電圧・電流特性は，式 (1.15)，(1.18) または表 1.2 を利用して

$$\begin{pmatrix} V_1 \\ I_1 \end{pmatrix} = F_T \begin{pmatrix} V_T \\ I_T \end{pmatrix} \tag{1.33a}$$

$$F_T \equiv \begin{pmatrix} 1 & Z_1 \\ 0 & 1 \end{pmatrix} \begin{pmatrix} 1 & 0 \\ 1/Z_2 & 1 \end{pmatrix} \begin{pmatrix} 1 & Z_3 \\ 0 & 1 \end{pmatrix}$$

$$= \frac{1}{Z_2} \begin{pmatrix} Z_1 + Z_2 & Z_1 Z_2 + Z_2 Z_3 + Z_3 Z_1 \\ 1 & Z_2 + Z_3 \end{pmatrix} \tag{1.33b}$$

で表せる．T 型回路の行列 F_T の行列式の値も 1 となる（演習問題 1.2 参照）．

図 1.6(b) に π 型回路を示す．これは Δ 型回路とも呼ばれる．並列枝にあるアドミタンス Y_1 と Y_3 の間に，アドミタンス Y_2 の直列枝がある．P_3-Q_3, P_4-Q_4 で分割された基本要素の F 行列を左から順に F_1, F_2, F_3，入力端での電圧と電流を V_1, I_1，出力端での電圧と電流を V_π, I_π とおく．このとき，式 (1.15)，(1.18) または表 1.2 を用いて，π 型回路の電圧・電流特性が

$$\begin{pmatrix} V_1 \\ I_1 \end{pmatrix} = F_\pi \begin{pmatrix} V_\pi \\ I_\pi \end{pmatrix} \tag{1.34a}$$

$$F_\pi \equiv \begin{pmatrix} 1 & 0 \\ Y_1 & 1 \end{pmatrix} \begin{pmatrix} 1 & 1/Y_2 \\ 0 & 1 \end{pmatrix} \begin{pmatrix} 1 & 0 \\ Y_3 & 1 \end{pmatrix}$$

$$= \frac{1}{Y_2} \begin{pmatrix} Y_2 + Y_3 & 1 \\ Y_1 Y_2 + Y_2 Y_3 + Y_3 Y_1 & Y_1 + Y_2 \end{pmatrix} \tag{1.34b}$$

で表せる。π 型回路の行列 F_π の行列式の値も 1 となる。

入・出力端を入れ換えても同じ構成となる回路を**対称回路**（symmetric circuit）と呼び，そのときの F パラメータは $A = D$ となる。上記の T 型回路で $Z_1 = Z_3$，π 型回路で $Y_1 = Y_3$ となるとき，対称回路となる。

§1.4 インピーダンスの関連事項

本節では，インピーダンスに関連する事項として，インピーダンス変換，反復インピーダンス，インピーダンス整合を説明する。

1.4.1 インピーダンス変換

図 **1.7** に示すように，インピーダンス Z_L の入力側に二端子対回路を接続する。この二端子対回路の電圧・電流特性を次の F 行列で表す。

$$\begin{pmatrix} V_1 \\ I_1 \end{pmatrix} = \begin{pmatrix} A & B \\ C & D \end{pmatrix} \begin{pmatrix} V_2 \\ I_2 \end{pmatrix} \tag{1.35}$$

このとき，二端子対回路の入力端からみた**入力インピーダンス**（input

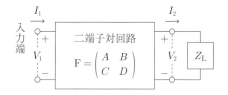

図 **1.7** インピーダンス変換における二端子対回路
Z_L：負荷のインピーダンス

impedance) Z_{in} と，出力端からみた**出力インピーダンス** (output impedance) Z_{out} は

$$Z_{\mathrm{in}} = \frac{V_1}{I_1}, \quad Z_{\mathrm{out}} = \frac{V_2}{I_2} = Z_{\mathrm{L}} \tag{1.36a,b}$$

で書ける。上記のインピーダンスの関係は式 (1.35), (1.36) を用いて

$$Z_{\mathrm{in}} = \frac{V_1}{I_1} = \frac{AV_2 + BI_2}{CV_2 + DI_2} = \frac{A(V_2/I_2) + B}{C(V_2/I_2) + D} = \frac{AZ_{\mathrm{L}} + B}{CZ_{\mathrm{L}} + D} \tag{1.37}$$

で表せる。Z_{L} から Z_{in} への変換を，F パラメータによる**インピーダンス変換** (impedance transformation) という。

　上記の変換は，$AD - BC \neq 0$ を満たすとき**一次分数変換** (linear fractional transformation) または**メビウス変換** (Möbius transformation) と呼ばれる。上述のように，相反回路のときの F パラメータは $AD - BC = 1$ を満たしており，一次分数変換の性質が利用できる。

　式 (1.37) での F パラメータ $A{\sim}D$ に対応して，これらを成分とする行列

$$\mathrm{F} = \begin{pmatrix} A & B \\ C & D \end{pmatrix} \tag{1.38}$$

を作る。これはインピーダンス変換における関係を，行列演算と結びつけるものであり，**ABCD 則** (ABCD law) と呼ばれる。式 (1.38) の行列 F も **F 行列**または **ABCD 行列**と呼ばれる。

　式 (1.37) は，順方向でのインピーダンス変換の式と F パラメータがよく対応していることを表す。これは，縦続回路でのインピーダンスの変換が，式 (1.26b) のように F 行列の積で計算できることを示している。

1.4.2　反復インピーダンス

　図 1.8(a) に示すように，二端子対回路の出力端に負荷（インピーダンス：Z_{it}）が接続されている。このとき，$\mathrm{P_1}$-$\mathrm{Q_1}$ 側から見た入力インピーダンスが負荷のインピーダンス Z_{it} に一致しているとする。このような Z_{it} を**反復インピーダンス** (iterative impedance) と呼ぶ。この状況が満たされているとき，$\mathrm{P_2}$-$\mathrm{Q_2}$ 間に同じ二端子対回路をいくつ縦続接続しても，どの接続点から右を見

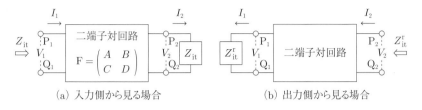

図 **1.8** 反復インピーダンス

たインピーダンスは Z_{it} に一致するはずである。同じ二端子対回路を無限個接続する無限周期回路の場合は §1.5 で示す。

反復インピーダンスを求めるため，インピーダンス変換の式 (1.37) で $Z_{\mathrm{it}} = Z_{\mathrm{in}} = Z_{\mathrm{L}}$ とおき，これを整理すると次の2次方程式が得られる。

$$CZ_{\mathrm{it}}^2 + (D - A)Z_{\mathrm{it}} - B = 0 \tag{1.39}$$

式 (1.39) を解くと，反復インピーダンスが，F パラメータを含む形で

$$Z_{\mathrm{it}} = \frac{1}{2C}\left[(A - D) \pm \sqrt{(A - D)^2 + 4BC}\right] \tag{1.40}$$

で表せる。複号のうち，実部が正のものだけが物理的に意味をもつ。特に相反回路のとき，式 (1.40) に式 (1.31) を適用して

$$Z_{\mathrm{it}} = \frac{1}{2C}\left[(A - D) \pm \sqrt{(A + D)^2 - 4}\right] \tag{1.41}$$

で書ける。対称回路のときは，$A = D$ を用いて次式で書ける。

$$Z_{\mathrm{it}} = \sqrt{\frac{B}{C}} \tag{1.42}$$

反復インピーダンスは，図 1.8(b) のように，負荷側から見た出力インピーダンスでも定義される。このときの電圧・電流特性は，電流の向きが図 (a) と逆であることに留意して

$$\begin{pmatrix} V_2 \\ -I_2 \end{pmatrix} = \frac{1}{|\mathrm{F}|}\begin{pmatrix} D & B \\ C & A \end{pmatrix}\begin{pmatrix} V_1 \\ -I_1 \end{pmatrix} \tag{1.43}$$

で書け，出力インピーダンスが $Z_{\mathrm{out}} = V_2/(-I_2) = Z_{\mathrm{L}} = (DZ_{\mathrm{in}}+B)/(CZ_{\mathrm{in}}+A)$ となる。この結果で $Z_{\mathrm{it}}^{\mathrm{r}} = Z_{\mathrm{L}} = Z_{\mathrm{in}}$ とおいて，反復インピーダンスは

$$Z_{\mathrm{it}}^{\mathrm{r}} = \frac{1}{2C}\left[(D-A) \pm \sqrt{(D-A)^2 + 4BC}\right] \tag{1.44}$$

で表せる。これは式 (1.40) で A と D を入れ換えて得られる。

　反復インピーダンスの条件が満たされているときは，入力インピーダンスと負荷のインピーダンスが一致しているので，次項で説明するインピーダンス整合がとれていることになり，反射を生じない。

1.4.3　インピーダンス整合

　図 1.9 に示すように，定電圧電源（電圧：V_0，内部インピーダンス：Z_0）あるいは信号源の出力端に負荷（インピーダンス：Z_{L}）が接続されているとき，負荷で消費される電力が最大となる条件を考える。

　回路を流れる電流 I と負荷の両端に生じる電圧 V_{L} は次式で表される。

$$I = \frac{V_0}{Z_0 + Z_{\mathrm{L}}}, \quad V_{\mathrm{L}} = V_0 - Z_0 I = Z_{\mathrm{L}}\frac{V_0}{Z_0 + Z_{\mathrm{L}}} \tag{1.45a,b}$$

このとき，負荷で消費される有効電力 P は，式 (1.45) を用いて

$$P = \mathrm{Re}\{V_{\mathrm{L}}^* I\} = \mathrm{Re}\left\{Z_{\mathrm{L}}^* \frac{V_0^*}{Z_0^* + Z_{\mathrm{L}}^*}\frac{V_0}{Z_0 + Z_{\mathrm{L}}}\right\} = \frac{\mathrm{Re}\{Z_{\mathrm{L}}^*\}}{|Z_0 + Z_{\mathrm{L}}|^2}|V_0|^2 \tag{1.46}$$

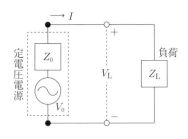

図 1.9　信号源に負荷が接続された回路
V_0：電圧，Z_0：内部インピーダンス，
Z_{L}：負荷のインピーダンス

で表される。ここで，Re は { } 内の実部をとることを，∗ は複素共役を表す。

有効電力を最大とする条件は，式 (1.46) における各インピーダンスの実部と虚部に対してそれぞれ添え字 R と I を付加して表すと

$$\frac{\partial P}{\partial Z_{\mathrm{LR}}} = \frac{(Z_{0\mathrm{R}}^2 - Z_{\mathrm{LR}}^2) + (Z_{0\mathrm{I}} + Z_{\mathrm{LI}})^2}{[(Z_{0\mathrm{R}} + Z_{\mathrm{LR}})^2 + (Z_{0\mathrm{I}} + Z_{\mathrm{LI}})^2]^2}|V_0|^2 = 0 \quad (\text{中辺の値はすべて実数})$$

$$\frac{\partial P}{\partial Z_{\mathrm{LI}}} = \frac{-2Z_{\mathrm{LR}}(Z_{0\mathrm{I}} + Z_{\mathrm{LI}})}{[(Z_{0\mathrm{R}} + Z_{\mathrm{LR}})^2 + (Z_{0\mathrm{I}} + Z_{\mathrm{LI}})^2]^2}|V_0|^2 = 0$$

と書ける。両式が同時に成り立つ条件は $Z_{\mathrm{LR}} = Z_{0\mathrm{R}}$，$Z_{\mathrm{LI}} = -Z_{0\mathrm{I}}$，つまり

$$Z_{\mathrm{L}} = Z_0^* \tag{1.47}$$

である。このとき，負荷で得られる最大電力は次式で表せる。

$$P_{\max} = \frac{|V_0|^2}{4\mathrm{Re}\{Z_0\}} \tag{1.48}$$

式 (1.47) は**インピーダンス整合条件**（impedance matching condition）と呼ばれ，負荷で最大電力を得るには，負荷のインピーダンス Z_{L} と電源の内部インピーダンス Z_0 が複素共役となるべきことを表す。このとき，電源からの電力が負荷に効率よく供給される。高周波ではインピーダンスの虚部の影響が出るので，虚部まで考慮することが重要である。

【例題 1.1】 図 1.6(a) の回路で $Z_1 = R_1$，$Z_2 = R_2$，$Z_3 = R_3$ のとき，次の各問に答えよ。

① この回路の F 行列を求めよ。

② $R_1 = R_3$ のときの反復インピーダンス Z_{it} を R_1，R_2 で表せ。

③ $R_1 = R_3 = 10\,\Omega$，$R_2 = 20\,\Omega$ のとき，反復インピーダンスを求めよ。

[解]　① T 型回路の式 (1.33b) に各値を代入して，F 行列が次式で表せる。

$$\mathrm{F_T} = \frac{1}{R_2}\begin{pmatrix} R_1 + R_2 & R_1R_2 + R_2R_3 + R_3R_1 \\ 1 & R_2 + R_3 \end{pmatrix}$$

② 対称回路であるから式 (1.42) を利用して，反復インピーダンスが

$$Z_{\mathrm{it}} = \sqrt{R_1\,(R_1 + 2R_2)}$$

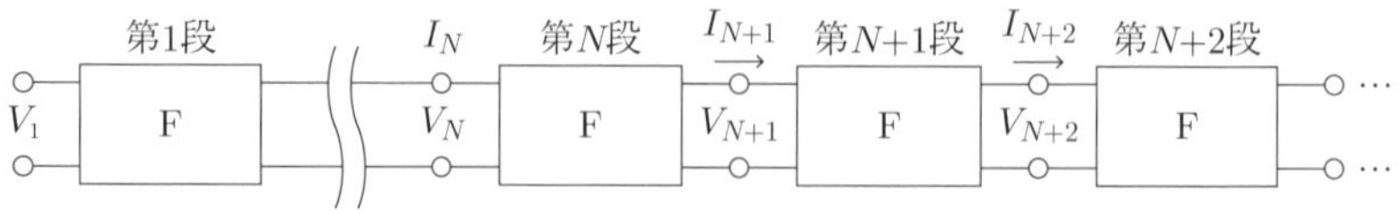

図 **1.10**　無限周期回路の概略

$$F \equiv \begin{pmatrix} A & B \\ C & D \end{pmatrix}$$

で表せる。

③ 各値を ② で求めた式に代入して $Z_{\mathrm{it}} = \sqrt{500} = 10\sqrt{5}\,\Omega = 22.4\,\Omega$ となる。

§1.5　無限周期回路

縦続回路の一種で，同一回路が繰り返し接続されている回路を**周期回路**（periodic circuit）と呼ぶ。この各回路を二端子対回路の F 行列で記述すると，初段と $N+1$ 段目の電圧・電流特性は

$$\begin{pmatrix} V_1 \\ I_1 \end{pmatrix} = F^N \begin{pmatrix} V_{N+1} \\ I_{N+1} \end{pmatrix} \tag{1.49}$$

で関係づけられる。

縦続回路が無限に接続される場合は実際にはあり得ないが，反復インピーダンスを考える上で重要である。無限周期回路がある場合（**図 1.10**），無限遠では隣接する回路間でのインピーダンスが等しくなるはずである。$N+2$ 段目での電圧・電流を基準とすると，N 段目と $N+1$ 段目での特性は次式で書ける。

$$\begin{pmatrix} V_{N+1} \\ I_{N+1} \end{pmatrix} = F \begin{pmatrix} V_{N+2} \\ I_{N+2} \end{pmatrix} \tag{1.50a}$$

$$\begin{pmatrix} V_N \\ I_N \end{pmatrix} = F \begin{pmatrix} V_{N+1} \\ I_{N+1} \end{pmatrix} = F^2 \begin{pmatrix} V_{N+2} \\ I_{N+2} \end{pmatrix} \tag{1.50b}$$

$$\mathrm{F}^2 = \left(\begin{array}{cc} A & B \\ C & D \end{array} \right) \left(\begin{array}{cc} A & B \\ C & D \end{array} \right) = \left(\begin{array}{cc} A^2 + BC & B(A+D) \\ C(A+D) & BC + D^2 \end{array} \right)$$

$$\tag{1.50c}$$

このとき，N 段目の回路の入力インピーダンス Z_N は，式 (1.50c) を用いて

$$\begin{aligned} Z_N = \frac{V_N}{I_N} &= \frac{(A^2 + BC)V_{N+2} + B(A+D)I_{N+2}}{C(A+D)V_{N+2} + (BC+D^2)I_{N+2}} \\ &= \frac{(A^2 + BC)Z_{N+2} + B(A+D)}{C(A+D)Z_{N+2} + (BC+D^2)} \end{aligned} \tag{1.51}$$

のように，$N+2$ 段目の回路のインピーダンス $Z_{N+2} = V_{N+2}/I_{N+2}$ と関係づけられる。また，$N+1$ 段目の回路の入力インピーダンスは次式で表せる。

$$Z_{N+1} = \frac{V_{N+1}}{I_{N+1}} = \frac{AV_{N+2} + BI_{N+2}}{CV_{N+2} + DI_{N+2}} = \frac{AZ_{N+2} + B}{CZ_{N+2} + D} \tag{1.52}$$

隣接する二端子対回路間でのインピーダンスが等しくなる条件 $Z_N = Z_{N+1}$ に式 (1.51), (1.52) を代入する。そして F 行列のユニモジュラー性の式 (1.31) を利用して整理すると，次式を得る。

$$CZ_{N+2}^2 + (D - A)Z_{N+2} - B = 0 \tag{1.53}$$

式 (1.53) は式 (1.39) と同じであるから，無限遠でのインピーダンスが式 (1.40) での反復インピーダンスと一致する。

反復インピーダンスは，同じ回路が無限に縦続接続されたときの入力インピーダンスであるとしても定義される（演習問題 1.4 参照）。

【F 行列のまとめ】

(i) 二端子対回路における電圧と電流は，入力端と出力端での値がそれぞれ左辺と右辺に分離でき，これを関連づけるのが F 行列である。

(ii) F 行列はインピーダンス行列やアドミタンス行列と相互に変換できる（式 (1.13) 参照）。

(iii) 縦続接続された二端子対回路における F 行列は，上記 (i) の性質により，基本要素の F 行列の積で求められる（式 (1.26) 参照）。

(iv) 相反（可逆）回路の場合，F 行列の行列式が 1，つまりユニモジュラーとなり，F 行列の積の行列式の値も 1 となる（式 (1.31) 参照）。

(v) F パラメータによるインピーダンス変換は一次分数変換で表せ（式 (1.37) 参照），一次分数変換は F 行列と密接な関係がある。

(vi) 反復インピーダンスは F パラメータを利用して表せる（式 (1.40) 参照）。

(vii) 無限周期回路での入力インピーダンスは，反復インピーダンスに一致する（式 (1.53) 参照）。

【演習問題】

1.1 縦続回路に対する式 (1.25) が相反回路では $|F_3| = 1$ となることを示せ。

1.2 図 1.6(a) における T 型回路において，両方の直列枝がインダクタンス L，並列枝が電気容量 C であり，角周波数 ω の交流が流れているときの F 行列を求めよ。また，全体の F 行列の行列式の値が 1 となることを確かめよ。

1.3 図の回路で反復インピーダンスが $50\,\Omega$ になるようにしたい。このとき，R_2 を R_1 の関数として求めよ。また，$R_1 = 25\,\Omega$ のときの R_2 の値を求めよ。

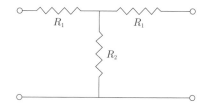

1.4 同じ F 行列で記述される二端子対回路の無限周期回路がある。この回路の反復インピーダンスが式 (1.40) と一致することを，チェビシェフの恒等式（2.4.2 項参照）を用いて示せ。

第2章　分布定数線路

　電気信号や電力を送る伝送線路で，周波数が高くなると線路上にインダクタンスや電気容量などが分布しているとする考え方を分布定数線路と呼ぶ。これの基本式は電磁波に対する波動方程式と対応しており，対応関係や関連事項を本章で説明する。

　§2.1 では伝送線路を二端子対回路の等価回路として，その基本式や特性値を求め，§2.2 では分布定数線路における電圧・電流特性の基本式を F 行列の形で導き，伝送線路に負荷がある場合のインピーダンス特性を調べる。§2.3 では伝送線路における反射特性と特性インピーダンス，およびインピーダンス整合との関係について説明する。§2.4 では F 行列の数学的性質について説明する。§2.5 では，無限周期構造の特性解析を通じて，伝送線路の等価回路となる分布定数線路の回路構成を説明する。

§2.1　伝送線路の等価回路

　同軸ケーブルや平衡対ケーブルなどの**伝送線路**（transmission line）は，周波数が高くなると，線路での波長が被接続回路素子と同程度の大きさとなるため，相互の影響を考慮する必要がある。このとき，線路上にインダクタンスや電気容量などが一様に分布し，信号が有限の速度で伝搬しているとして，伝送線路の電圧・電流特性を考える方法を**分布定数線路**（distributed constant line）または**分布定数回路**（distributed constant circuit）と呼ぶ。本節では，伝送線路の等価回路，F 行列による表示と特性などを説明する。

　抵抗やインダクタンスなどの個別素子からなる回路網（第 1 章参照）を，分布定数回路と区別するときは，**集中定数回路**（concentrated constant circuit）

と呼ぶ。

2.1.1　等価回路の基本式と形式解

　伝送線路を長さ方向に一様な導体とみなして，2 本の導体に交流が流れているとする。導体による伝搬損失を無視すると，電圧・電流特性が LC の等価回路でモデル化できる。

　図 **2.1** の微小区間 Δz で，導体を右向きに流れる電流を $I(t, z)$，導体間の電圧差を $V(t, z)$ とする。導体を流れる電流の回りに生じる磁界に起因する，単位長さ当たりのインダクタンスを L [H/m] で表す。このとき，導体上で Δz だけ離れた 2 点間での電圧降下 ΔV は，キルヒホッフの法則を用いて

$$\Delta V = V(t, z + \Delta z) - V(t, z) = \left[V(t, z) + \frac{\partial V(t, z)}{\partial z} \Delta z \right] - V(t, z)$$
$$= -L \Delta z \frac{\partial I(t, z)}{\partial t} \tag{2.1}$$

で表せる。上式では，Δz に関する 1 次の微小量まで考慮した。

　また，2 本の導体間では電荷が移動するため，単位長さ当たりの電気容量を C [F/m] で表すと，電流変化 ΔI は次式で表される。

$$\Delta I = I(t, z + \Delta z) - I(t, z) = \left[I(t, z) - \frac{\partial I(t, z)}{\partial z} \Delta z \right] - I(t, z)$$

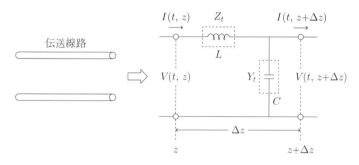

図 **2.1**　分布定数線路の等価回路モデル
　　　　Z_t, Y_t：単位長さ当たりのインピーダンスとアドミタンス，
　　　　L, C：単位長さ当たりのインダクタンスと電気容量，Δz：微小距離

$$= C\Delta z \frac{\partial V(t,z)}{\partial t} \tag{2.2}$$

微小距離が $\Delta z \to 0$ の極限では，式 (2.1)，(2.2) より

$$\frac{\partial V(t,z)}{\partial z} = -L\frac{\partial I(t,z)}{\partial t}, \quad \frac{\partial I(t,z)}{\partial z} = -C\frac{\partial V(t,z)}{\partial t} \tag{2.3a,b}$$

が得られる。式 (2.3a) の両辺を z で偏微分し，式 (2.3b) を t で偏微分すると，$\partial^2 V(t,z)/\partial z^2 = -L[\partial^2 I(t,z)/\partial z\partial t], \partial^2 I(t,z)/\partial t\partial z = -C[\partial^2 V(t,z)/\partial t^2]$ を得る。第 2 式を第 1 式の右辺に代入して電流を消去すると，電圧に関する偏微分方程式が得られる。式 (2.3) より同様にして，電流に関しても類似の式が得られる。

両者をまとめて示すと，電圧と電流に関して同じ偏微分方程式

$$\frac{\partial^2 \Psi(t,z)}{\partial z^2} - LC\frac{\partial^2 \Psi(t,z)}{\partial t^2} = 0 \quad (\Psi = V, I) \tag{2.4}$$

が導かれる。式 (2.3)，(2.4) のいずれもが**伝送線路方程式**（transmission line equation）または**電信方程式**（telegrapher's equation）と呼ばれる。回路理論に基づいて導かれた式 (2.4) は，マクスウェル方程式から導かれる，1 次元での波動方程式 (3.14) と形式的に同じである。このことは，分布定数線路での電圧と電流が高周波になると，波動の形で伝搬することを意味している。

いま，伝送線路に交流（角周波数 ω）が定常的に流れているとして，式 (2.3) で時間変動項を $T(t) = \exp(j\omega t)$ とおくと，次式で書ける。

$$\frac{dV(z)}{dz} = -Z_t I(z), \quad \frac{dI(z)}{dz} = -Y_t V(z) \tag{2.5a,b}$$

ただし，$Z_t = j\omega L \, [\Omega/\mathrm{m}]$ は単位長さ当たりのインピーダンス，$Y_t = j\omega C \, [\mathrm{S/m}]$ は単位長さ当たりのアドミタンスを表す。

式 (2.5) の 2 式を相互に代入して電流あるいは電圧を消去すると，これらの空間変動項 $\psi(z)$ は次式を満たす。

$$\frac{d^2\psi(z)}{dz^2} - \gamma^2 \psi(z) = 0 \quad (\psi = V, I) \tag{2.6a}$$

$$\gamma^2 \equiv Z_t Y_t = -\omega^2 LC \tag{2.6b}$$

式 (2.6a) は，後にマクスウェル方程式から導かれる波動方程式 (3.19a) と形式的にまったく同じである。

式 (2.6a) の形式解を $\exp(\gamma z)$ とおくと，$\gamma^2 - Z_t Y_t = \gamma^2 + \omega^2 LC = 0$ より，伝送線路での電圧の一般解が次式で書ける。

$$V(z) = V_+ \exp(-\gamma z) + V_- \exp(\gamma z) \tag{2.7}$$

$$\gamma \equiv \sqrt{Z_t Y_t} \tag{2.8}$$

ただし，$V_\pm$ は電圧に対する振幅係数である。電流の一般解は，式 (2.7) を式 (2.5a) に代入し，$I_\pm = V_\pm / Z_c$ （複号同順）とおいて

$$I(z) = \frac{1}{Z_c} [V_+ \exp(-\gamma z) - V_- \exp(\gamma z)]$$

$$= I_+ \exp(-\gamma z) - I_- \exp(\gamma z) \tag{2.9}$$

$$Z_c \equiv \frac{Z_t}{\gamma} = \sqrt{\frac{Z_t}{Y_t}} = \sqrt{\frac{L}{C}} \tag{2.10}$$

で表せる。ここで，$I_\pm$ は電流に対する振幅係数である。

式 (2.7)，(2.9) において，右辺第 1 (2) 項は z の正（負）方向に伝搬する**前進波（後進波）**を表す。V_+ と I_+，および V_- と I_- はそれぞれ前・後進波に対する係数であり，それらの値は伝送線路両端での境界条件から決まる。

式 (2.8) で定義した γ は**伝搬定数**（propagation constant），式 (2.10) で定義した Z_c [Ω] は伝送線路の**特性インピーダンス**（characteristic impedance）と呼ばれる。これらは Z_t と Y_t だけから決まる分布定数線路の基本定数であり，周波数や位置に依存しない線路固有の値となる。

2.1.2　伝送線路の特性値

伝搬定数 γ は一般に複素数であり，次式で記述される。

$$\gamma = \alpha + j\beta \quad (\alpha, \beta : 実数) \tag{2.11}$$

ここで，α [Neper/m] は**減衰定数**と呼ばれ，振幅の減衰に関係し，通常，減衰に対して $\alpha > 0$ にとる。β [rad/m] は**位相定数**と呼ばれ，位相の遅延に関係

する。

無損失（$\alpha = 0$）の伝送線路では，γ は $\gamma = j\beta$ で純虚数となる。これと式
(2.6b) より，位相定数が次式で得られる。

$$\beta = \omega\sqrt{LC} \tag{2.12}$$

位相定数から他の重要な特性値が誘導される。

本項の以下では無損失伝送線路での特性を示す。位相が 2π の整数倍だけ異
なる位置は同位相にあるという。時間を固定し，同位相にある隣接位置が距離
λ_g だけ離れているとき，$\beta\lambda_\mathrm{g} = 2\pi$ より

$$\lambda_\mathrm{g} = \frac{2\pi}{\beta} = \frac{2\pi}{\omega\sqrt{LC}} \tag{2.13}$$

が得られる。この λ_g を**伝送線路上の波長**と呼ぶ。

伝送線路における**位相速度**（波面の伝搬速度）v_p と**群速度**（波動の最大振幅
位置の伝搬速度）v_g は，次式で定義される。

$$v_\mathrm{p} \equiv \frac{\omega}{\beta} \tag{2.14}$$

$$v_\mathrm{g} \equiv \frac{1}{d\beta/d\omega} \tag{2.15}$$

式 (2.12) を上式に適用して，無損失伝送線路での位相速度と群速度が

$$v_\mathrm{p} = v_\mathrm{g} = \frac{1}{\sqrt{LC}} \tag{2.16}$$

で表される。式 (2.16) は，無損失の場合には位相速度と群速度が等しくなり，
かつその値が周波数に依存しないことを示している。

§2.2　分布定数線路の F 行列による表現

本節では，電圧と電流に関する式 (2.7)，(2.9) を二端子対回路の形式で表し，
分布定数線路上の電圧と電流の関係，入力インピーダンスを検討する。

2.2.1　電圧・電流特性の F 行列による表現

分布定数線路（特性インピーダンス Z_c）の送端（$z = 0$）での電圧を V_in，電

流を I_{in} とする。これらの条件を式 (2.7), (2.9) に課すと，位置 z での電圧 V と電流 I が行列形式を用いて次式で表せる。

$$\left(\begin{array}{c} V(z) \\ I(z) \end{array}\right) = \left(\begin{array}{cc} \cosh \gamma z & -Z_{\mathrm{c}} \sinh \gamma z \\ -(1/Z_{\mathrm{c}}) \sinh \gamma z & \cosh \gamma z \end{array}\right) \left(\begin{array}{c} V_{\mathrm{in}} \\ I_{\mathrm{in}} \end{array}\right) \tag{2.17}$$

式 (2.17) で位置を反転させた結果を行列形式で表すと，次式が得られる。

$$\left(\begin{array}{c} V_{\mathrm{in}} \\ I_{\mathrm{in}} \end{array}\right) = \mathrm{F} \left(\begin{array}{c} V(z) \\ I(z) \end{array}\right) \tag{2.18a}$$

$$\mathrm{F} \equiv \left(\begin{array}{cc} A & B \\ C & D \end{array}\right) = \left(\begin{array}{cc} \cosh \gamma z & Z_{\mathrm{c}} \sinh \gamma z \\ (1/Z_{\mathrm{c}}) \sinh \gamma z & \cosh \gamma z \end{array}\right) \tag{2.18b}$$

$$|\mathrm{F}| = AD - BC = \cosh^2 (\gamma z) - \sinh^2 (\gamma z) = 1 \tag{2.19}$$

　式 (2.17), (2.18) は分布定数線路における基本式である。式 (2.18) における行列 F は，二端子対回路における **F 行列**または **ABCD 行列**と呼ばれ，ユニモジュラーである。式 (2.18) は一方向に長く分布する分布定数線路を解析する上で有用である。

2.2.2　入力インピーダンスに関する議論

　伝送線路（特性インピーダンス Z_{c}）が有限長 ℓ のとき，受端側をインピーダンス Z_{L} で終端する（**図 2.2**）。この際，式 (2.18) で $z = \ell$，$Z_{\mathrm{L}} = V(\ell)/I(\ell)$ とおくと，送端からみた**入力インピーダンス** Z_{in} が次式で表せる。

$$\begin{aligned} Z_{\mathrm{in}} = \frac{V_{\mathrm{in}}}{I_{\mathrm{in}}} &= \frac{V(\ell) \cosh \gamma\ell + I(\ell) Z_{\mathrm{c}} \sinh \gamma\ell}{[V(\ell)/Z_{\mathrm{c}}] \sinh \gamma\ell + I(\ell) \cosh \gamma\ell} \\ &= Z_{\mathrm{c}} \frac{Z_{\mathrm{L}} \cosh \gamma\ell + Z_{\mathrm{c}} \sinh \gamma\ell}{Z_{\mathrm{L}} \sinh \gamma\ell + Z_{\mathrm{c}} \cosh \gamma\ell} \end{aligned} \tag{2.20}$$

式 (2.20) は，入力インピーダンスが負荷のインピーダンス Z_{L} および伝送線路の特性インピーダンス Z_{c}，長さ ℓ に依存することを示している。

　特に伝送線路が無損失（減衰定数 $\alpha = 0$）のとき，伝搬定数は $\gamma = j\beta$（β：

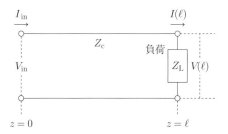

図 2.2 有限長の伝送線路に接続された負荷
Z_c：線路の特性インピーダンス，Z_L：負荷の特性インピーダンス，
ℓ：線路長

位相定数) とおけ，式 (2.20) で

$$\cosh \gamma\ell = \cosh j\beta\ell = \cos \beta\ell, \quad \sinh \gamma\ell = \sinh j\beta\ell = j \sin \beta\ell$$

を用いて，入力インピーダンス Z_in が次式で書ける。

$$Z_\mathrm{in} = Z_\mathrm{c} \frac{Z_\mathrm{L} \cos \beta\ell + j Z_\mathrm{c} \sin \beta\ell}{Z_\mathrm{c} \cos \beta\ell + j Z_\mathrm{L} \sin \beta\ell} \tag{2.21}$$

次に，入力インピーダンスの式 (2.20), (2.21) および電圧・電流特性の式 (2.17) を，いくつかの場合について検討する。

(1) 伝送線路（特性インピーダンス Z_c）の長さが無限の場合：

無限の長さということは実際にはあり得ないが，以下に説明するように，電気的な特性を考える上では意義がある。

線路長が無限の場合には反射を生じないから，電圧と電流を表す式 (2.7), (2.9) において前進波のみとなり，後進波の振幅係数を $V_- = 0$ とおける。そのため，任意の位置 z での電圧と電流は次式で書ける。

$$V(z) = V_+ \exp(-\gamma z), \quad I(z) = \frac{V_+}{Z_\mathrm{c}} \exp(-\gamma z) \tag{2.22a,b}$$

これは，電圧と電流の位相差が常に等しいことを示している。

式 (2.22) より，任意の位置 z での電圧と電流の比が次式で求められる。

$$\frac{V(z)}{I(z)} = \frac{V_+ \exp(-\gamma z)}{(V_+/Z_\mathrm{c}) \exp(-\gamma z)} = Z_\mathrm{c} \tag{2.23}$$

式 (2.23) は，伝送線路のインピーダンスが位置によらず，常に特性インピーダンス Z_c に等しいことを表す。つまり，線路長が無限の場合，線路の入力インピーダンス Z_{in} が常に線路の特性インピーダンス Z_c に等しくなる。

(2) 伝送線路（線路長 ℓ，Z_c）の受端側を Z_c で終端する場合：

図 2.2 で受端側を Z_c で終端するとき，式 (2.20) に $Z_L = Z_c$ を代入して

$$Z_{in} = Z_c \tag{2.24}$$

が得られる。これは，入力インピーダンス Z_{in} が線路長 ℓ によらず，常に伝送線路の特性インピーダンス Z_c に等しくなることを示す。これは式 (2.23) と同じであるから，このとき受端側で反射を生じない。また，式 (2.24) は反復インピーダンスの定義と一致している（1.4.2 項参照）。

上記のことは，伝送線路を特性インピーダンス Z_c と等しい値で終端することと，無限長の分布定数線路を使用することが等価であることを示す。この等価性は，負荷のインピーダンスが二端子対回路の入力インピーダンスに等しいことと，同じ特性をもつ二端子対回路の無限周期回路が同じ反復インピーダンスをもつこと（1.4.2 項参照）に対応する。

このとき，式 (2.20)，(2.24) より得られる $Z_c = V_{in}/I_{in}$ を式 (2.17) に代入し整理して

$$V(\ell) = V_{in} \exp\left(-\gamma\ell\right), \quad I(\ell) = I_{in} \exp\left(-\gamma\ell\right) = \frac{V_{in}}{Z_c} \exp\left(-\gamma\ell\right) \tag{2.25a,b}$$

が得られる。式 (2.25) は形式的に式 (2.22) と等しく，電圧 $V(\ell)$ と電流 $I(\ell)$ の位相差が至る所で等しいことを意味する。

(3) 無損失の線路長が半波長に相当する場合：

図 2.2 の場合で，式 (2.21) に $\beta\ell = \pi$ を代入すると，入力インピーダンスが

$$Z_{in} = Z_c \frac{Z_L \cos\pi + jZ_c \sin\pi}{Z_c \cos\pi + jZ_L \sin\pi} = Z_L \tag{2.26}$$

で表せる。これは，入力インピーダンス Z_{in} が受端のインピーダンス Z_L に等しくなることを示している。式 (2.26) は反復インピーダンスの定義と一致して

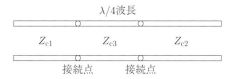

図 2.3　伝送線路でインピーダンス整合をとる挿入線路
$Z_{c3} = \sqrt{Z_{c1}Z_{c2}}$

いるので（1.4.2 項参照），このときには反射を生じない。

(4) 無損失の線路長が 4 分の 1 波長に相当する場合：

図 2.2 の場合で，式 (2.21) に $\beta\ell = \pi/2$ を代入して次式を得る。

$$Z_{\text{in}} = Z_{\text{c}} \frac{Z_{\text{L}} \cos(\pi/2) + jZ_{\text{c}} \sin(\pi/2)}{Z_{\text{c}} \cos(\pi/2) + jZ_{\text{L}} \sin(\pi/2)} = \frac{Z_{\text{c}}^2}{Z_{\text{L}}} \tag{2.27}$$

これは，入力インピーダンス Z_{in} が受端のインピーダンス Z_{L} に反比例することを示す。次に，式 (2.27) をインピーダンス整合に利用する方法を説明する。

図 **2.3** で，特性インピーダンスの異なる Z_{c1} と Z_{c2}（$Z_{c1} \neq Z_{c2}$）の伝送線路で，インピーダンス整合がとれていないとする。このとき，両者の間にインピーダンス Z_{c3} が 4 分の 1 波長に相当する伝送線路を挿入すると，Z_{c1} の線路の右端から右側をみたインピーダンスは，式 (2.27) を用いて，$Z_{\text{in}} = Z_{c3}^2/Z_{c2}$ で表せる。無反射条件は式 (2.26) より $Z_{\text{in}} = Z_{c1}$ だから，これらより

$$Z_{c3} = \sqrt{Z_{c1}Z_{c2}} \tag{2.28}$$

を得る。これは，挿入すべき 4 分の 1 波長相当の伝送線路のインピーダンスを，被接続線路のインピーダンスの相乗平均にすればよいことを示している。

式 (2.28) と類似のことは光領域でもある。異なる屈折率 n_1 と n_2（波動インピーダンス Z_{w1} と Z_{w2}）の境界があるとき，この界面での反射を防止するためには，間に挟む媒質の屈折率を $n_3 = \sqrt{n_1 n_2}$（波動インピーダンスを $Z_{\text{w3}} = \sqrt{Z_{\text{w1}}Z_{\text{w2}}}$），厚さを媒質中の波長の 1/4 にすべきこととよく対応している。

【**例題 2.1**】図 2.2 において有限長 ℓ の無損失伝送線路に負荷（インピーダンス

$Z_{\mathrm{L}} = 50\,\Omega$）が接続されている。入力信号の周波数を変化させると，特定の周波数で接続点からの反射がなくなった。このとき，次の各問に答えよ。

① 線路の単位長さ当たりのインダクタンスを $L = 540\,\mathrm{nH/m}$，電気容量を $C = 150\,\mathrm{pF/m}$ とするとき，線路の特性インピーダンス Z_{c} を求めよ。

② 線路長を $\ell = 50.0\,\mathrm{cm}$ とすると，無反射となるときの周波数の値はいくらか。

[解]　① 式 (2.10) を用いて次式で得られる。

$$Z_{\mathrm{c}} = \sqrt{\frac{L}{C}} = \sqrt{\frac{540 \times 10^{-9}}{150 \times 10^{-12}}} = 60\,\Omega$$

② ① の結果より，通常は反射を生じることがわかる。よって，線路長 ℓ が半波長相当の $\beta\ell = \pi$ を満たすようにする。式 (2.12) を利用して，周波数が

$$f = \frac{1}{2\ell\sqrt{LC}} = \frac{1}{2 \cdot 0.5\sqrt{540 \times 10^{-9} \cdot 150 \times 10^{-12}}}$$
$$= 1.111 \times 10^{8}\,\mathrm{Hz} = 111\,\mathrm{MHz}$$

で求められる。

§2.3　分布定数線路における反射とインピーダンス

　伝送線路に計測機器などが接続される場合，伝送線路間や回路素子間などでインピーダンス不整合があれば反射を生じる。本節では，分布定数線路における特性インピーダンスが，反射やインピーダンス整合その他の特性にどのような影響を及ぼすかを考える。

2.3.1　反射係数の表現と電圧定在波

　図 **2.4** に示すように，特性インピーダンスが Z_{c1} と Z_{c2} の無損失伝送線路が点 P で接続されている。前進波が Z_{c1} の線路中を左側から進行し，点 P で一部が反射し，残りが Z_{c2} 側に透過する。点 P における Z_{c1} 側の入射電圧と電流を V_{i}, I_{i}，反射電圧と電流を V_{r}, I_{r}，Z_{c2} 側の透過電圧と電流を V_{t}, I_{t} とおく。

　接続点 P における電圧と電流は次式を満たす。

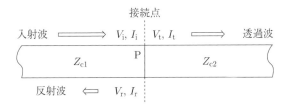

図 **2.4** 伝送線路の接続点 P における電圧と電流

$$V_i + V_r = V_t, \quad I_i - I_r = I_t \tag{2.29a,b}$$

また，電圧と電流を特性インピーダンスと関連づけると，$V_i = Z_{c1}I_i$, $V_r = Z_{c1}I_r$, $V_t = Z_{c2}I_t$ で書ける。これらから求めた電流を式 (2.29b) に代入すると，次式を得る。

$$\frac{V_i}{Z_{c1}} - \frac{V_r}{Z_{c1}} = \frac{V_t}{Z_{c2}} \tag{2.30}$$

接続点 P での反射を考えるとき，Z_{c1} の線路における前進波が入射波となる。反射波の入射波に対する振幅比を**反射係数**（reflection coefficient）と呼ぶ。このとき，反射係数 r は次式で定義できる。

$$r \equiv \frac{V_r}{V_i} \tag{2.31}$$

式 (2.29a)，(2.30) を連立させて，入射電圧 V_i と反射電圧 V_r を透過電圧 V_t の関数として求め，これらを式 (2.31) に代入すると，反射係数が

$$r = \frac{Z_{c2} - Z_{c1}}{Z_{c1} + Z_{c2}} \tag{2.32}$$

で求められる。式 (2.32) は，伝送線路の特性インピーダンスが異なる箇所では反射を生じ，波形が乱れる要因となることを示す。線路の特性インピーダンスは一般に複素数だから，反射係数 r も一般には複素数となる。

有限長 ℓ の無損失伝送線路における電圧を式 (2.7) で考えると，式 (2.31) 右辺で V_i が $V_+ \exp(-\gamma\ell)$, V_r が $V_- \exp(\gamma\ell)$ に対応し，$\gamma = j\beta$ とおける。これらを式 (2.7) に戻して整理すると，位置 $z(< \ell)$ での電圧が次のように書ける。

$$V(z) = [(1 - r) + r]V_+ \exp(-j\beta z) + rV_+ \exp(-2j\beta\ell) \exp(j\beta z)$$

$$= (1 - r)V_+ \exp(-j\beta z) + rV_+ \exp(-j\beta\ell)\{\exp[j\beta(\ell - z)]$$
$$+ \exp[-j\beta(\ell - z)]\}$$
$$= (1 - r)V_+ \exp(-j\beta z) + 2rV_+ \cos[\beta(\ell - z)]\exp(-j\beta\ell)$$

$$(2.33)$$

式 (2.33) の第 1 項は前進波のみを含む。第 2 項は入射波と反射波による干渉に
よって形成される**定在波**（standing wave）を表し，位相項が位置 z の情報を
含まない。電圧に対する定在波を**電圧定在波**と呼ぶ。

　次項で説明するように，定在波の有無により反射があるかどうかの判別およ
び反射係数の測定ができる。

2.3.2　反射係数とインピーダンスの関係

　本項では，反射係数とインピーダンスの関係をいくつかの場合について検討
する。本項の内容は，後の光学現象と関連する（§3.6 参照）。

　(1) 線路の特性インピーダンス Z_c と負荷のインピーダンス Z_L が一致する
場合：

　式 (2.32) より反射係数が $r = 0$ となり，無反射となる。インピーダンスの実
部のみが一致して虚部が異なっている場合，分布定数線路を用いた電気信号の
伝送特性では，虚部は信号の減衰を表すから，電気信号が歪むことなく伝送さ
れる。これは**インピーダンス整合**がとれているといってもよく，式 (1.47) で複
素共役を無視して考えてよい。したがって，分布定数線路では，無反射とイン
ピーダンス整合がとれていることを同義と捉えることができる。

　図 2.5(a) に示すように，無反射（$r = 0$）のときは，反射波がないため電圧
が位置によらず平坦となり，定在波が形成されない。このとき，接続点で反射
を生じることなく，電圧や電流が連続的に進行する。

　インピーダンス不整合があれば，その箇所で反射が生じて信号が乱れる要因
となる。そのため，計測機器や電子システム等ではインピーダンスが $50\,\Omega$ ま
たは $75\,\Omega$ になるように統一されている。

　(2) 受端間が短絡されている（$Z_L = 0$）場合：

　式 (2.32) より反射係数が $r = -1$ となる。これは，入射波が受端ですべて反

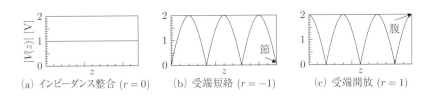

(a) インピーダンス整合 ($r = 0$) (b) 受端短絡 ($r = -1$) (c) 受端開放 ($r = 1$)

図 **2.5** 反射係数 r による電圧波形の違い
各電圧波形の右端は受端

射されるとともに，位相が反転されることを意味する。このときは受端で入射
波と反射波の位相が逆となるため，電圧定在波が受端で最小値 0，つまり節と
なる（図 2.5(b) 参照）。

(3) 受端間が開放されている（$Z_\mathrm{L} = \infty$）場合：

式 (2.32) より反射係数が $r = 1$ となり，これは入射波が受端において同相
で反射されることを意味する。したがって，受端で入射・反射波が重なるため，
電圧定在波が受端で最大値，つまり腹となる（図 2.5(c) 参照）。これは開放端
での音波が腹となることと同様である。

【分布定数線路のまとめ】

(i) 伝送線路が高周波になると，その電圧・電流特性は線路上にインダクタ
ンスや電気容量が分布しているとして捉え，これを分布定数線路と呼ぶ。

(ii) 単位長さ当たりのインダクタンス L と電気容量 C からなる分布定数線
路で，電圧 V と電流 I を記述する伝送線路方程式 (2.6a) は，マクスウェル
方程式から導かれる 1 次元の波動方程式 (3.19a) と形式的に同じとなる。

(iii) 伝搬定数 γ と特性インピーダンス Z_c は，周波数や位置に依存しない
線路固有の基本量であり，L と C で表せる（式 (2.8)，(2.10) 参照）。各
種特性は伝搬定数 γ から誘導できる。特性インピーダンスは反復インピー
ダンスの一種とみなせる（§2.5 参照）。

(iv) 伝送線路や回路素子の接続部で，インピーダンス整合がとれている場
合，反射を生じることなく電圧や電流が連続的に進行する。インピーダン
ス不整合がある場合には，そこで波動の反射を生じる。

(v) インピーダンス不整合があるとき，被接続部品の間に 4 分の 1 波長に相当する伝送線路を挿入し，インピーダンスを式 (2.28) のように，被接続部品のインピーダンスの相乗平均にすれば，インピーダンス整合がとれるようになる。

(vi) 伝送線路において反射係数 r で記述される電圧・電流特性は，平面波の反射・透過特性と対応づけることができる（§3.6 参照）。

§2.4　F 行列とユニモジュラー行列の数学的性質

二端子対回路や分布定数線路の電圧・電流特性が F 行列で記述でき，相反回路の場合には F 行列がユニモジュラー行列となる（1.3.1 項参照）。F 行列やユニモジュラー行列は後述する第 4〜9 章でも頻出する。そこで本節では，F 行列とユニモジュラー行列がもつ数学的性質とチェビシェフの恒等式を説明する。

2.4.1　F 行列の基本的性質

F 行列を，電圧・電流特性に限らず，一般に

$$\mathrm{F} \equiv \begin{pmatrix} A & B \\ C & D \end{pmatrix} \tag{2.34}$$

$$|\mathrm{F}| = AD - BC = 1 \tag{2.35}$$

と書き，F 行列が**ユニモジュラー行列**である場合を考える。行列 F_i $(i = 1, 2, \cdots, N)$ がユニモジュラー，つまり $|\mathrm{F}_i| = 1$ のとき，それらの積 $\mathrm{F}_\mathrm{tot} = \mathrm{F}_1 \mathrm{F}_2 \cdots \mathrm{F}_N$ の行列式は

$$|\mathrm{F}_\mathrm{tot}| = |\mathrm{F}_1| \cdot |\mathrm{F}_2| \cdots |\mathrm{F}_N| = 1 \tag{2.36}$$

を満たし，ユニモジュラー行列の積もまたユニモジュラーとなる。

次に，F 行列の固有値と固有ベクトルを求めるため，

$$\begin{pmatrix} A & B \\ C & D \end{pmatrix} \boldsymbol{x} = \lambda \boldsymbol{x}, \quad \boldsymbol{x} \equiv \begin{pmatrix} x_1 \\ x_2 \end{pmatrix} \tag{2.37}$$

とおく。ただし，λ は固有値，$\boldsymbol{x}$ は固有ベクトルを表す。式 (2.37) は

$$\begin{pmatrix} A-\lambda & B \\ C & D-\lambda \end{pmatrix} \boldsymbol{x} = 0 \tag{2.38}$$

と書ける。

式 (2.38) が自明解以外の解をもつ条件は，固有値を

$$\lambda_\pm = \exp(\pm j\vartheta) \quad (\text{複号同順}) \tag{2.39}$$

とおき，式 (2.35) を適用すると，次式で得られる（付録 A 参照）。

$$\begin{aligned} \lambda_\pm^2 - (A+D)\lambda_\pm + (AD-BC) &= \lambda_\pm^2 - (A+D)\lambda_\pm + 1 \\ &= \exp(\pm j2\vartheta) - (A+D)\exp(\pm j\vartheta) + 1 \\ &= 0 \tag{2.40} \end{aligned}$$

式 (2.40) で，固有値の和 $\lambda_+ + \lambda_-$ が F 行列の跡（対角和）$A+D$ に等しいのは，代数学の定理そのものである。固有値の積が 1，つまり 2 つの固有値が逆数関係 $\lambda_- = 1/\lambda_+$ になるのは，F 行列がユニモジュラー行列であることに由来する。

式 (2.40) にオイラーの公式を用いると，ϑ が次式を満たす。

$$\vartheta = \cos^{-1} \frac{A+D}{2} \tag{2.41}$$

式 (2.41) は，固有値と F 行列の跡を関係づける式であり，周期構造においてよく出てくる（§2.5, 7.2.2 項, 9.1.1 項参照）。対称回路の場合には $A = D$ となるから $\vartheta = \cos^{-1} A$ となる。

式 (2.41) が成り立つとき，固有値 $\lambda_\pm$ を式 (2.38) に戻して，固有値 $\lambda_\pm$ に属する固有ベクトル $\boldsymbol{x}_\pm$ が

$$\boldsymbol{x}_\pm = \begin{pmatrix} x_1 \\ x_2 \end{pmatrix}_\pm = \begin{pmatrix} B \\ \lambda_\pm - A \end{pmatrix} = \begin{pmatrix} B \\ \exp(\pm j\vartheta) - A \end{pmatrix}$$

$$\text{（複号同順）} \tag{2.42}$$

で求められる。

2.4.2　チェビシェフの恒等式

　本項では行列 F の N 乗を F パラメータのみで表せるチェビシェフの恒等式を紹介する。この恒等式は周期構造の特性を求める際に有用となる。

　F 行列が式 (2.34) で表されているとき，行列 F の N 乗が

$$
\mathrm{F}^N = \left(\begin{array}{cc} A & B \\ C & D \end{array} \right)^N = \left(\begin{array}{cc} AU_{N-1} - U_{N-2} & BU_{N-1} \\ CU_{N-1} & DU_{N-1} - U_{N-2} \end{array} \right)
\tag{2.43}
$$

$$
U_N \equiv \frac{\sin (N+1)\vartheta}{\sin \vartheta}, \quad \vartheta = \cos^{-1} \frac{A+D}{2}
\tag{2.44a,b}
$$

で表せる（付録 B 参照）。ここで，ϑ は式 (2.41) と同じであるから，式 (2.43) は F パラメータのみで表すことができる。式 (2.43) は**チェビシェフの恒等式**（Chebyshev's identity）と呼ばれる。

§2.5　無限周期構造

　伝送線路は長距離なので，基本の分布定数線路が周期的に長手方向に無限に続いていると考えることができる。本節では，このような無限周期構造における伝搬特性を調べる。

　伝送線路は，インダクタンス L や電気容量 C などが分布した分布定数線路に置き換えることができる（2.1.1 項参照）。また，L や C などの回路素子が複数ある回路は，二端子対回路の F 行列による表現を用いて，縦続回路としてその特性を F 行列の積で求められる（1.2.2 項参照）。本節では，これらの議論を受けて，無限周期構造の伝搬特性を解析する方法を説明する。

2.5.1　無限周期構造の一般的扱い

　図 **2.6** に示すように，微小距離 Δz にある単位回路の F 行列が次式で表されているとする。

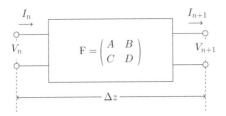

図 **2.6** 周期構造における単位回路

$$\begin{pmatrix} V_n \\ I_n \end{pmatrix} = \mathrm{F} \begin{pmatrix} V_{n+1} \\ I_{n+1} \end{pmatrix}, \quad \mathrm{F} \equiv \begin{pmatrix} A & B \\ C & D \end{pmatrix} \tag{2.45}$$

$$|\mathrm{F}| = AD - BC = 1 \tag{2.46}$$

式 (2.46) は，行列 F がユニモジュラーであることを表す。この単位回路を周期とした無限周期構造で 1 周期ずれた単位回路の間の特性は，**ブロッホの定理**（Bloch theorem）を用いて，次式で関係づけられる（付録 C 参照）。

$$\begin{pmatrix} V_n \\ I_n \end{pmatrix} = \exp\left(\pm jK\Delta z\right) \begin{pmatrix} V_{n+1} \\ I_{n+1} \end{pmatrix} \tag{2.47}$$

ここで，K はブロッホ波数（Bloch wavenumber）であり，これは周期構造の全領域で同じ値をとる。

このとき，式 (2.45)，(2.47) より次式が書ける。

$$\begin{pmatrix} A - \exp\left(\pm jK\Delta z\right) & B \\ C & D - \exp\left(\pm jK\Delta z\right) \end{pmatrix} \begin{pmatrix} V_{n+1} \\ I_{n+1} \end{pmatrix} = 0 \tag{2.48}$$

式 (2.48) で $\exp\left(\pm jK\Delta z\right)$ が固有値に相当し，この式は形式的に式 (2.38) と同じである。したがって，付録 A と同様な手順により，ブロッホ波数 K は

$$\cos\left(K\Delta z\right) = \frac{1}{2}(A + D) \tag{2.49}$$

を満たす。これを解いて**分散関係**が求められる。

式 (2.49) を式 (2.41) と比較すると $\vartheta = K\Delta z$ に対応し，この ϑ を式 (2.39) に代入すると，その結果は式 (2.49) の右辺の固有値に一致していることがわかる。

無限周期構造でのインピーダンスは，位置に依存しないで決まるので

$$Z_{\mathrm{B}} \equiv \frac{V_n}{I_n} = \frac{V_{n+1}}{I_{n+1}} \tag{2.50}$$

で定義される。Z_{B} はブロッホインピーダンス（Bloch impedance）と呼ばれる。式 (2.48) より得られる結果を式 (2.50) に代入して，ブロッホインピーダンスが

$$Z_{\mathrm{B}} = \frac{B}{\exp\left(\pm jK\Delta z\right) - A} = \frac{\exp\left(\pm jK\Delta z\right) - D}{C} \tag{2.51}$$

で求められる。式 (2.51) は，ブロッホインピーダンスが F パラメータで表せることを示す。

単位回路が対称回路ならば，F パラメータが $A = D$ を満たし，分散関係は

$$\cos\left(K\Delta z\right) = A \tag{2.52}$$

で，ブロッホインピーダンスは

$$Z_{\mathrm{B}} = \frac{B}{\exp\left(\pm jK\Delta z\right) - A} = \frac{\exp\left(\pm jK\Delta z\right) - A}{C} \tag{2.53}$$

で求められる。

2.5.2 具体的な無限周期構造の特性

無限周期構造の単位回路が，図 2.1 のように，直列枝にインピーダンス Z_t，並列枝にアドミタンス Y_t が縦続接続されているとする。この単位回路の F 行列は，式 (1.23b) と同様にして次式で表せる。

$$\mathrm{F} \equiv \begin{pmatrix} A & B \\ C & D \end{pmatrix} = \mathrm{F}_1 \mathrm{F}_2 = \begin{pmatrix} 1 + Z_t Y_t & Z_t \\ Y_t & 1 \end{pmatrix} \tag{2.54}$$

この単位回路で，直列枝に単位長さ当たりのインダクタンス L，並列枝に単

位長さ当たりの電気容量 C があれば，インピーダンスは $Z_t = j\omega L\Delta z$，アドミタンスは $Y_t = j\omega C\Delta z$ で書ける。このとき，式 (2.54) における F パラメータは

$$A = 1 + Z_t Y_t = 1 + (j\omega L)(j\omega C)(\Delta z)^2 = 1 - \omega^2 LC(\Delta z)^2$$

$$B = Z_t = j\omega L\Delta z, \quad C = Y_t = j\omega C\Delta z, \quad D = 1$$

となる。

分散関係は，式 (2.49) に上記 F パラメータを代入して

$$\cos(K\Delta z) = \frac{1}{2}(A + D) = 1 - \frac{1}{2}\omega^2 LC(\Delta z)^2 \tag{2.55}$$

で書ける。無損失の場合，位相定数 β が式 (2.12) で書けるから，式 (2.55) は

$$\cos(K\Delta z) = 1 - \frac{1}{2}(\beta\Delta z)^2 \tag{2.56}$$

に書き直せる。式 (2.56) で Δz を無限小にとり，左辺を 2 次の微小量まで展開すると，$1 - (K\Delta z)^2/2 \fallingdotseq 1 - (\beta\Delta z)^2/2$ となる。よって，式 (2.47) で定義されたブロッホ波数 K は単位回路の位相定数 β（式 (2.12) 参照）に一致する。

ブロッホインピーダンス Z_B は式 (2.51) から求められる。その中辺の分母第 1 項 $\exp(\pm jK\Delta z) = \cos(K\Delta z) \pm j\sin(K\Delta z)$ を求めるに際して，この式の右辺第 2 項に式 (2.55) を利用すると，これは次式で表せる。

$$\pm\sin(K\Delta z) = \sqrt{\omega^2 LC(\Delta z)^2 - \left[\frac{\omega^2 LC(\Delta z)^2}{2}\right]^2} \tag{2.57}$$

式 (2.51) に式 (2.56), (2.57) および F パラメータを代入して

$$Z_\mathrm{B} = \sqrt{\frac{L}{C} - \left(\frac{\omega L\Delta z}{2}\right)^2} + j\frac{\omega L\Delta z}{2} \tag{2.58}$$

が導ける。式 (2.58) で Δz を無限小とすると，ブロッホインピーダンスは

$$Z_\mathrm{B} = \sqrt{\frac{L}{C}} \tag{2.59}$$

で書ける。式 (2.59) は，ブロッホインピーダンスが単位回路の特性インピーダ

ンス Z_c（式 (2.10) 参照）と一致することを示す。これは，分布定数線路にお
ける特性インピーダンスが反復インピーダンスの一種であることを意味する。

　式 (2.56) のブロッホ波数 K と式 (2.59) のブロッホインピーダンス Z_B は，
図 2.1 で示す単位回路からなる無限周期構造の全領域で同一の値をもつ。一方，
位相定数 β（式 (2.12) 参照）と特性インピーダンス Z_c（式 (2.10) 参照）は単
位回路での値であり，これは伝送線路固有の値である。両者の値が Δz 無限小
の極限で一致するということは，伝送線路が図 2.1 を単位回路とした分布定数
線路で等価的に表せることを示している。留意すべきことは，単位回路によっ
ては，K と β，Z_B と Z_c が必ずしも一致しないことである。

　図 2.1 の等価回路と電磁波の特性は，後述するようによく対応している（§3.3
参照）。そのため，図 2.1 の回路は**右手系線路**（right-handed line）と呼ばれる。

　電磁波特性に対応する等価回路が設定できることを利用して，左手系線路に相
当するメタマテリアルの設計が行われている。**メタマテリアル**（metamaterial）
とは，比誘電率や比透磁率を制御して，「負の屈折率」などの自然界の物質には
ない物性や機能をもつ，人工的に作製される物質を指す。これは 2000 年にマ
イクロ波領域で初めて実証され，その後研究・開発が続けられている。

【例題 2.2】 図 1.6(a) に示した T 型回路で，左右の直列枝にインダクタンス L，
中央の並列枝に電気容量 C が接続されているとする。この T 型回路を単位と
した無限周期構造について，次の各問に答えよ。

① この単位回路の F 行列を求めよ。
② 無限周期構造の分散関係を求めよ。
③ ブロッホインピーダンス Z_B が，単位回路の F パラメータを用いて，次式で
表せることを示せ。

$$Z_B = \frac{B}{j\sqrt{1 - A^2}}$$

④ T 型回路の無限周期構造でブロッホインピーダンス Z_B を求めよ。
[解]　① 式 (1.33b) で $Z_1 = Z_3 = j\omega L$，$Z_2 = 1/j\omega C$ と書ける。よって，単
位回路の F 行列は次式で書ける。

$$F_T = \begin{pmatrix} A & B \\ C & D \end{pmatrix} = \begin{pmatrix} 1 + Z_1/Z_2 & Z_1(2 + Z_1/Z_2) \\ 1/Z_2 & 1 + Z_1/Z_2 \end{pmatrix}$$

$$= \begin{pmatrix} 1 - \omega^2 LC & j\omega L(2 - \omega^2 LC) \\ j\omega C & 1 - \omega^2 LC \end{pmatrix}$$

② 対称回路だから式 (2.52) に上記 A を代入して，分散関係が次式で書ける。

$$\cos(K\Delta z) = A = 1 - \omega^2 LC \tag{1}$$

③ 上記の分散関係の式 (1) を利用して

$$\pm \sin(K\Delta z) = \sqrt{1 - A^2} \tag{2}$$

を得る。ブロッホインピーダンスの式 (2.51) にオイラーの公式を適用した後，式 (1)，(2) を代入して，次式を得る。

$$Z_B = \frac{B}{\cos(K\Delta z) \pm j\sin(K\Delta z) - A} = \frac{B}{\pm j\sin(K\Delta z)} = \frac{B}{j\sqrt{1 - A^2}} \tag{3}$$

④ 式 (3) の右辺に F パラメータを代入し整理して次式を得る。

$$Z_B = \sqrt{\frac{L}{C}} \sqrt{2 - \omega^2 LC}$$

【演習問題】

2.1 単位長さ当たりのインダクタンスが $L = 3.5\,\mu\text{H/m}$，電気容量が $C = 7.4\,\text{pF/m}$ の無損失伝送線路で 200 MHz の信号を送信するとき，次の各値を求めよ。
① 特性インピーダンス Z_c，② 位相定数 β，③ 位相速度 v_p と群速度 v_g，④ 伝送線路上の波長 λ_g。

2.2 伝送線路 1（単位長さ当たりのインダクタンス $L_1 = 320\,\text{nH/m}$，電気容量 $C_1 = 75\,\text{pF/m}$）と伝送線路 2（$L_2 = 290\,\text{nH/m}$）が接続されている。接続点で反射を生じないためには，線路 2 の電気容量 C_2 をいくらにすればよいか。

2.3　無損失の伝送線路において，前半の線路の特性インピーダンスが 75 Ω，後半の線路の特性インピーダンスが 50 Ω であるとき，これらの間に別の伝送線路を挿入してインピーダンス整合をとりたい。周波数 $f = 250\,\mathrm{MHz}$ で，挿入する線路の単位長さ当たりのインダクタンスを $L = 1.26\,\mathrm{\mu H/m}$ とする。このとき，挿入する伝送線路に関する次の諸量を求めよ。

① 特性インピーダンスの値 Z_c，② 単位長さ当たりの電気容量 C，③ 長さ ℓ。

2.4　無限周期構造の基本回路の電圧・電流特性が F 行列で表せ，それが相反回路のとき，ブロッホインピーダンス Z_B を F パラメータのみで表せ。

第3章　電磁波の基礎

　第2章では，分布定数線路における電圧・電流が高周波では波動とみなせることを示し，波動方程式を含めて波動の性質を求めた。本章では，マクスウェル方程式から得られる，電磁波に対する波動方程式や特性を調べ，分布定数線路と電磁波の特性が形式的に対応することを説明する。

　§3.1では電磁波の基本パラメータを説明し，§3.2では電磁波の1次元波動の性質を示す。§3.4〜§3.8では，電磁波の屈折や反射における振幅の変化に関する，スネルの法則やフレネルの公式，ブルースタの法則，全反射などを，屈折率や波動インピーダンス，角度を用いて示す。

　特に，電磁波と分布定数線路の対応関係を示すため，§3.3では波動方程式や基本パラメータでの対応を，§3.6では反射係数に関して波動・特性インピーダンスでの対応を説明する。

§3.1　電磁波の基本パラメータ

　真空中の光速（light velocity of vacuum）は，実測値に基づいた定義値であり，次式で表される。

$$c \equiv \frac{1}{\sqrt{\varepsilon_0 \mu_0}} = 2.99792458 \times 10^8 \, \mathrm{m/s} \fallingdotseq 3.0 \times 10^8 \, \mathrm{m/s} \tag{3.1}$$

ここで，ε_0 は**真空の誘電率**（permittivity of vacuum），μ_0 は**真空の透磁率**（permeability of vacuum）であり，これらは次式で定義されている。

$$\varepsilon_0 = 8.854188 \times 10^{-12} \, \mathrm{F/m} \left(= \frac{10^7}{4\pi c^2} \right) \tag{3.2}$$

$$\mu_0 = 1.256637 \times 10^{-6} \, \mathrm{H/m} (= 4\pi \times 10^{-7}) \tag{3.3}$$

　光波領域では，媒質の特性が**屈折率**（refractive index）n で記述されることが多い。屈折率の定義はいくつかあるが（10.2.1 項参照），電磁理論では

$$n = \sqrt{\varepsilon\mu} \tag{3.4}$$

で表される。ここで，ε は媒質の**比誘電率**（relative dielectric permittivity），μ は媒質の**比透磁率**（relative magnetic permeability）であり，それぞれ真空の誘電率と透磁率に対する相対比を表す（11.1.1 項参照）。比透磁率は，光の領域では実質的に $\mu = 1$ である。

　媒質中での光の伝搬速度（**位相速度**）は

$$v = \frac{c}{n} \tag{3.5}$$

で表される。式 (3.5) での位相速度は波面の伝搬速度を表し，分布定数線路の式 (2.14) で定義された値と同じ意味をもつ。

　電磁波の単位時間当たりの振動の回数を**周波数**（frequency）と呼び，ν または f で表す。周波数を位相角で表したものを**角周波数**（angular frequency）または角振動数と呼び，ω で表す。角周波数と周波数は

$$\omega = 2\pi\nu = 2\pi f \tag{3.6}$$

で関係づけられる。

　周波数と角周波数は真空中でも媒質中でも変化せず，両領域で異なるのは波長である。**波長**（wavelength）は，波動のある位置から同位相にある隣接位置までの距離であり，λ で表される。周波数と波長は，光速と

$$v = \nu\lambda = f\lambda, \quad c = \nu\lambda_0 = f\lambda_0 \tag{3.7a,b}$$

で関係づけられる。真空中の値に添え字 0 を付した。

　単位距離当たりに含まれる波の数を**波数**（wavenumber）と呼ぶ。媒質中の波数 k と真空中の波数 k_0 は次式で表される。

$$k = \frac{2\pi}{\lambda} = \frac{\omega}{v} = nk_0 = n\frac{\omega}{c}, \quad k_0 = \frac{2\pi}{\lambda_0} = \frac{\omega}{c} \tag{3.8a,b}$$

波数はその向きを波面の伝搬方向に一致させて，媒質中の**波数ベクトル k** として用いられる。

光を波動として扱う場合は**光波**（optical wave）と呼ぶ。光波が媒質中を z 軸方向に伝搬するとき，その平面波の時空間的振る舞いは，上記記号を用いて

$$u = A \sin (\omega t - kz) = A \sin \left[2\pi \left(\nu t - \frac{z}{\lambda} \right) \right] \tag{3.9}$$

で書ける。ここで，A は**振幅**（amplitude），括弧内は**位相**（phase）を表す。光波は，式 (3.9) の代わりに後述する式 (11.11) の指数関数で扱われることが多い。波動で位相が等しい箇所を連ねた等位相面を**波面**（wave front）と呼ぶ。位相は，干渉，反射，偏光など，多くの光学現象で重要な役割を果たす。

式 (3.9) のように，単一の周波数あるいは波長のみからなる光波を**単色光**と呼ぶ。現実には単色光は存在せず，あるのは多くの周波数成分を含む**多色光**である。多色光では，屈折率 n が角周波数 ω に依存することを考慮する必要がある。n が ω に依存する媒質を**分散性媒質**（10.2.1 項参照）と呼ぶ。分散性媒質を伝搬する，電磁波の最大振幅の伝搬速度を**群速度**（group velocity）と呼び，

$$v_{\mathrm{g}} = \frac{1}{dk/d\omega} \tag{3.10}$$

で表される。群速度は電磁波エネルギーが伝搬する速度でもあり，一般に位相速度の値とは異なる。

§3.2　1 次元波動

本節では，無損失（つまり電流と電荷が存在しない $J = \rho = 0$）の一様媒質（比誘電率 ε と比透磁率 μ が波動の伝搬方向によらず一定の媒質）中を 1 方向に伝搬する，電磁波の波動方程式とその解を求める。これにより，次節で分布定数線路における特性との対応関係を調べるための準備をする。

3.2.1　1 次元波動方程式の導出

電磁波がデカルト座標系 (x,y,z) で z 軸方向に伝搬し，電磁界が z 座標のみに依存するものとすると，マクスウェル方程式 (11.1) で $\partial/\partial x = \partial/\partial y = 0$ と

書ける。このとき，式 (11.1b,c) の z 成分より次式を得る。

$$\frac{\partial E_z}{\partial t} = 0, \quad \frac{\partial E_z}{\partial z} = 0$$

上式は，E_z が時空間的に一定値となることを意味する。変動場を対象とするときには一定値は意味がないので $E_z = 0$ とおく。

式 (11.1a) に式 (11.4b) を代入して成分ごとに書き下すと，次式で書ける。

$$\frac{\partial E_z}{\partial y} - \frac{\partial E_y}{\partial z} = -\frac{\partial E_y}{\partial z} = -\mu\mu_0\frac{\partial H_x}{\partial t} \tag{3.11a}$$

$$\frac{\partial E_x}{\partial z} - \frac{\partial E_z}{\partial x} = \frac{\partial E_x}{\partial z} = -\mu\mu_0\frac{\partial H_y}{\partial t} \tag{3.11b}$$

$$\frac{\partial E_y}{\partial x} - \frac{\partial E_x}{\partial y} = -\mu\mu_0\frac{\partial H_z}{\partial t} = 0 \tag{3.11c}$$

ここで，μ は媒質の比透磁率，μ_0 は真空の透磁率である。

式 (3.11a,b) の中辺で電界成分 E_x と E_y が現れているが，簡単のため $E_y \neq 0$，$E_x = 0$ とおく。このとき式 (3.11b,c) より，H_y と H_z の時間変化が常にゼロとなる。式 (11.1d) より，H_z の空間的変化がないことが導かれる。よって，E_z 成分をゼロとしたのと同じ理由により，$H_y = H_z = 0$ とおける。

次に，式 (11.1b) に式 (11.4a) を代入して成分ごとに書き，$H_y = 0$ を利用すると，次式を得る。

$$\frac{\partial H_z}{\partial y} - \frac{\partial H_y}{\partial z} = -\frac{\partial H_y}{\partial z} = \varepsilon\varepsilon_0\frac{\partial E_x}{\partial t} = 0 \tag{3.12a}$$

$$\frac{\partial H_x}{\partial z} - \frac{\partial H_z}{\partial x} = \frac{\partial H_x}{\partial z} = \varepsilon\varepsilon_0\frac{\partial E_y}{\partial t} \tag{3.12b}$$

$$\frac{\partial H_y}{\partial x} - \frac{\partial H_x}{\partial y} = \varepsilon\varepsilon_0\frac{\partial E_z}{\partial t} = 0 \tag{3.12c}$$

ここで，ε は媒質の比誘電率，ε_0 は真空の誘電率である。

以上より，非ゼロ成分の E_y と H_x の相互作用を記述する式 (3.11a)，(3.12b) を改めてここに書くと，

$$\frac{\partial E_y}{\partial z} = \mu\mu_0\frac{\partial H_x}{\partial t}, \quad \frac{\partial H_x}{\partial z} = \varepsilon\varepsilon_0\frac{\partial E_y}{\partial t} \tag{3.13a,b}$$

となる。また，電磁界のゼロ成分が $E_x = E_z = H_y = H_z = 0$ となる。

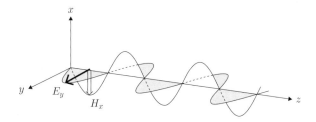

図 **3.1** 1 次元波動（TEM 波）の伝搬

式 (3.13a) を $z(t)$ で偏微分し，式 (3.13b) を $t(z)$ で偏微分した式から $H_x(E_y)$ を消去すると $E_y(H_x)$ のみに関する微分方程式が得られる。これらをまとめて，次式が書ける。

$$\frac{\partial^2 \Psi(t,z)}{\partial z^2} - \frac{1}{v^2}\frac{\partial^2 \Psi(t,z)}{\partial t^2} = 0 \quad (\Psi = E_y, H_x) \tag{3.14}$$

ここで，$v = c/n$ は媒質中の電磁波の伝搬速度（位相速度），n は媒質の屈折率，c は真空中の光速を表す。式 (3.14) を**波動方程式**（wave equation）と呼ぶ。式 (3.9) は式 (3.14) を満たす（演習問題 3.1 参照）。

一般の方向に伝搬する電磁波に対する波動方程式を，後述する式 (11.8) に示している。無損失の等方性媒質中では，電磁波を形成する電界 **E**，磁界 **H**，波数ベクトル **k** が右手系をなす（式 (11.13) 参照）。図 **3.1** に示す電磁波は，電界の向き E_y から磁界の向き H_x に右ねじを回す z 軸方向に伝搬している。

3.2.2 1 次元波動の導出

波動が時間 t と空間座標 z に対して独立に変化するものとして，式 (3.14) の解を変数分離形

$$\Psi(t,z) = \psi(z)T(t) \tag{3.15}$$

でおく。これを式 (3.14) に代入し，両辺を ψT で割ると次式を得る。

$$\frac{1}{\psi}\frac{d^2\psi}{dz^2} - \frac{1}{v^2}\frac{1}{T}\frac{d^2T}{dt^2} = 0 \tag{3.16}$$

上式の第 1 項と第 2 項はそれぞれ z と t だけの関数だから，両項が常に成り立

つためには，各項が定数でなければならない。この分離定数を k^2（k：実は媒質中の波数）とおくと，式 (3.16) より次式を得る。

$$\frac{d^2\psi}{dz^2} + k^2\psi = 0, \quad \frac{d^2T}{dt^2} + v^2k^2T = 0 \tag{3.17a,b}$$

式 (3.17b) の解を $T(t) = \exp(\pm j\omega t)$（$\omega$：角周波数）とおく。これを式 (3.17b) に代入し，$v = c/\sqrt{\varepsilon\mu} = 1/\varepsilon\varepsilon_0\mu\mu_0$ を利用すると，k と ω が次式で関係づけられる。

$$k^2 = \frac{\omega^2}{c^2}\varepsilon\mu = \omega^2\varepsilon\varepsilon_0\mu\mu_0 \tag{3.18}$$

式 (3.18) を式 (3.17a) に代入すると，これは次のように書き直せる。

$$\frac{d^2\psi(z)}{dz^2} - \gamma^2\psi(z) = 0 \tag{3.19a}$$

$$\gamma^2 \equiv -\omega^2\varepsilon\varepsilon_0\mu\mu_0 = -k^2 \tag{3.19b}$$

式 (3.19a) は電磁波の位置に関する波動方程式であり，分布定数線路に関する式 (2.6a) と形式的に同じである。

§3.3　電磁波と分布定数線路における特性の関係

　前節では，一様媒質（比誘電率 ε，比透磁率 μ）中を伝搬する電磁波（角周波数 ω）の波動方程式 (3.19) をマクスウェル方程式から導いた。第2章では，無損失分布定数線路（インダクタンス L，電気容量 C）中の交流（角周波数 ω）に対する電圧と電流の波動方程式 (2.6) をキルヒホッフの法則から求めた。

　これらにおける電磁界や電圧・電流を ψ で表すと，次に示す同一形式の微分方程式で記述できる。

$$\frac{d^2\psi(z)}{dz^2} - \gamma^2\psi(z) = 0 \tag{3.20a}$$

$$\gamma^2 = \begin{cases} -\omega^2\varepsilon\varepsilon_0\mu\mu_0 = -\omega^2\varepsilon\mu/c^2 & \text{：電磁波} \\ -\omega^2 LC & \text{：伝送線路} \end{cases} \tag{3.20b}$$

ただし，ε_0 は真空の誘電率，μ_0 は真空の透磁率，c は真空中の光速である。電磁界と電圧・電流が同一の式で記述できるということは，電界 [V/m] を電圧，磁界 [A/m] を電流とみなして，電磁波が電気回路の考えで扱えることを示す。

電磁波の位相速度 v は $v = c/\sqrt{\varepsilon\mu} = 1/\varepsilon_0\varepsilon\mu_0$ で，分布定数線路での位相速度は式 (2.16) で求めている。両式より，位相速度は次式で記述できる。

$$v = \begin{cases} 1/\sqrt{\varepsilon\varepsilon_0\mu\mu_0} = c/\sqrt{\varepsilon\mu} & :電磁波 \\ 1/\sqrt{LC} & :伝送線路 \end{cases} \tag{3.21}$$

電磁波における波動インピーダンスは式 (11.14) で，分布定数線路における特性インピーダンスは式 (2.10) で得られており，これらのインピーダンスは

$$Z = \begin{cases} \sqrt{\mu\mu_0/\varepsilon\varepsilon_0} = Z_0\sqrt{\mu/\varepsilon} & :電磁波 \\ \sqrt{L/C} & :伝送線路 \end{cases} \tag{3.22}$$

で表せる。ただし，$Z_0 \equiv \sqrt{\mu_0/\varepsilon_0}$ は真空インピーダンスである（式 (11.15) 参照）。式 (3.21), (3.22) の積・商より，電磁波と分布定数線路で

$$L = \mu\mu_0, \quad C = \varepsilon\varepsilon_0 \tag{3.23a,b}$$

と対応づけられる。

§3.4　スネルの法則

異なる媒質の境界面では電磁波の屈折や反射が生じる。これを記述するスネルの法則は 17 世紀から知られている。本節では，マクスウェル方程式と境界条件を用いて，スネルの法則を電磁波論的に求める。本節を含め以下の節では，媒質に損失がなく等方性とする。

3.4.1　導入

図 **3.2** に示すデカルト座標系で，媒質の境界面を x-y 面 $(z = 0)$ にとり，上下の領域内では媒質は一様とする。第 1 媒質 $(z < 0)$ で屈折率 n_1，波動インピーダンス $Z_{\mathrm{w}1}$，第 2 媒質 $(z > 0)$ で n_2，$Z_{\mathrm{w}2}$ で表すと，これらは次式で表

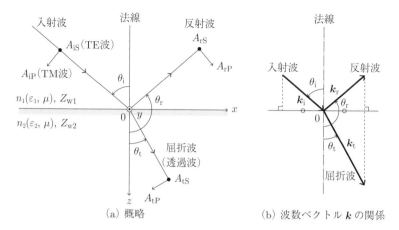

(a) 概略　　　　　　　　　　(b) 波数ベクトル **k** の関係

図 **3.2**　異なる媒質間での電磁波の屈折と反射
　　　　添字 S(P) は紙面に垂直（平行）な電界の振動成分を表し，TE 波（TM 波）と
　　　　いう。n_i：屈折率，$Z_{\mathrm{w}i}$：波動インピーダンス，θ_i：入射角，θ_t：屈折角，
　　　　θ_r：反射角

せる。

$$n_i = \sqrt{\varepsilon_i \mu} \quad (i = 1, 2) \tag{3.24}$$

$$Z_{\mathrm{w}i} = \sqrt{\frac{\mu}{\varepsilon_i}} Z_0 \tag{3.25}$$

ここで，ε_i は比誘電率，Z_0 は真空インピーダンス，比透磁率は全領域で $\mu = 1$
としている。損失がないとき，屈折率と波動インピーダンスは実数である。

　電磁波（単色平面波）が第 1 媒質から境界面に入射すると，第 2 媒質に電磁界
成分を誘起し，その結果として x-z 面（紙面）内で屈折・反射をする。平面波の
波数ベクトルが紙面内にあり，各媒質での波数の大きさが $k_i = n_i k_0 = n_i \omega/c$
（$i = 1, 2$, $k_0 = \omega/c$：真空中の電磁波の波数，c：真空中の光速）で表せる。

　屈折や反射をする際，第 2 媒質に誘起される電磁界の大きさは，入射電磁界の振
動方向によって異なるから，その振る舞いは偏波により異なる。電界が紙面に垂
直な方向に振動する成分は，伝搬方向の電界成分をもたないので **TE 波**（trans-
verse electric wave）または **S 偏波**（ドイツ語の直交を意味する Senkrecht の
頭文字）と呼ばれる。電界が紙面内での振動成分をもつものは，伝搬方向の磁界

成分をもたないので **TM 波**（transverse magnetic wave）または **P 偏波**（平行を意味する parallel の頭文字）と呼ばれる。

【例題 3.1】 屈折率 n と波動インピーダンス Z_{w} の関係を求めよ。
[解] 式 (3.24), (3.25) を用いて

$$n = \sqrt{\varepsilon\mu} = \mu\sqrt{\frac{\varepsilon}{\mu}} = \mu\frac{1}{\sqrt{\mu/\varepsilon}}\frac{Z_0}{Z_0} = \mu\frac{Z_0}{Z_{\mathrm{w}}}$$

ただし，Z_0 は真空インピーダンス，μ は比透磁率である。

3.4.2 TE 波（S 偏波）

TE 波で紙面に垂直な方向の電界成分 E_y で，入射・屈折・反射波を

$$E_y^{(i)} = A_{\mathrm{iS}}\exp\left[j(\omega t - \boldsymbol{k}_i\cdot\boldsymbol{r})\right] \quad (\mathrm{i = i, t, r}) \tag{3.26}$$

で表し（式 (11.11) 参照），$E_x = E_z = 0$ とする。ここで，A_{iS} は電界振幅，$\boldsymbol{k}_i$ は媒質中の波数ベクトル（図 3.2(b) 参照），$\boldsymbol{r}$ は位置ベクトルである。添字 i=i, t, r はそれぞれ入射波，屈折波，反射波を表す。また，θ_i を各波の波数ベクトルが境界面の法線となす反時計方向を正の角度にとると，式 (3.26) における波数に関する位相は

$$\boldsymbol{k}_i\cdot\boldsymbol{r} = n_1 k_0(x\sin\theta_i + z\cos\theta_i) \quad (\mathrm{i = i, r}) \tag{3.27a}$$
$$\boldsymbol{k}_t\cdot\boldsymbol{r} = n_2 k_0(x\sin\theta_t + z\cos\theta_t) \tag{3.27b}$$

で書ける。
境界条件（§11.3 参照）より，電界の境界面（$z = 0$）に対する接線成分は連続となる。この条件 $E_y^{(i)} + E_y^{(r)} = E_y^{(t)}$ に式 (3.26) を適用して

$$A_{\mathrm{iS}}\exp\left(-jn_1 k_0 x\sin\theta_i\right) + A_{\mathrm{rS}}\exp\left(-jn_1 k_0 x\sin\theta_r\right)$$
$$= A_{\mathrm{tS}}\exp\left(-jn_2 k_0 x\sin\theta_t\right) \tag{3.28}$$

と書ける。式 (3.28) が境界面上の位置 x によらず成立するためには，各波の指数部の位相が同一でなければならず，次式が成立する。

$$n_1 \sin \theta_\mathrm{i} = n_1 \sin \theta_\mathrm{r} = n_2 \sin \theta_\mathrm{t} \tag{3.29}$$

式 (3.29) の左辺と右辺より，次式が得られる（図 3.2(b) 参照）。

$$n_1 \sin \theta_\mathrm{i} = n_2 \sin \theta_\mathrm{t} \tag{3.30}$$

式 (3.30) は**屈折の法則**（law of refraction）と呼ばれる。式 (3.30) に式 (3.25)
を適用すると

$$\frac{\sin \theta_\mathrm{i}}{Z_\mathrm{w1}} = \frac{\sin \theta_\mathrm{t}}{Z_\mathrm{w2}} \tag{3.31}$$

が得られる。式 (3.30) と式 (3.31) は等価である。式 (3.29) の左辺と中辺より

$$\theta_\mathrm{r} = \pi - \theta_\mathrm{i} \tag{3.32}$$

が得られる。式 (3.32) は**反射の法則**（law of reflection）と呼ばれる。

屈折・反射の法則をまとめて**スネルの法則**（Snell's law）と呼ぶ。これは屈
折率が異なる媒質間における電磁波の伝搬の仕方を記述する基本法則である。

3.4.3　TM 波（P 偏波）

電界成分が紙面に平行な TM 波（P 偏波）では，電界と磁界が直交するから，
磁界成分を紙面に垂直な方向，つまり

$$H_y^{(\mathrm{i})} = A_\mathrm{iP} \exp\left[j(\omega t - \boldsymbol{k}_\mathrm{i} \cdot \boldsymbol{r})\right] \quad (\mathrm{i} = \mathrm{i, t, r}) \tag{3.33}$$

とおく。ただし，A_iP は磁界振幅，$\boldsymbol{k}_\mathrm{i}$ は媒質中の波数ベクトルであり，非ゼロ
の電磁界成分は E_x，E_z，H_y の 3 つである。ここでの H_y 成分を TE 波におけ
る E_y に対応させると，TM 波でもスネルの法則の式 (3.30) が直ちに導ける。
つまり，スネルの法則は偏波に依存しない。

§3.5　フレネルの公式

本節では，前節の結果を受けて，無損失等方性媒質における振幅反射係数と
振幅透過係数を，屈折率や入射角度等の関数として求める。分布定数線路での

結果と対応させるため，これらの係数を波動インピーダンスでも表す。フレネルの公式の一部は，弾性理論に基づいてすでに19世紀に求められている。

3.5.1 TE波（S偏波）の振幅反射係数と振幅透過係数

図3.2で存在するTE波の電界成分を式 (3.26) の E_y にとると，非ゼロの磁界成分は H_x と H_z となる。磁界に関する境界条件で，連続とすべき接線成分 H_x は，式 (3.26) を式 (11.13b) に適用して

$$H_x^{(\mathrm{i})} = E_y^{(\mathrm{i})} \sqrt{\frac{\varepsilon_i}{\mu}} Y_0 \cos \theta_\mathrm{i} \quad (\mathrm{i = i, t, r})\tag{3.34}$$

で書ける。ただし，Y_0 は真空アドミタンスである。

E_y 成分の連続条件の式 (3.28) で位相項が等しいことを利用すると，これは

$$A_\mathrm{iS} + A_\mathrm{rS} = A_\mathrm{tS}\tag{3.35}$$

と書き直せる。また H_x に関する境界条件 $H_x^{(\mathrm{i})} + H_x^{(\mathrm{r})} = H_x^{(\mathrm{t})}$ は次式で書ける。

$$n_1 A_\mathrm{iS} \cos \theta_\mathrm{i} - n_1 A_\mathrm{rS} \cos \theta_\mathrm{i} = n_2 A_\mathrm{tS} \cos \theta_\mathrm{t}\tag{3.36a}$$

$$\frac{A_\mathrm{iS}}{Z_\mathrm{w1}} \cos \theta_\mathrm{i} - \frac{A_\mathrm{rS}}{Z_\mathrm{w1}} \cos \theta_\mathrm{i} = \frac{A_\mathrm{tS}}{Z_\mathrm{w2}} \cos \theta_\mathrm{t}\tag{3.36b}$$

式 (3.36) の左辺第2項では，式 (3.32) より得られる $\cos \theta_\mathrm{r} = -\cos \theta_\mathrm{i}$ を用いた。

反射波の入射波に対する電界振幅の比 $r = A_\mathrm{rS}/A_\mathrm{iS}$ は，**振幅反射係数**（amplitude reflection coefficient）または**振幅反射率**と呼ばれる。屈折波の入射波に対する電界振幅の比 $t = A_\mathrm{tS}/A_\mathrm{iS}$ は，**振幅透過係数**（amplitude transmission coefficient）または**振幅透過率**と呼ばれる。分布定数線路での結果と比較するため，以下では波動インピーダンス $Z_{\mathrm{w}i}$（式 (3.25) 参照）を用いた結果も示す。

TE波（S偏波）の**振幅反射係数** $r_\perp$ は，式 (3.35), (3.36) より次式で書ける。

$$r_\perp \equiv \frac{A_\mathrm{rS}}{A_\mathrm{iS}} = \frac{n_1 \cos \theta_\mathrm{i} - n_2 \cos \theta_\mathrm{t}}{n_1 \cos \theta_\mathrm{i} + n_2 \cos \theta_\mathrm{t}} = \frac{Z_\mathrm{w2} \cos \theta_\mathrm{i} - Z_\mathrm{w1} \cos \theta_\mathrm{t}}{Z_\mathrm{w2} \cos \theta_\mathrm{i} + Z_\mathrm{w1} \cos \theta_\mathrm{t}}\tag{3.37a}$$

式 (3.37a) にスネルの法則の式 (3.30) を適用すると，振幅反射係数が

$$r_\perp = \frac{-\sin\theta_i\cos\theta_t + \cos\theta_i\sin\theta_t}{\sin\theta_i\cos\theta_t + \cos\theta_i\sin\theta_t} = -\frac{\sin(\theta_i-\theta_t)}{\sin(\theta_i+\theta_t)} \tag{3.37b}$$

のように，見掛け上，入射・屈折角だけで表される。

TE 波に対する**振幅透過係数** $t_\perp$ は，振幅反射係数と同様にして

$$t_\perp \equiv \frac{A_{tS}}{A_{iS}} = \frac{2n_1\cos\theta_i}{n_1\cos\theta_i + n_2\cos\theta_t} = \frac{2Z_{w2}\cos\theta_i}{Z_{w2}\cos\theta_i + Z_{w1}\cos\theta_t} \tag{3.38a}$$

$$t_\perp = \frac{2\cos\theta_i\sin\theta_t}{\sin\theta_i\cos\theta_t + \cos\theta_i\sin\theta_t} = \frac{2\cos\theta_i\sin\theta_t}{\sin(\theta_i+\theta_t)} \tag{3.38b}$$

で求められる。式 (3.35) から，TE 波では

$$t_\perp + (-r_\perp) = 1 \tag{3.39}$$

が，電磁波の入射角や媒質の屈折率によらず常に成り立つ。

3.5.2　TM 波（P 偏波）の振幅反射係数と振幅透過係数

TM 波で磁界成分 $H_y^{(i)}$ を式 (3.33) にとるとき，これを式 (11.13a) に代入して，境界条件で用いるべき電界の接線成分が次式で得られる。

$$E_x^{(i)} = H_y^{(i)}\sqrt{\frac{\mu}{\varepsilon_i}}Z_0\cos\theta_i \quad (i = i, t, r) \tag{3.40}$$

ここで，Z_0 は真空インピーダンスである。

TM 波（P 偏波）に対する**振幅反射係数** $r_\parallel$ は，境界面での接線成分である H_y と E_x に境界条件を適用して

$$r_\parallel \equiv \frac{A_{rP}}{A_{iP}} = \frac{n_2\cos\theta_i - n_1\cos\theta_t}{n_2\cos\theta_i + n_1\cos\theta_t} = \frac{Z_{w1}\cos\theta_i - Z_{w2}\cos\theta_t}{Z_{w1}\cos\theta_i + Z_{w2}\cos\theta_t} \tag{3.41a}$$

で求められる。式 (3.41a) にスネルの法則を用いると，振幅反射係数は

$$r_\parallel = \frac{\sin\theta_i\cos\theta_i - \sin\theta_t\cos\theta_t}{\sin\theta_i\cos\theta_i + \sin\theta_t\cos\theta_t} = \frac{\tan(\theta_i-\theta_t)}{\tan(\theta_i+\theta_t)} \tag{3.41b}$$

でも書ける。

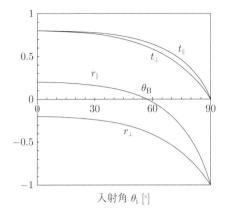

図 3.3 振幅反射係数 r_i と振幅透過係数 t_i の入射角依存性（低屈折率 → 高屈折率）入射側屈折率 $n_1 = 1.0$，透過側屈折率 $n_2 = 1.5$，$\theta_B = 56.3°$，i = ‖・⊥

TM 波に対する**振幅透過係数** $t_{\|}$ は，同様にして

$$t_{\|} \equiv \frac{A_{\mathrm{tP}}}{A_{\mathrm{iP}}} = \frac{2n_1 \cos\theta_i}{n_2 \cos\theta_i + n_1 \cos\theta_t} = \frac{2Z_{\mathrm{w2}} \cos\theta_i}{Z_{\mathrm{w1}} \cos\theta_i + Z_{\mathrm{w2}} \cos\theta_t}$$

$$(3.42\mathrm{a})$$

$$t_{\|} = \frac{2\cos\theta_i \sin\theta_t}{\sin\theta_i \cos\theta_i + \sin\theta_t \cos\theta_t} = \frac{2\cos\theta_i \sin\theta_t}{\sin(\theta_i + \theta_t)\cos(\theta_i - \theta_t)}$$

$$(3.42\mathrm{b})$$

で表せる。

式 (3.37)，(3.38)，(3.41)，(3.42) をまとめて**フレネルの公式**（Fresnel formulae）という。フレネルの公式は，反射や屈折に関係する事象を定量的に扱う場合に重要となる。

フレネルの公式における振幅反射係数は，上記のように，波動インピーダンスでも記述できる。この事実は，後述するように，分布定数線路で線路定数の異なる接続点での波動の反射に対応する関係がある（§3.6 参照）。

図 3.3 に振幅反射係数と振幅透過係数の入射角依存性を，低屈折率 ($n_1 = 1.0$) から高屈折率 ($n_2 = 1.5$) 媒質に入射する場合で示す。TM 波の振幅反射係数は $\theta_i = 0°$ で $r_{\|} = 0.2$ となり，入射角の増加につれて値が単調に減少し，

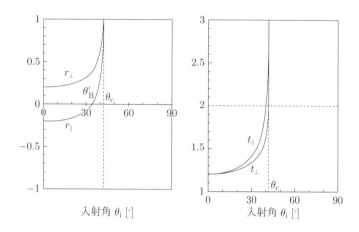

図 3.4　振幅反射係数 r_i と振幅透過係数 t_i の入射角依存性（高屈折率 → 低屈折率）
入射側屈折率 $n_1 = 1.5$，透過側屈折率 $n_2 = 1.0$，$\theta'_B = 33.7°$，$\theta_c = 41.8°$，
$i = \| \cdot \perp$

$\theta_i = 56.3°$ で $r_\| = 0$ となる。この入射角はブルースタ角 θ_B（§3.7 参照）に一致する。入射角がさらに増加すると $r_\|$ の値が負に転じ，$\theta_i = 90°$ で $r_\| = -1$ となる。$\theta_i = 0°$ と $\theta_i = 90°$ は，それぞれ次項で説明する垂直入射とすれすれ入射であり，上記の値は次項での結果に一致している。

TE 波の振幅反射係数 $r_\perp$ や TE・TM 波の振幅透過係数 $t_\perp$，$t_\|$ は，入射角の増加に対して単調に減少しており，$\theta_i = 90°$ では $r_\perp = -1$，$t_\perp = t_\| = 0$ となっている。

図 3.4 は高屈折率から低屈折率媒質に入射する場合の結果である。TE・TM 波の振幅反射係数 $r_\perp$，$r_\|$ はそれぞれ，正値と負値から出発し入射角の増加に対し単調増加し，臨界角 θ_c（3.8.1 項参照）に相当する $\theta_i = 41.8°$ で $r_\perp = r_\| = 1$ となる。TM 波は $\theta_i = 33.7°$ で $r_\| = 0$ となり，この入射角はブルースタ角 θ'_B に一致する。振幅透過係数 $t_\perp$，$t_\|$ も入射角に対して単調増加し，$\theta_i = 41.8°$ で $t_\perp = 2.0$，$t_\| = 3.0$ となる（式 (3.53)，(3.54) 参照）。$\theta_i > \theta_c$ では各値が複素量となる。図 3.3，3.4 で，$r_\perp$ を上方に平行移動させると $t_\perp$ に重なる（式 (3.39) 参照）。

3.5.3 特別な入射角での反射・透過特性

本項では，垂直入射とすれすれ入射という特別な場合について，振幅反射係数と振幅透過係数を検討する。

垂直入射（normal incidence）近傍（$\theta_i \fallingdotseq 0$）では，TE・TM 波に対する振幅反射係数は，式 (3.37a)，(3.41a) より次式で書ける。

$$r_\perp = -r_{||} = \frac{n_1 - n_2}{n_1 + n_2} = \frac{Z_{w2} - Z_{w1}}{Z_{w2} + Z_{w1}} \tag{3.43}$$

式 (3.43) は，TE・TM 波に対する振幅反射係数の符号が反転している，すなわち $-1 = \exp(\pm j\pi)$ より，位相が π ずれることを示す。

ここで，式 (3.43) に検討を加える。TE 波での式 (3.35)，(3.36b) と，分布定数線路での式 (2.29a)，(2.30) において，前者の振幅 A_{iS} を電圧 V_i に対応させると，垂直入射（$\theta_i = 0$）時には両者が形式的に一致し，式 (3.43) 右辺の $r_\perp$ と式 (2.32) の r が一致する。一方，$r_\perp$ と $r_{||}$ での符号の違いは，鏡面反射像では右手座標系が左手座標系に変換されることに起因する。左手座標系に変換後に右手座標系表示に戻す場合，電界が TE 波（TM 波）では紙面に垂直（水平）だから，$r_\perp$ では符号が不変となるが，$r_{||}$ では符号が反転する。

垂直入射近傍での振幅透過係数は，式 (3.38a)，(3.42a) より

$$t_\perp = t_{||} = \frac{2n_1}{n_1 + n_2} = \frac{2Z_{w2}}{Z_{w2} + Z_{w1}} \tag{3.44}$$

で得られる。式 (3.44) は，TE・TM 波に対する振幅透過係数が一致することを示す。これは，透過波では TE・TM 波ともに位相がずれないためである。

式 (3.43)，(3.44) は，垂直入射近傍での振幅反射・透過係数がともに，媒質の屈折率や波動インピーダンスのみで記述できることを示している。垂直入射近傍では，TM 波について近似的に次式が成立する。

$$t_{||} + r_{||} \fallingdotseq 1 \tag{3.45}$$

つまり，振幅における反射と屈折の和に対して保存則が成立している。

境界面への**すれすれ入射**（grazing incidence）近傍（$\theta_i \fallingdotseq \pi/2$）では，振幅反射係数と振幅透過係数は TE・TM 波によらず

$$r_i \fallingdotseq -1.0 = \exp(\pm j\pi), \quad t_i \fallingdotseq 0 \quad (i = \perp, \|) \tag{3.46a,b}$$

で書ける。式 (3.46a) は，反射波が入射波に対して角度が π だけ変化することに伴い，電磁波の位相が反転していることを意味する。光波領域で実際に観測されるのは光強度反射率 $|r_i|^2 \fallingdotseq 1$ であり，これは鏡のように反射することを意味する。このことは，日常生活ですれすれ入射に近づけるほど，汚れや水たまりなどがよく見えるということで体験している。

3.5.4　ストークスの関係式

電磁波が媒質 1 から媒質 2 に向けて入射するとき，入射角が θ_i，屈折角が θ_t であるとする（**図 3.5**）。電磁波が媒質 2 から角度 θ_t で入射するとき，屈折の法則の式 (3.30) により，媒質 1 での屈折角が θ_i となる。これは，光線の伝搬方向を 2 点間で逆にすると，光線が同じ経路を逆に辿るという**光線の逆進性**を表す。逆進時の振幅反射係数と振幅透過係数に $'$ を付して区別する。振幅反射係数にフレネルの公式 (3.37b)，(3.38b)，(3.41b)，(3.42b) を利用すると，

$$r'_\perp = -\frac{\sin(\theta_t - \theta_i)}{\sin(\theta_i + \theta_t)} = -r_\perp, \quad r'_\| = \frac{\tan(\theta_t - \theta_i)}{\tan(\theta_i + \theta_t)} = -r_\| \tag{3.47a,b}$$

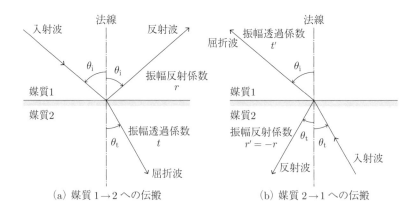

(a) 媒質 1→2 への伝搬　　　　　(b) 媒質 2→1 への伝搬

図 **3.5**　逆進性を満たす電磁波の間での振幅反射係数（ストークスの関係式）
$$r' = -r = r\exp(\pm j\pi)$$

および

$$t_i t_i' + r_i^2 = 1 \quad (i = \perp, \|) \tag{3.48}$$

が成り立つ。式 (3.47), (3.48) を合わせて**ストークスの関係式**と呼ぶ。

式 (3.47) は，境界面で逆進性を満たす電磁波の間では，任意の入射角について両者の振幅反射係数の符号が反転 $(-1 = \exp(\pm j\pi))$，つまり位相が π 異なることを表す。これはスネルの法則で関係づけられる電磁波間だけで成立する。

§3.6 電磁波と分布定数線路における反射係数の対応

前節では，電磁波の TE・TM 波に対する振幅反射係数を波動インピーダンスの形でも示した。一方，分布定数線路における電圧と電流が，高周波では波動で扱えることを示し (2.1.1 項参照)，その反射係数を線路の特性インピーダンスの形で求めた (2.3.1 項参照)。本項では，分布定数線路の反射と電磁波の場合 (§3.5 参照) の関係を調べる。

分布定数線路における反射係数 r の式 (2.32) で，伝送線路の送端側の特性インピーダンスを Z_c，受端側のインピーダンスを Z_L とすると，次式で書ける。

$$r = \frac{Z_L - Z_c}{Z_L + Z_c} \tag{3.49}$$

TE・TM 波に対する振幅反射係数は，それぞれ式 (3.37a), (3.41a) で示している。垂直入射の電磁波での振幅反射係数は式 (3.43) で示しており，Z_c を Z_{w1}，Z_L を Z_{w2} に対応づけると，電磁波の振幅反射係数 $r_\perp$ と式 (3.49) は形式的に一致する。

電磁波における波動インピーダンス Z_w と分布定数線路における特性インピーダンス Z_c が，式 (3.22) に示したように対応している。したがって，インピーダンスで表される振幅に関する反射係数 r が，電磁波と分布定数線路で対応することが予測される。以下では，分布定数線路における結果 (2.3.2 項参照) に対応する電磁波の場合を説明する (**図 3.6**)。

分布定数線路でインピーダンス整合がとれている場合 ($Z_L = Z_c$，図 3.6(a) 参照)，式 (3.49) より反射係数は $r = 0$ となり，波動は反射することなく接続

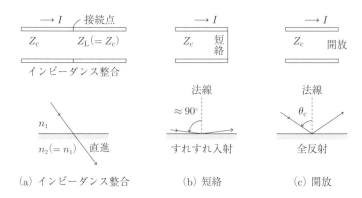

図 3.6　伝送線路と光波における現象の対応（上下で対応）

Z_c, Z_L：インピーダンス，n_i：屈折率，θ_c：臨界角

位置をそのまま通過する。この状況は，電磁波では第 1・2（入射・屈折側）媒質の波動インピーダンス，つまり屈折率が等しいときであり，同一物質とみなせるので，電磁波は反射することなくすべて透過する。

　分布定数線路で受端間が短絡されている場合（$Z_L = 0$，図 3.6(b) 参照），反射係数は $r = -1$ となる。これは，入射波が受端ですべて反射されるとともに，位相が反転されることを意味する。受端間の短絡は，電磁波が同じ媒質側に反射される，すれすれ入射での式 (3.46a) と等しくなる。

　分布定数線路で受端間が開放されている場合（$Z_L = \infty$，図 3.6(c) 参照），反射係数は $r = 1$ となり，入射波は受端ですべて反射される。波動が第 2 媒質に入り込まないということは，電磁波における全反射に対応する（式 (3.53) 参照）。

§3.7　ブルースタの法則

　境界面両側の屈折率，つまり比誘電率が異なっていても，反射することなく，入射波がすべて境界面を透過する場合がある（**図 3.7**）。このときの入射角を**ブルースタ角**（Brewster angle），この現象を記述するものを**ブルースタの法則**と呼ぶ。この現象は 19 世紀に発見されている。

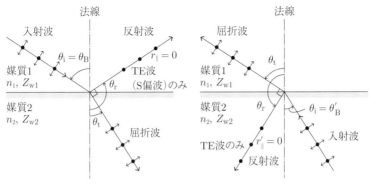

(a) 媒質 1 側からのブルースタ角 θ_{B}　　　(b) 媒質 2 側からのブルースタ角 θ'_{B}

図 **3.7**　ブルースタの法則
　両矢印は電界の紙面内振動成分（TM 波），黒丸は紙面に垂直な方向の振動成分
（TE 波）を表す。
　n_i：屈折率，$Z_{\mathrm{w}i}$：波動インピーダンス
　反射波に TM 波（P 偏波）がない。$\theta_{\mathrm{B}} + \theta'_{\mathrm{B}} = \pi/2$，$\theta_{\mathrm{r}} - \theta_{\mathrm{t}} = \pi/2$。図 (a)
での θ_{t} と θ_{B} は，それぞれ (b) での θ'_{B} と θ_{t} に等しい。

　入射波がすべて境界面を透過するということは，反射波がないこと，つまり振幅反射係数がゼロとなることを意味する。このゼロとなる際の入射角を θ_{B} で表すと，TM 波（P 偏波）で $r_{\parallel} = 0$ を満たす θ_{B} は，式 (3.41b) 右辺より $\theta_{\mathrm{B}} + \theta_{\mathrm{t}} = \pi/2$ で得られる。これをスネルの法則の式 (3.30) に代入すると，

$$n_1 \sin \theta_{\mathrm{B}} = n_2 \sin \theta_{\mathrm{t}} = n_2 \sin \left(\frac{\pi}{2} - \theta_{\mathrm{B}} \right) = n_2 \cos \theta_{\mathrm{B}}$$

となる。この式の両側の辺より，TM 波に対するブルースタ角は

$$\theta_{\mathrm{B}} = \tan^{-1} \frac{n_2}{n_1} = \tan^{-1} \frac{Z_{\mathrm{w}1}}{Z_{\mathrm{w}2}} \tag{3.50}$$

で表せる。ただし，$Z_{\mathrm{w}i}$ $(i = 1, 2)$ は媒質 i の波動インピーダンスである。

　式 (3.50) で添え字を入れ換えることは，電磁波を境界面に対して逆向きに伝搬させることを意味する。これは，両側の媒質の屈折率や波動インピーダンスの大小関係によらず，光線の逆進性を満たす電磁波の間でブルースタの法則が成立することを表す。

ブルースタ角が生じているとき，上述の $\theta_i + \theta_t = \pi/2$ と反射の法則の式
(3.32) より得られる $\theta_r = \pi - \theta_i$ から

$$\theta_r - \theta_t = \frac{\pi}{2} \tag{3.51}$$

が導ける。式 (3.51) は，反射波と屈折波のなす角度が直角であることを表す。
電磁波が媒質 1 から媒質 2 へ伝搬する時のブルースタ角を θ_B，逆向きの場合
のブルースタ角を θ'_B で表すと，逆進性と $\theta_B + \theta_t = \pi/2$，式 (3.51) を用いて，
屈折率によらず $\theta_B + \theta'_B = \pi/2$ が常に成り立つことが示せる（図 3.7 参照）。

　自然界の物質では，TE 波（S 偏波）でのブルースタ角は存在しない。入射波
が TE・TM 両波を含んでいても，ブルースタ角 θ_B では一方の偏波のみが透
過するので，この角度は**偏光角**（polarizing angle）とも呼ばれる。たとえば，
気体レーザで直線偏波を発振させるとき，気体を封じたガラス管の両端の角度
がブルースタ角に設定される。

§3.8　全反射

3.8.1　全反射と臨界角
　電磁波が屈折率の大きい（密な）媒質から小さい（疎な）媒質に入射する場
合（$n_1 > n_2$），入射角よりも屈折角 θ_t の方が先に 90° となる。このときの入
射角を**臨界角**（critical angle）と呼び，θ_c で表す（**図 3.8**(a)）。この条件をス
ネルの法則の式 (3.30)，(3.31) に代入すると

$$\theta_c = \sin^{-1} \frac{n_2}{n_1} = \sin^{-1} \frac{Z_{w1}}{Z_{w2}} \tag{3.52}$$

で書ける。ただし，Z_{wi} は媒質 i の波動インピーダンスである。このとき，屈
折波は境界面に沿って伝搬する。

　入射角 θ_i が臨界角よりもさらに大きくなると（$\theta_i > \theta_c$），スネルの法則の式
(3.30)，(3.31) を満たす実数の屈折角 θ_t が存在しなくなる。これは，入射波
がすべて，境界面に対して入射側に戻ることを意味し，この現象を**全反射**（to-
tal reflection）と呼ぶ。逆に，電磁波が疎な媒質から密な媒質に入射する場合
（$n_1 < n_2$），たとえば，空気中から他の媒質に入射する場合，自然界に存在す

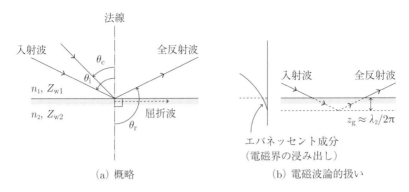

図 **3.8** 全反射時の電磁波の振る舞い
n_i：屈折率（$n_1 > n_2$），Z_{wi}：波動インピーダンス，θ_i：入射角，θ_r：反射角，
θ_c：臨界角，z_g：浸み込み深さ，$\theta_r = \pi - \theta_i$，図 (a) での破線は臨界角での屈
折波

る物質では，スネルの法則を満たす屈折角 θ_t が常に存在する。

3.8.2 全反射時の電磁波の振る舞い

本項では，全反射時の電磁波の振る舞いを電磁理論で扱う。臨界角入射の場
合，$\cos \theta_t = 0$ をフレネルの公式 (3.37a)，(3.41a) 等に代入すると，振幅反射
係数と振幅透過係数は次式で表される。

$$r_i = 1 \quad (i = \perp, \|) \tag{3.53}$$

$$t_\perp = 2, \quad t_{\|} = 2\frac{n_1}{n_2} = 2\frac{Z_{w2}}{Z_{w1}} \tag{3.54}$$

式 (3.53)，(3.54) での結果は図 3.4 で裏付けることができる。

全反射が生じているとき，スネルの法則は形式的に次式で書ける。

$$\sin \theta_t = \frac{\sin \theta_i}{n_2/n_1}, \quad \cos \theta_t = \pm j\sqrt{\frac{(n_1 \sin \theta_i)^2}{n_2^2} - 1} \tag{3.55}$$

これと式 (3.27b) を式 (3.26) に代入すると，TE 波（S 偏波）の透過電界成分は

$$E_y^{(t)} = \exp\left[-j(n_1 k_0 \sin \theta_t)x\right]\exp\left(-\frac{z}{z_g}\right) \tag{3.56}$$

$$z_{\mathrm{g}} = \frac{c}{\omega\sqrt{(n_1\sin\theta_{\mathrm{i}})^2 - n_2^2}} = \frac{\lambda_2}{2\pi\sqrt{(n_1\sin\theta_{\mathrm{i}})^2/n_2^2 - 1}} \qquad (3.57)$$

で書ける。式 (3.56) は，電磁波が x（境界面）方向には振動して伝搬し，z（深さ）方向には伝搬するにつれて指数関数的に減衰することを示す。

式 (3.57) で示す z_{g} は，図 3.8(b) に示すように，全反射時にも電磁波が第 2 媒質側にわずかに浸み出す浸入深さを示す。この値は臨界角近傍を除けば $\lambda_2/2\pi$（λ_2：第 2 媒質での波長）程度である。電磁界が境界面の反対側にもわずかに浸み出すが，電磁波エネルギーは反対側に流出しない。この成分を**エバネッセント（evanescent）成分**と呼ぶ。エバネッセント成分は光導波路や光ファイバで重要な役割を果たす（§8.1，8.5.2 項参照）。

━━━━━━━━━━━ 【電磁波と分布定数線路との対応関係】 ━━━━━━━━━━━

(i) 電磁波における電界と磁界は，それぞれ電気回路における電圧と電流に対応づけて考えることができる。

(ii) 電磁波における電界・磁界と分布定数線路における電圧・電流は形式的に同じ微分方程式を満たす（式 (3.20a) 参照）。

(iii) 電磁波における波動インピーダンス Z_{w} は分布定数線路における特性インピーダンス Z_{c} に対応づけることができる（式 (3.22) 参照）。インピーダンスに関係する反射において，電磁波の垂直入射での振幅反射係数（式 (3.43) 参照）と分布定数線路における反射係数（式 (2.32) 参照）は形式的に一致する。

(iv) 光波領域において屈折率 n で記述できる現象は，波動インピーダンスでも記述できる（§3.4〜§3.8 参照）。屈折率は電波領域におけるインピーダンスに対応させることができ，この対応関係は応用に際して利用されている。

(v) 電磁波における媒質の誘電率と透磁率は，それぞれ分布定数線路における電気容量とインダクタスに対応する（式 (3.23) 参照）。

【演習問題】

3.1　平面波を表す式 (3.9) が式 (3.14) を満たすことを示せ。

3.2　電磁波に対して比誘電率 $\varepsilon = 2.4$，比透磁率 $\mu = 1$ の物質がある。これと同じ位相速度とインピーダンスを有する無損失の分布定数線路について，その単位長さ当たりのインダクタス L と電気容量 C を求めよ。

3.3　比誘電率 $\varepsilon = 2.5$，比透磁率 $\mu = 1$ の物質がある。この物質について次の各値を求めよ。ただし，② ～④ は ① の結果を利用せよ。

① この物質の波動インピーダンス Z_{w}，② 光波が空気中からこの物質に角度 $30°$ で入射するときの屈折角，③ TE・TM 波が空気中からこの物質に角度 $30°$ で入射するときの振幅反射係数，④ TE・TM 波が空気中からこの物質に垂直入射するときの振幅反射係数。

3.4　次の各問に答えよ。

① 屈折率が $n_1 = 1.5$ と $n_2 = 2.25$ に対する波動インピーダンス $Z_{\mathrm{w}1}$ と $Z_{\mathrm{w}2}$ を求めよ。ただし，比透磁率を 1 とする。

② TM 波の光が上記 n_1 の媒質から n_2 の媒質に垂直入射するときの振幅反射係数 $r_{||}$ を求めよ。

③ 特性インピーダンスが $Z_{\mathrm{c}1} = 50\,\Omega$ の同軸ケーブルから $Z_{\mathrm{c}2} = 75\,\Omega$ の同軸ケーブルに入射するときの反射係数 r を求めよ。

④ $Z_{\mathrm{c}1}/n_1$ と $Z_{\mathrm{c}2}/n_2$ の値が等しいことを確認し，② と ③ の値が等しいこととの関連を説明せよ。

3.5　無損失媒質における振幅反射係数の式 (3.37a), (3.41a) で $r_\perp = r_{||} = 1$ を満たす入射角が臨界角となっていることを示せ。

第4章 結像素子における F 行列を用いた 光線伝搬特性

光工学で現れる光は通常，電磁界で扱われる。しかし，波長が電波に比べて極端に短い光では光線の概念が使え，これは物理的直観に優れている（10.2.2項参照）。各種光学系で光軸近傍を伝搬する近軸光線に限定すると，その伝搬特性は F 行列で記述でき，結像特性を調べる上で有用である。

§4.1 では各種光学要素による光線伝搬特性を，F 行列を用いて表す方法を説明する。§4.2 と §4.3 では，光学要素の表面が球面の一部からなる，球面レンズおよび球面反射鏡での結像特性を，F 行列を利用して解析する方法を説明する。§4.4 では，光線近似が電波領域でも扱える例として，非球面を用いた反射鏡アンテナの原理を説明する。

§4.1〜§4.3 の内容は，光共振器や 2 乗分布形媒質における光伝搬の等価特性を解析する，周期的レンズ列等の議論にも受け継がれる（第 5〜7 章参照）。本章では，このような状況を想定して，後続の章での議論にも関連する内容を扱う。

§4.1 光学要素による光線伝搬の行列表示

本節では，レンズなどの光学要素があるときの光伝搬特性を，直観的にわかりやすい光線を用い，行列で記述する方法を説明する。

通常用いられている光線行列では，暗黙のうちに光学要素が空気中にある前提で定式化されている。本書では，光学要素の両側の屈折率が異なっている場合にも光線行列がユニモジュラー性を満たすようにして議論を進める。

4.1.1 光線行列

図 **4.1** に示す摸式図で，物体から出た光線が光学系を通過した後，像を結ぶ

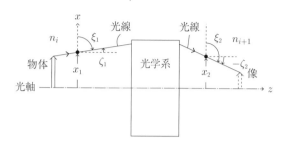

図 4.1　子午面における光線伝搬の記号説明

ことを**結像**（imaging）という。光軸（z 軸）を含む断面（子午面）を x–z 面にとる。この面内を伝搬する光線を**子午光線**（meridional ray）と呼ぶ。光線は左から右に伝搬するものとし，光線が x（z 軸）となす角度を ξ（ζ）とおく（$\xi + \zeta = \pi/2$）。光学系における光線経路の変化を行列で記述する場合，2 成分をもつ基底ベクトルが必要となる。

基底ベクトルの 1 つの成分として，光線の光軸からの距離 x をとる。他の成分では，レンズや伝搬媒質のように屈折率が一様な媒質中では，屈折率 n と光線の方向余弦 $d\boldsymbol{r}/ds$（s：光線に沿った経路，$\boldsymbol{r}$：光線の位置ベクトル）との積が伝搬による不変量となることを利用する（式 (10.10) 参照）。そこで基底ベクトルの第 2 成分は，屈折率 n と光線の x 方向の方向余弦 $\cos \xi$ の積 $n \cos \xi$ とする。

伝搬する媒質の屈折率を n_i で表し，基底ベクトルを次のように書く[1]。

$$\boldsymbol{Q}_i \equiv \left(\begin{array}{c} x_i \\ n_i \cos \xi_i \end{array} \right) \tag{4.1}$$

添え字 i で領域を区別する。このとき，領域 i から領域 $i{+}1$ への光線伝搬は，形式的に次式で表せる。

$$\boldsymbol{Q}_{i+1} = \left(\begin{array}{cc} A & B \\ C & D \end{array} \right) \boldsymbol{Q}_i \tag{4.2}$$

---

[1] 光線行列を扱う基底ベクトルでは，通常，第 2 成分として光線の方向余弦がとられている。そのため，異なる屈折率間の光線伝搬では F 行列の行列式の値が必ずしも 1 とはならない。

式 (4.2) 右辺における光線行列を **F 行列**，成分 $A \sim D$ を **F パラメータ**と呼ぶことにする。

　基底ベクトルの第 2 成分を式 (4.1) のようにとっておくと，逆向きに伝搬する光線でも相反性が成り立つ。したがって，相反回路と同じように，F 行列の行列式が

$$AD - BC = 1 \tag{4.3}$$

を満たし，F 行列が**ユニモジュラー**となる。ユニモジュラー行列は，縦続回路と同じように，光学要素が縦列に並んでいるとき，各光学要素の変換行列の積をとった後の行列式の値も 1 となり，光伝搬特性を調べる上で有用である。

　ここでいう F 行列は，二端子対回路や分布定数線路における F 行列（第 1, 2 章参照）と形式的に同じであるが，光学要素と二端子対回路では，ベクトルと F 行列との対応関係が左右逆であることに留意せよ。

　光軸となす角度 ζ が微小な光線，つまり $\sin \zeta \fallingdotseq \tan \zeta \fallingdotseq \zeta$ を満たす光線を**近軸光線**（paraxial ray）と呼び，本節ではこれを対象として議論を進める。

4.1.2 転送行列と屈折・反射行列の記述

　まず，近軸光線が屈折率 n の一様な媒質中を，光軸と微小角度 ζ をなして z 軸方向に距離 d 直進するとする（**図 4.2**(a)）。この際，同一媒質内では方向余弦は不変だから，基底ベクトルの第 2 成分が入・出力側で等しくなる。また，2 点間の座標が次式で関係づけられる。

$$x_{i+1} = x_i + d\tan \zeta_i \fallingdotseq x_i + d\sin \zeta_i \fallingdotseq x_i + d\cos \xi_i = x_i + \frac{d}{n}n\cos \xi_i$$

ただし，d は基準位置より右側を正とする。この光線の伝搬を式 (4.2) の形式で表すと，次式で書ける。

$$\boldsymbol{Q}_{i+1} = \mathcal{T}\boldsymbol{Q}_i, \quad \mathcal{T} \equiv \begin{pmatrix} A_t & B_t \\ C_t & D_t \end{pmatrix} = \begin{pmatrix} 1 & d/n \\ 0 & 1 \end{pmatrix} \tag{4.4a,b}$$

$$|\mathcal{T}| = A_t D_t - B_t C_t = 1 \tag{4.4c}$$

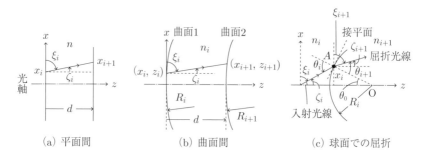

(a) 平面間　　　　　　(b) 曲面間　　　　　　(c) 球面での屈折

図 4.2　光学要素での光線伝搬
近軸光線（光軸となす光線の傾角 ζ_i が微小）のみを対象。
R_i：球面の曲率半径，O：曲率中心，$|x_i/R_i| \ll 1$

ここで，$\mathcal{T}$ を**転送行列**（transfer matrix）と呼び[2]，これの行列式の値が 1 となり，$\mathcal{T}$ がユニモジュラー行列となる。

次に，曲面間が一様な媒質（屈折率 n）中を，近軸光線が伝搬する場合を考える（図 4.2(b) 参照）。同一媒質内ゆえ基底ベクトルの第 2 成分が入・出力側で等しくなる。曲面間の光軸上での間隔を d，両曲面の曲率半径を R_i と R_{i+1} にとり，曲率中心が曲面より右（左）側にあるときを正（負）と約束する。曲率半径 $|R_i|$ が間隔 d に比べて十分大きいとすると，近軸光線の場合，光線の z 方向の移動距離 $z_{i+1} - z_i$ が d で近似できる。よって，曲面間での光線伝搬が $x_{i+1} - x_i \fallingdotseq d\tan\zeta_i \fallingdotseq d\cos\xi_i = (d/n)n\cos\xi_i$ で近似できる。これは式 (4.2) の形式を用いて

$$\boldsymbol{Q}_{i+1} = \mathcal{T}_i \boldsymbol{Q}_i \tag{4.5}$$

$$\mathcal{T}_i \equiv \begin{pmatrix} A_{\mathrm{t}} & B_{\mathrm{t}} \\ C_{\mathrm{t}} & D_{\mathrm{t}} \end{pmatrix} = \begin{pmatrix} 1 & d/n \\ 0 & 1 \end{pmatrix} \tag{4.6}$$

で書ける。式 (4.6) は，平面間での式 (4.4) と近似的に一致する。

近軸光線が曲率半径 R_i の球面上の点 A で屈折する場合を考える（図 4.2(c)

---

[2] 光学要素での光線伝搬に際して F 行列を用いる場合，行列の積の向きが電気回路の場合と逆になっている。混同を避けるため，二端子対回路と同じ向きのときの行列は立体で表示し，光学要素のように逆向きのときは行列を装飾文字で表示する。

参照)。曲面の前後の屈折率を n_i, n_{i+1} とする。光線の入射角 θ_i と出射角 θ_{i+1} を点 A における接平面の法線に対してとると,スネルの法則が次式で書ける。

$$n_i \sin \theta_i = n_{i+1} \sin \theta_{i+1} \tag{4.7}$$

幾何学的関係から $\theta_i = \zeta_i + \theta_0$, $\theta_{i+1} = \zeta_{i+1} + \theta_0$, $\zeta_i = \pi/2 - \xi_i$, $\sin \theta_0 = x_i/R_i$ が導かれる。これらを式 (4.7) に代入し,近軸光線の条件,すなわち ξ_i が $\pi/2$ 近傍,$|x_i/R_i| \ll 1$,θ_0 が微小であることを用いると,

$$n_{i+1} \cos \xi_{i+1} \fallingdotseq n_i \cos \xi_i + \frac{x_i(n_i - n_{i+1})}{R_i}$$

が導かれる。これを式 (4.2) の形式で整理すると,次式で表せる。

$$\boldsymbol{Q}_{i+1} = \mathcal{R}_i \boldsymbol{Q}_i \tag{4.8}$$

$$\mathcal{R}_i \equiv \begin{pmatrix} A_{\mathrm{r}} & B_{\mathrm{r}} \\ C_{\mathrm{r}} & D_{\mathrm{r}} \end{pmatrix} = \begin{pmatrix} 1 & 0 \\ \phi_i & 1 \end{pmatrix}, \quad \phi_i \equiv \frac{n_i - n_{i+1}}{R_i} \tag{4.9a,b}$$

$$|\mathcal{R}_i| = A_{\mathrm{r}} D_{\mathrm{r}} - B_{\mathrm{r}} C_{\mathrm{r}} = 1 \tag{4.9c}$$

式 (4.8) は屈折面前後での光線の伝搬方向の変化を表している。$\mathcal{R}$ を**屈折行列** (refraction matrix) と呼び,これの行列式の値も 1 となり,屈折行列 $\mathcal{R}$ もユニモジュラー行列となる。

屈折率 n の媒質中に置かれた曲率半径 R の球面反射鏡で光線が反射するとき,**反射行列** (reflection matrix) は,式 (4.9) で $n \equiv n_i = -n_{i+1}$ とおいて,

$$\mathcal{R}_{\mathrm{refl}} \equiv \begin{pmatrix} A_{\mathrm{refl}} & B_{\mathrm{refl}} \\ C_{\mathrm{refl}} & D_{\mathrm{refl}} \end{pmatrix} = \begin{pmatrix} 1 & 0 \\ 2n/R & 1 \end{pmatrix} \tag{4.10}$$

で表される。反射行列 $\mathcal{R}_{\mathrm{refl}}$ もユニモジュラー行列となる。

4.1.3 球面レンズのシステム行列

レンズの表面が球面の一部をなす**球面レンズ** (spherical lens) で光線の伝搬則を求めるため,レンズの機能を第 1 屈折面,レンズ内転送部,第 2 屈折面に分解する (**図 4.3**)。この分解は縦続回路の分解と同じ考え方である (1.2.2 項

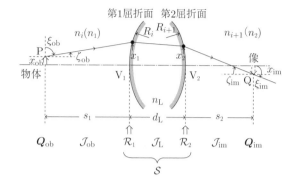

図 **4.3** 屈折面に分解したレンズによる結像
n_L：レンズの屈折率，d_L：レンズの中心厚，
R_i：屈折面の曲率半径，V_i：レンズ頂点，
$\mathcal{J}$：転送行列，$\mathcal{R}$：屈折行列，$\mathcal{S}$：システム行列
レンズ厚はわかりやすさのため誇張して描いている。

参照）。レンズの屈折率を n_L，レンズの中心厚を d_L，第 1（2）屈折面の曲率
半径を R_i（R_{i+1}），レンズ前後の媒質の屈折率を n_i，n_{i+1} とする。

　レンズへの入射直前から出射直後までの光線の伝搬則は，屈折行列の式 (4.9)
と転送行列の式 (4.6) を利用して，次式で表すことができる。

$$\boldsymbol{Q}_{x2} = \mathcal{S}\boldsymbol{Q}_{x1} \tag{4.11}$$

$$\mathcal{S} \equiv \mathcal{R}_2\mathcal{T}_\mathrm{L}\mathcal{R}_1 = \begin{pmatrix} A_\mathrm{s} & B_\mathrm{s} \\ C_\mathrm{s} & D_\mathrm{s} \end{pmatrix}$$

$$= \begin{pmatrix} 1 + \phi_1 d_\mathrm{L}/n_\mathrm{L} & d_\mathrm{L}/n_\mathrm{L} \\ \phi_1 + \phi_2 + \phi_1\phi_2 d_\mathrm{L}/n_\mathrm{L} & 1 + \phi_2 d_\mathrm{L}/n_\mathrm{L} \end{pmatrix} \tag{4.12a}$$

$$\mathcal{R}_i \equiv \begin{pmatrix} 1 & 0 \\ \phi_i & 1 \end{pmatrix} (i = 1, 2), \quad \mathcal{T}_\mathrm{L} \equiv \begin{pmatrix} 1 & d_\mathrm{L}/n_\mathrm{L} \\ 0 & 1 \end{pmatrix} \tag{4.12b}$$

$$|\mathcal{S}| = |\mathcal{R}_2| \cdot |\mathcal{T}_\mathrm{L}| \cdot |\mathcal{R}_1| = 1 \tag{4.12c}$$

ここで，$\mathcal{S}$ をレンズの**システム行列**（system matrix）と呼ぶ。屈折行列 $\mathcal{R}$，

転送行列 $\mathcal{T}$ ともにユニモジュラーだから，これらの積であるシステム行列 $\mathcal{S}$ も
ユニモジュラーとなる。

　レンズの厚さを考慮する場合を**厚肉レンズ**（thick lens）と呼ぶ。通常のレン
ズでは，レンズ厚がレンズでの屈折面の曲率半径に比べて十分小さいから，式
(4.12a) のシステム行列においてレンズ厚を無視しても精度の高い結果が得ら
れる。このような近似を用いるレンズを**薄肉レンズ**（thin lens）と呼ぶ。薄肉
レンズでは，式 (4.12a) で $d_{\mathrm{L}} \fallingdotseq 0$ と近似でき，システム行列が次式で書ける。

$$\mathcal{S} = \begin{pmatrix} A_{\mathrm{s}} & B_{\mathrm{s}} \\ C_{\mathrm{s}} & D_{\mathrm{s}} \end{pmatrix} = \begin{pmatrix} 1 & 0 \\ \phi_1 + \phi_2 & 1 \end{pmatrix}, \quad \phi_i \equiv \frac{n_i - n_{i+1}}{R_i}$$

$$(4.13)$$

　ここで，薄肉凸レンズ（焦点距離 f）におけるシステム行列を，式 (4.11) に基
づいて物理的考察により求める。薄肉レンズではレンズ厚を無視しているから，
図 **4.4**(a) に示すように，入射光線の方向余弦 ξ_1 によらず，光線の光軸からの距
離がレンズ透過前後で不変で $x_1 = x_2$ となる。よってシステム行列で $A_{\mathrm{s}} = 1$，
$B_{\mathrm{s}} = 0$ とおける。同図 (b) のレンズ中心に入射する光線は $x_1 = x_2 = 0$ を
満たす。また，光線方程式によりレンズ透過前後の各領域で屈折率と方向余弦
の積が保存されるから（式 (10.10) 参照），$n_1 \cos \xi_1 = n_2 \cos \xi_2$ が成り立ち，
$D_{\mathrm{s}} = 1$ と書ける。これらの A_{s}，B_{s}，D_{s} は式 (4.13) 右辺と一致している。
　残りの成分 C_{s} には焦点距離が関係する。光軸に平行に伝搬してきた光線が，

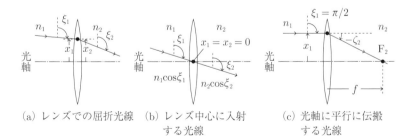

　（a）レンズでの屈折光線　（b）レンズ中心に入射　　（c）光軸に平行に伝搬
　　　　　　　　　　　　　　　　　する光線　　　　　　　　　する光線

図 **4.4**　薄肉レンズにおける光線の伝搬
n_i：伝搬媒質の屈折率，$f\,(= f')$：焦点距離，F_2：後側焦点

レンズ透過後に光軸と交わる点 F_2 を後側**焦点**（focal point），レンズと焦点 F_2 との距離を後側**焦点距離** f' と定義する（同図 (c) 参照）。光線の逆進性により，レンズ透過後に光軸と平行に伝搬する光線が，レンズ透過前に光軸と交わっている点 F_1 を前側焦点，点 F_1 とレンズとの距離を前側焦点距離 f と定義する。通常，後側焦点距離を単に**焦点距離**（focal length）と呼び，f で表すことが多い。

後側焦点距離に関する光線の伝搬は，$\xi_1 = \pi/2$ のとき

$$x_1 = x_2 = f \tan(-\zeta_2) = -f \tan \zeta_2 \fallingdotseq -f \cos \xi_2 = -\frac{f}{n_2} n_2 \cos \xi_2$$

となることを意味する。両端の式より $C_\mathrm{s} = -n_2/f$ を得る。これらをまとめて，式 (4.11) に対応する焦点距離 f の薄肉凸レンズによる光線の変換則は

$$\boldsymbol{Q}_{x2} = \mathcal{S}\boldsymbol{Q}_{x1} \tag{4.14}$$

$$\mathcal{S} \equiv \begin{pmatrix} A_\mathrm{s} & B_\mathrm{s} \\ C_\mathrm{s} & D_\mathrm{s} \end{pmatrix} = \begin{pmatrix} 1 & 0 \\ -n_2/f & 1 \end{pmatrix} \tag{4.15}$$

で表される。システム行列 $\mathcal{S}$ における 2 行 1 列成分は焦点距離 f に関連し，レンズ固有の値となる。

式 (4.13), (4.15) を等値し，式 (4.9) を用いて，薄肉レンズの焦点距離 f は

$$\frac{n_2}{f} = -\left(\frac{n_1 - n_\mathrm{L}}{R_1} + \frac{n_\mathrm{L} - n_2}{R_2} \right) = \frac{n_\mathrm{L} - n_1}{R_1} - \frac{n_\mathrm{L} - n_2}{R_2} \tag{4.16}$$

で表せる。式 (4.16) は，薄肉レンズでの焦点距離 f が，レンズ球面の曲率半径と媒質の屈折率の関数として表せることを示す。$f > 0$ を**凸レンズ**（convex lens），$f < 0$ を**凹レンズ**（concave lens）と呼ぶ。

球面反射鏡に対する式 (4.10) を，焦点距離を含む式 (4.15) と比較すると，球面反射鏡での焦点距離 f が曲率半径 R と

$$f = -\frac{R}{2} \tag{4.17}$$

で関係づけられる。つまり，球面反射鏡の焦点距離は球面の曲率半径の半分の値となる。式 (4.17) での負符号は，凸レンズと凹面鏡の結像特性が対応するこ

表 4.1　各種光学要素による光線伝搬の変換行列

項目	光学要素	変換行列
一様媒質中の直進 （ζ：微小）		$\begin{pmatrix} 1 & d/n \\ 0 & 1 \end{pmatrix}$
曲面間の直進 （ζ：微小）		$\begin{pmatrix} 1 & d/n \\ 0 & 1 \end{pmatrix}$
曲面による屈折		$\begin{pmatrix} 1 & 0 \\ (n_i - n_{i+1})/R_i & 1 \end{pmatrix}$
曲面での反射		$\begin{pmatrix} 1 & 0 \\ 2n/R & 1 \end{pmatrix}$
薄肉レンズ		$\begin{pmatrix} 1 & 0 \\ -n_2/f & 1 \end{pmatrix}$

n：屈折率，R：曲面の曲率半径，f：焦点距離

とを表している。

　以上で求めた，各種光学要素による光線伝搬行列をまとめて**表 4.1** に示す。
ただし，基底ベクトルは式 (4.1) で定義している。

　近軸光線近似の下で導いた転送行列やシステム行列は，本章の以下の節のみ
ならず，§5.4 でのビームパラメータ変換，§6.3 や §7.2 における各光学要素の
等価特性を求める周期的レンズ列でも使用される。

【例題 4.1】焦点距離 $50\,\mathrm{cm}$ の凸レンズと焦点距離 $100\,\mathrm{cm}$ の凹レンズを用い
て，空気中で合成焦点距離 $90\,\mathrm{cm}$ の凸レンズを実現したい。このとき，両レン
ズの間隔を何 cm にすればよいか，薄肉レンズ近似で求めよ。

[解]　レンズ間隔を d とすると，合成系のシステム行列は式 (4.6)，(4.15) を用
いて次式で書ける。

$$\mathcal{S} = \begin{pmatrix} 1 & 0 \\ 1/100 & 1 \end{pmatrix} \begin{pmatrix} 1 & d \\ 0 & 1 \end{pmatrix} \begin{pmatrix} 1 & 0 \\ -1/50 & 1 \end{pmatrix}$$

$$= \begin{pmatrix} 1 - d/50 & d \\ (1 - d/50)/100 - 1/50 & 1 + d/100 \end{pmatrix}$$

式 (4.15) の焦点距離に関係する 2 行 1 列成分から $(1 - d/50)/100 - 1/50$ $= -1/90$ を得る。これを解いて $d = 50/9 = 5.56\,\mathrm{cm}$ となる。

§4.2　球面レンズによる結像特性

本節では，球面レンズによる結像特性を，§4.1 で示した転送行列 $\mathcal{T}$ と屈折行列 $\mathcal{R}$ を組み合わせることにより求める。球面レンズを用いると，物体やビームの形状を拡大・縮小することができる。

光線は，図 4.3 に示したように，左から右に向かって伝搬するものとする。レンズの左端頂点 V_1 の前方 s_1 にある物体（大きさ x_{ob}）から出た光線が，レンズを通過した後，レンズ右端頂点 V_2 の後方 s_2 に像（大きさ x_{im}）ができるとする。s_i $(i = 1, 2)$ の符号は基準位置より右（左）側を正（負）と約束する。

1 つの球面レンズによる結像を考える際，レンズより左（右）側の媒質の屈折率を n_1 (n_2) とおく。物体（像）の基底ベクトルを $\boldsymbol{Q}_{\mathrm{ob}}$ $(\boldsymbol{Q}_{\mathrm{im}})$，レンズのシステム行列を $\mathcal{S}$，物体からレンズ左端までの転送行列を $\mathcal{T}_{\mathrm{ob}}$，レンズ右端から像までの転送行列を $\mathcal{T}_{\mathrm{im}}$ で表すと，物体から像までの光線伝搬が次式で記述できる。

$$\boldsymbol{Q}_{\mathrm{im}} = \mathcal{D}\boldsymbol{Q}_{\mathrm{ob}} \tag{4.18}$$

$$\mathcal{D} \equiv \mathcal{T}_{\mathrm{im}}\mathcal{S}\mathcal{T}_{\mathrm{ob}} = \begin{pmatrix} A_{\mathrm{d}} & B_{\mathrm{d}} \\ C_{\mathrm{d}} & D_{\mathrm{d}} \end{pmatrix}$$

$$= \begin{pmatrix} A_{\mathrm{s}} + C_{\mathrm{s}}s_2/n_2 & B_{\mathrm{s}} - A_{\mathrm{s}}s_1/n_1 + D_{\mathrm{s}}s_2/n_2 - C_{\mathrm{s}}(s_1 s_2/n_1 n_2) \\ C_{\mathrm{s}} & D_{\mathrm{s}} - C_{\mathrm{s}}s_1/n_1 \end{pmatrix}$$

$$\tag{4.19a}$$

$$\mathcal{T}_{\text{ob}} = \begin{pmatrix} 1 & -s_1/n_1 \\ 0 & 1 \end{pmatrix}, \quad \mathcal{T}_{\text{im}} = \begin{pmatrix} 1 & s_2/n_2 \\ 0 & 1 \end{pmatrix} \tag{4.19b}$$

$$\boldsymbol{Q}_{\text{ob}} \equiv \begin{pmatrix} x_{\text{ob}} \\ n_1 \cos \xi_{\text{ob}} \end{pmatrix}, \quad \boldsymbol{Q}_{\text{im}} \equiv \begin{pmatrix} x_{\text{im}} \\ n_2 \cos \xi_{\text{im}} \end{pmatrix} \tag{4.19c}$$

$$|\mathcal{D}| = |\mathcal{T}_{\text{im}}| \cdot |\mathcal{S}| \cdot |T_{\text{ob}}| = A_{\text{d}} D_{\text{d}} - B_{\text{d}} C_{\text{d}} = 1 \tag{4.19d}$$

式 (4.19d) より，$\mathcal{D}$ もまたユニモジュラー行列となる

物点 P から出る光線がレンズでの屈折点の位置によらず，すべて 1 つの像点 Q に集束する系を**理想光学系**（ideal optical system），これを満たす条件を**理想結像条件**と呼ぶ。これは，結像位置 x_{im} が物体から出る光線の傾き角 ξ_{ob} に依存しないことを意味し，行列 $\mathcal{D}$ の 1 行 2 列成分が $B_{\text{d}} = 0$ となる。これに薄肉レンズでのシステム行列の式 (4.15) の成分を代入し整理すると，

$$-\frac{n_1}{s_1} + \frac{n_2}{s_2} = \frac{n_2}{f} \tag{4.20}$$

が導ける（演習問題 4.3 参照）。式 (4.20) は**薄肉レンズによる結像式**（imaging equation）であり，その右辺は式 (4.15) の $\mathcal{S}$ の 2 行 1 列成分に相当している。

式 (4.20) が成立しているとき，式 (4.18) は次式に書き換えられる。

$$\begin{pmatrix} x_{\text{im}} \\ n_2 \cos \xi_{\text{im}} \end{pmatrix} = \begin{pmatrix} A_{\text{d}} & B_{\text{d}} \\ C_{\text{d}} & D_{\text{d}} \end{pmatrix} \begin{pmatrix} x_{\text{ob}} \\ n_1 \cos \xi_{\text{ob}} \end{pmatrix} \tag{4.21a}$$

$$\mathcal{D} \equiv \begin{pmatrix} A_{\text{d}} & B_{\text{d}} \\ C_{\text{d}} & D_{\text{d}} \end{pmatrix} = \begin{pmatrix} 1 - s_2/f & 0 \\ -n_2/f & 1 + n_2 s_1/n_1 f \end{pmatrix} \tag{4.21b}$$

式 (4.15)，(4.21b) からわかるように，システム行列の 2 行 1 列成分はレンズ固有の値であり，座標系を変換してもその値は不変である。

像の大きさ x_{im} の物体の大きさ x_{ob} に対する比を**横倍率**（lateral magnification）と呼ぶ。横倍率 M は，式 (4.21b) の 1 行 1 列成分より

$$M \equiv \frac{x_{\text{im}}}{x_{\text{ob}}} = \frac{f - s_2}{f} \tag{4.22a}$$

で表せる。行列式が $|\mathcal{D}| = 1$ であることを利用すると，横倍率 M が式 (4.21b)

の 2 行 2 列成分の逆数でも表せ，これより次式が得られる。

$$M = \frac{1}{1 + n_2 s_1/n_1 f} = \frac{n_1 f}{n_1 f + n_2 s_1} \tag{4.22b}$$

$M > 0$（$M < 0$）は，像が光軸に対して物体と同じ（反対）側にあるときを意味し，これらの像を**正立像**（**倒立像**）という。

　光学系でできる像は 2 種類に分類される。物体から出た光線が集束して像が形成され，像位置に紙などをおくと像が観測できる場合を**実像**（real image）という。一方，発散光線が像形成に関与し，発散光線の延長線上の交点に像ができ，光学系を介して像が観測できる場合を**虚像**（virtual image）という。

§4.3　球面反射鏡による結像特性

　球面を反射鏡として用いる光学系を**球面反射鏡**（spherical reflecting mirror）と呼ぶ。これは結像光学系以外に光共振器でも用いられる（第 6 章参照）。本節では，球面反射鏡の結像特性を説明する。

　球面反射鏡（曲率半径 R）が屈折率 n の媒質中に置かれているとする（図 **4.5**）。球面鏡の頂点 V の前方 s_1 にある物体 P の像を，球面鏡の頂点 V から距離 s_2 の位置 Q に結ぶとする。ここでも，s_i の符号は頂点 V より右側を正と

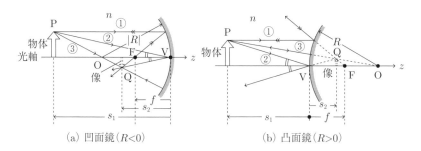

(a) 凹面鏡（$R<0$）　　　　　　　(b) 凸面鏡（$R>0$）

図 **4.5**　球面反射鏡による結像
　　　$f = -R/2$：焦点距離，R：球面鏡の曲率半径，
　　　F：焦点，O：球面の曲率中心，V：球面鏡の頂点
　　　図中の ① 〜 ③ は本文中の光線伝搬則に対応する。逆進性での光線を➤➤で表す。

し，曲率半径 R の符号は，曲率中心 O が反射面よりも右（左）側にあるときを正（負）とする。$R < 0$ が**凹面鏡**（concave mirror），$R > 0$ が**凸面鏡**（convex mirror）となる。焦点 F の位置は，凹（凸）面鏡のときは鏡の外（内）側にある。

図 4.5 に示す球面反射鏡での結像特性は，式 (4.10) を用いて次式で表せる。

$$Q_{\mathrm{im}} = \mathcal{D}_{\mathrm{refl}} Q_{\mathrm{ob}} \tag{4.23a}$$

$$\mathcal{D}_{\mathrm{refl}} \equiv \mathcal{T}_{\mathrm{im}} \mathcal{R}_{\mathrm{refl}} \mathcal{T}_{\mathrm{ob}} = \begin{pmatrix} A_{\mathrm{d}} & B_{\mathrm{d}} \\ C_{\mathrm{d}} & D_{\mathrm{d}} \end{pmatrix} \tag{4.23b}$$

$$\mathcal{R}_{\mathrm{refl}} \equiv \begin{pmatrix} A_{\mathrm{refl}} & B_{\mathrm{refl}} \\ C_{\mathrm{refl}} & D_{\mathrm{refl}} \end{pmatrix} = \begin{pmatrix} 1 & 0 \\ 2n/R & 1 \end{pmatrix} \tag{4.23c}$$

$$B_{\mathrm{d}} = B_{\mathrm{refl}} - A_{\mathrm{refl}} \frac{s_1}{n_1} + D_{\mathrm{refl}} \frac{s_2}{n_2} - C_{\mathrm{refl}} \frac{s_1 s_2}{n_1 n_2} \tag{4.23d}$$

$$|\mathcal{D}_{\mathrm{refl}}| = |\mathcal{T}_{\mathrm{im}}| \cdot |\mathcal{R}_{\mathrm{refl}}| \cdot |\mathcal{T}_{\mathrm{ob}}| = A_{\mathrm{d}} D_{\mathrm{d}} - B_{\mathrm{d}} C_{\mathrm{d}} = 1 \tag{4.24}$$

ただし，$\mathcal{R}_{\mathrm{refl}}$ は反射行列であり，転送行列 $\mathcal{T}_{\mathrm{ob}}$ と $\mathcal{T}_{\mathrm{im}}$ は式 (4.19b) と同じである。式 (4.24) より，行列 $\mathcal{D}_{\mathrm{refl}}$ もユニモジュラーである。

理想結像条件を式 (4.23b) に適用して $B_{\mathrm{d}} = 0$ とおくと，次式が導ける。

$$-\frac{1}{s_1} - \frac{1}{s_2} = \frac{1}{f}, \quad f = -\frac{R}{2} \tag{4.25a,b}$$

上の第 2 式では式 (4.17) を再掲しており，球面反射鏡の焦点距離 f は球面の曲率半径 R だけで決まる。式 (4.25) は**球面反射鏡による結像式**である。球面反射鏡による結像では，レンズの場合と異なり，結像式や焦点距離に屈折率は含まれないから，色収差（波長により結像位置が異なること）を生じない。

式 (4.20)，(4.25) を比較してわかるように，光学系が空気中にある場合，凹（凸）面鏡の結像特性は凸（凹）レンズと類似している。この対応関係は，光共振器や 2 乗分布形媒質での等価特性を考える上で重要である（第 6，7 章参照）。

式 (4.23b) の 1 行 1 列成分が横倍率 M に，2 行 2 列成分が $1/M$ に対応することより，球面反射鏡での横倍率は次式で表せる。

$$M \equiv \frac{x_{\mathrm{im}}}{x_{\mathrm{ob}}} = \frac{f + s_2}{f} = \frac{f}{f + s_1} \tag{4.26}$$

　次に，球面反射鏡での光線伝搬則を説明する（図 4.5，図 6.4 参照）。
① 光軸に平行な光線は，凹面鏡で反射後に焦点 F に向かい，凸面鏡で反射後は焦点 F から出たように進む。光線の逆進性により，凹面鏡で焦点を通過する光線は，反射後に光軸に平行に進み，凸面鏡で焦点 F に向かう光線は，反射後に光軸に平行に進む。
② 球面反射鏡の頂点 V に入射する光線は，入射光線と光軸がなすのと等しい角度で，光軸の反対側へ反射する。
③ 球面反射鏡の曲率中心 O に向かう光線は，球面への垂直入射となるので，反射後に元の経路を逆に辿る。

　凹面鏡は光共振器における反射鏡（第 6 章参照）としてよく用いられている。これは開口面の大きいものを作製できるので，反射鏡アンテナ・望遠鏡（§4.4 参照）にも利用されている。凸面鏡は，実視界角が見掛けの視界角よりも大きい，つまり広い範囲を見ることができるという特徴をもつので，カーブミラーや自動車のバックミラー等に利用されている。

【例題 4.2】凸面鏡を用いると，常に物体より小さい正立虚像が得られることを示せ。この性質がカーブミラーに利用されている。
[解]　式 (4.25a) より $1/s_2 = -(f+s_1)/s_1 f \cdots$ (1) を得る。物体位置は常に $s_1 < 0$ であり，凸面鏡（$R < 0$）では式 (4.25b) より $f < 0$ だから，式 (1) より $s_2 > 0$ を得る。これは，像が鏡より右側にできることを意味する。また，式 (1) は $-s_2/s_1 = f/(f+s_1) \cdots$ (2) と書ける。式 (2) の右辺は式 (4.26) により，横倍率 M に等しく $M = f/(f+s_1)$ とおける。これに $s_1 < 0$，$f < 0$ を適用すると $0 < M < 1$，つまり物体より小さい正立虚像が得られる。

【光学要素による光線伝搬のまとめ】

(i) 光線の直進，球面による屈折・反射が，近軸光線近似の下で，それぞれ転送行列 $\mathcal{T}$，屈折行列 $\mathcal{R}$，反射行列 $\mathcal{R}_{\mathrm{refl}}$ で記述することができ，これらはいずれもユニモジュラー行列となる。したがって，これらの光学要素が縦列した光学系の特性もユニモジュラー行列で表せる。
(ii) 球面レンズのシステム行列 $\mathcal{S}$ は転送行列 $\mathcal{T}$ と屈折行列 $\mathcal{R}$ の積で表せ，

焦点距離 f はシステム行列 $\mathcal{S}$ の 2 行 1 列成分で決まる（式 (4.15) 参照）。また，焦点距離 f はレンズの曲率半径や屈折率で記述できる（式 (4.16) 参照）。

(iii) 球面レンズや球面反射鏡による結像特性（倍率や結像位置等）が，上記行列の積で求められる。

(iv) 焦点距離が異なるレンズ列における近軸光線の伝搬特性は，第 5〜7 章における等価特性に関する議論の基礎となる。

§4.4　電波領域での反射鏡アンテナ

　空間を伝送媒体とする無線において，電波を遠隔地間で送受信する装置をアンテナ（antenna）と呼ぶ。いくつかあるアンテナ方式のうち，ここでは光学と関係の深い反射鏡アンテナの原理を説明する。

　光線近似は，厳密には波長がゼロの極限で成立するが（10.2.2 項参照），実際には，波長が対象とする領域よりも十分に小さいとみなせる範囲でも使える。電波が高周波（10 GHz 以上，波長 30 mm 以下）になって波長が短くなると，アンテナ面の実現可能な大きさが使用波長に比べて十分大きくできるようになる。このとき，アンテナの放射面や反射面をあたかも鏡のようにみなせる。その結果，アンテナの一般的な特性が，光学領域での反射鏡と同じように光線的な考え方で説明できる。

　上記の条件を満たす，1 枚以上の反射鏡と 1 次放射器（別の電波放射機器）から構成されるアンテナを**反射鏡アンテナ**（reflector antenna）と呼ぶ。反射鏡アンテナは指向性が高いことが特徴であり，衛星放送・衛星通信用の地球局，マイクロ波の中継回線，電波望遠鏡などに利用されている。

　以下では，反射鏡を 1 枚用いるパラボラアンテナと，主・副の 2 枚の反射鏡を用いる複反射鏡アンテナを説明する。これらでは，非球面の放物面・楕円面・双曲面が利用されている。

4.4.1　パラボラアンテナ

反射鏡アンテナでよく用いられる形状は，軸対称の回転放物面であり，回転放物面の一部を反射鏡に利用したアンテナを総称して**パラボラアンテナ**（parabolic antenna）と呼ぶ。

回転放物面は，準線 ℓ と焦点 F からの距離が一定な点の軌跡であり，**図 4.6** の座標系では次式で表される。

$$z = \frac{x^2 + y^2}{4f} \quad (f：焦点距離) \tag{4.27}$$

回転放物面で反射する，無限遠と焦点 F を結ぶ回転軸に平行な光線の光路長は，光線の回転軸からの距離によらず等しく結像関係を満たす（10.3.1 項参照）。回転放物面のこの性質により電波が遠方まで届き，つまり指向性が高くなる。

焦点 F に設置された 1 次放射器から出た電波は，回転放物面で反射後に回転軸と平行に伝搬して遠方まで到達する（図 4.6(a) 参照）。光線の逆進性により，無限遠から放物面の回転軸に平行に来る電波は，反射鏡で反射後に焦点 F に集束する。

パラボラアンテナでは，一部の電波が 1 次放射器によりブロックされるため，利得の低下やサイドローブ（主たる放射ビームの横にできる不要な放射）の上昇などを招く。これを避けるため，軸を外した放物面を反射鏡に用い，放物面

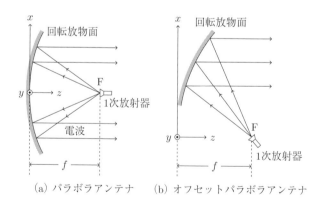

(a) パラボラアンテナ　　(b) オフセットパラボラアンテナ

図 **4.6**　パラボラアンテナの概略
f：焦点距離，F：焦点，回転放物面の軸は z 軸

の焦点が開口の外側になるようにしたアンテナを**オフセットパラボラアンテナ**（offset parabolic antenna）という（図 4.6(b) 参照）。

4.4.2　複反射鏡アンテナ

主・副の 2 枚の反射鏡と 1 次放射器から構成されているアンテナを**複反射鏡アンテナ**（dual reflector antenna）と呼ぶ。複反射鏡アンテナには，カセグレンアンテナやグレゴリアンアンテナがある。これらは指向性のずれに対する要求の厳しい衛星通信に多く用いられている。

回転楕円面は 2 つの焦点 F_1，F_2 からの距離の和が一定な点の軌跡であり，回転双曲面は 2 つの焦点 F_1，F_2 からの距離の差が一定な点の軌跡である。フェルマーの原理により，焦点間で前（後）者は実（虚）像ができるという性質があり（10.3.1 項参照），これらの結像関係が両アンテナで利用されている。

カセグレンアンテナ（Cassegrain antenna）では，主反射鏡に回転放物面，副反射鏡に回転双曲面を用いる（**図 4.7**(a)）。1 次放射器のビーム発射位置を回転双曲面の焦点 F_1 に一致させると，焦点 F_1 を中心とした発散球面波 1 は，回転双曲面での反射位置によらず，他方の焦点 F_2 を中心とした発散球面波 2 として伝搬する。主反射鏡である回転放物面の焦点を，回転双曲面の焦点 F_2 に

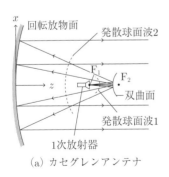
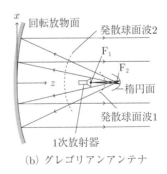

(a) カセグレンアンテナ　　　　　　(b) グレゴリアンアンテナ

図 **4.7**　複反射鏡アンテナの概略
　　　副反射鏡は，(a) では回転双曲面，(b) では回転楕円面
　　　F_1 と F_2 は，双曲面および楕円面の焦点，主鏡である回転放物面の焦点は F_2
　　　に一致，z 軸が回転軸

一致させておくと，回転双曲面からの反射ビームが主反射鏡に向かった後，主反射鏡からの反射波は回転放物面の回転軸と平行に伝搬する。

　グレゴリアンアンテナ（Gregorian antenna）では，主反射鏡に回転放物面，副反射鏡に回転楕円面を用いる（図 4.7(b) 参照）。1 次放射器のビーム発射位置を回転楕円面の焦点 F_1 に一致させると，焦点 F_1 からの発散球面波 1 は，回転楕円面からの反射位置によらず，反射ビームは集束球面波となって必ず他の焦点 F_2 を通過する。主反射鏡である回転放物面の焦点を，回転楕円面の焦点 F_2 に一致させておくと，焦点 F_2 を通過した発散球面波 2 は主反射鏡に向かい，主反射鏡で反射後は回転放物面の回転軸と平行に伝搬する。

　上記いずれの場合も，主・副反射鏡が同軸対称となっているので，前項のアンテナに比べて指向性に優れている。主反射鏡の焦点と副反射鏡の一方の焦点の位置を一致させており，ブロッキングの影響を軽減するため，副反射鏡を主反射鏡に比べて大き過ぎないようにする必要がある。

【演習問題】

4.1　眼鏡レンズのように，両屈折面が同一方向に湾曲しているレンズをメニスカスレンズという。このレンズについて以下の各問に答えよ。

① 両面の曲率半径がともに R，屈折率が n_L，中心厚が d_L のメニスカスレンズが空気中にあるとき，焦点距離 f を求めよ。

② 屈折率 1.60，中心厚 3 の上記レンズを用いて，焦点距離 100 を得るには，曲率半径をどのように設定すればよいか。

③ 上と同じ屈折率と中心厚の両凸レンズを用いて同じ焦点距離を得る場合，凸面の曲率半径をいくらに設定すればよいか。これを薄肉レンズで求めよ。

4.2　空気中にある球面レンズ（$R_1 = 75\,\mathrm{mm}$，$R_2 = -50\,\mathrm{mm}$，屈折率 1.5）について次の問に答えよ。ただし，曲率半径の符号は本文中の定義に従うものとし，薄肉レンズで考えよ。

① このレンズの焦点距離を求めよ。

② 横倍率が 2.0 となるとき，物体と像の位置を求めよ。

4.3　式 (4.19a) に理想結像条件を適用して，薄肉レンズによる結像式 (4.20) が導けることを示せ。

4.4　空気中にある薄肉レンズに関する次の問に答えよ。ただし，曲率半径の符号は本文中の定義に従うものとする。

① レンズの屈折率を 1.5，第 1・2 屈折面の曲率半径を R_1，R_2，焦点距離を f とおくとき，焦点距離と他のパラメータとの関係を求めよ。

② 屈折率 1.5 のレンズで第 2 屈折面の曲率半径が $-60\,\mathrm{cm}$ であるとき，焦点距離を $40\,\mathrm{cm}$ とするには第 1 屈折面の曲率半径を何 cm とすればよいか。

③ 前問の第 2 屈折面に密着させて屈折率 1.6 のレンズを付加し，合成系の焦点距離を $50\,\mathrm{cm}$ とするには第 3 屈折面の曲率半径を何 cm とすればよいか。

第5章 ガウスビームの伝搬特性

　レーザからの出射光など，実際の場面では，電磁界が厳密にあるいは近似的にガウス関数で記述できることが多く，これを解析しその性質を調べることは応用上重要である。本章では，光学素子や光共振器，光導波路等における，ガウスビームの解析方法およびそれらにおける特性を説明する。

　§5.1 では，一様媒質中におけるガウスビームの基本式を導き，円形ガウスビーム特有の複素ビームパラメータ q を導入し，§5.2 でこの q パラメータの物理的意味を説明する。§5.3 では，光学要素によるガウスビームの変換が，二端子対回路におけるインピーダンス変換と形式的に同じことを利用して，複素ビームパラメータの変換に関連する F 行列を導入する。§5.4 ではこれらを利用した結像レンズによるビームパラメータの変換を，§5.5 ではスポットサイズの物理的意味を，§5.6 では楕円形ガウスビームを説明する。

§5.1　ガウスビームに対する基本式

　本節では，一様媒質中で光軸近傍を伝搬する光波がガウスビームで表示でき，その特性が複素ビームパラメータで記述されることを示す。

　屈折率 n の媒質中での波動方程式は，式 (11.8) より次式で書ける。

$$\nabla^2 \boldsymbol{\Psi}(\boldsymbol{r}, t) - \frac{n^2}{c^2}\frac{\partial^2 \boldsymbol{\Psi}(\boldsymbol{r}, t)}{\partial t^2} = 0 \quad (\boldsymbol{\Psi} = \boldsymbol{E}, \boldsymbol{H}) \tag{5.1}$$

ただし，c は真空中の光速，$\boldsymbol{r}$ は 3 次元の位置ベクトルを表す。式 (5.1) で電界を $E(\boldsymbol{r}, t) = \Psi(\boldsymbol{r})\exp(j\omega t)$ とおくと，次のヘルムホルツ方程式が得られる。

$$\nabla_{\mathrm{t}}^2 \Psi(\boldsymbol{r}) + \frac{\partial^2 \Psi(\boldsymbol{r})}{\partial z^2} + k^2 \Psi(\boldsymbol{r}) = 0 \tag{5.2a}$$

$$\nabla_{\mathrm{t}}^2 = \begin{cases} \dfrac{\partial^2}{\partial x^2} + \dfrac{\partial^2}{\partial y^2} & : \text{デカルト座標系 } (x, y, z) \\[3mm] \dfrac{\partial^2}{\partial r^2} + \dfrac{1}{r}\dfrac{\partial}{\partial r} + \dfrac{1}{r^2}\dfrac{\partial^2}{\partial \theta^2} & : \text{円筒座標系 } (r, \theta, z) \end{cases}$$

$$(5.2b)$$

ここで，∇_{t}^2 は横方向ラプラシアン，$k = n\omega/c = 2\pi/\lambda$ は屈折率 n の媒質中の光の波数，λ は媒質中の光の波長を表す。

応用上よく現れるのは，光波が光軸（これを z 軸とする）近傍を伝搬する場合である。そこで，式 (5.2) のデカルト座標系での波動解を次のようにおく。

$$\Psi(\boldsymbol{r}) = \psi(x, y, z) \exp\left(-jkz\right) \tag{5.3}$$

ここで，$\psi(x, y, z)$ は z 軸方向に伝搬する平面波からの差分を表す。式 (5.3) を式 (5.2) に代入する際，光波が z 軸近傍を伝搬すると仮定すると，

$$\left|\frac{\partial^2 \psi}{\partial z^2}\right| \ll \left|\frac{\partial^2 \psi}{\partial x^2}\right|, \left|\frac{\partial^2 \psi}{\partial y^2}\right| \tag{5.4a}$$

$$\left|\frac{\partial^2 \psi}{\partial z^2}\right| = \left|\frac{\partial}{\partial z}\left(\frac{\partial \psi}{\partial z}\right)\right| \ll \left|2jk\frac{\partial \psi}{\partial z}\right| = 4\pi \left|\frac{j}{\lambda}\frac{\partial \psi}{\partial z}\right| \tag{5.4b}$$

が成り立つ。式 (5.4a) は，z 軸に近い方向に伝搬する光波に対して精度が良いという意味で，**近軸近似**（paraxial approximation）と呼ばれる。式 (5.4b) は，波動の z に対する変動が激しい部分を無視して包絡線のみを考慮するので，**包絡線近似**（envelope approximation）と呼ばれる。

式 (5.4a,b) のいずれの近似でも $\partial^2 \psi/\partial z^2$ を無視でき，そのとき式 (5.2) は

$$\nabla_{\mathrm{t}}^2 \psi - 2jk\frac{\partial \psi}{\partial z} = 0 \tag{5.5}$$

で書ける。式 (5.5) は**近軸波動方程式**と呼ばれ，これから求められる $\psi(x, y, z)$ は，光軸方向に対して緩やかに変化する関数である。

式 (5.5) を円筒座標系で解く際，通常よく現れる軸対称（$\partial/\partial\theta = 0$）の場合には，$\psi(x, y, z)$ を次のようにおく。

$$\psi(x, y, z) = \exp\left\{-j\left[P(z) + \frac{k}{2q(z)}r^2\right]\right\}, \quad r^2 = x^2 + y^2 \tag{5.6}$$

ここで，r は半径座標，$P(z)$ は z 軸方向の波動伝搬に伴う振幅と位相の変化を同時に表す因子である。また，$q(z)$ は**複素ビームパラメータ**（complex beam parameter）または ***q* パラメータ**（q-parameter）と呼ばれる。複素ビームパラメータは本章のみならず，第 6 章と第 7 章においても物理的に重要な役割を果たす。

式 (5.6) を式 (5.5) に代入すると，次式が導かれる。

$$\left[\frac{1}{q(z)}\right]^2 \left[\frac{dq(z)}{dz} - 1\right] k^2 r^2 - 2k \left[\frac{dP(z)}{dz} + \frac{j}{q(z)}\right] = 0 \tag{5.7}$$

式 (5.7) が半径座標 r の値によらず常に成り立つためには，$q(z)$ と $P(z)$ が

$$\frac{dq(z)}{dz} = 1, \quad \frac{dP(z)}{dz} = -\frac{j}{q(z)} \tag{5.8a,b}$$

を同時に満たす必要がある。

複素ビームパラメータ $q(z)$ は，式 (5.8a) からわかるように，z の並進に対して常に成立する。$q(z_0) = q_0$（q_0：定数）と設定すると，$q(z)$ が次式で表せる。

$$q(z) = (z - z_0) + q_0 \tag{5.9}$$

式 (5.9) を式 (5.8b) に代入して，$dP(z)/dz = -j/[(z - z_0) + q_0]$ を得る。これを積分して，$P(z_0) = P_0$（P_0：定数）とすると

$$P(z) = P_0 - j \ln \left(1 + \frac{z - z_0}{q_0}\right) \tag{5.10}$$

となる。上記 P_0 と q_0 は一般に複素数である。

ここで，式 (5.6) が特定の位置 $z = z_0$ に関して対称となる場合を考える。また，$P(z_0) = P_0 = 0$ とすると

$$\psi(x, y, z_0) = \exp \left[-j \frac{k}{2q(z_0)} r^2\right] \tag{5.11}$$

と書ける。$\psi(x, y, z_0)$ を実数とするには，$q(z_0)$ が純虚数，つまり

$$q(z_0) = q_0 = jb \quad (b：実数) \tag{5.12}$$

と設定すればよい。次節でわかるように，z_0 はビームウェストの位置となる。

このとき，式 (5.10) の ln 内に式 (5.12) を用いると，

$$jP(z) = \ln\sqrt{1 + \left(\frac{z - z_0}{b}\right)^2} - j\eta(z), \quad \eta(z) \equiv \tan^{-1}\frac{z - z_0}{b}$$

$$(5.13\mathrm{a,b})$$

に書き直せる。式 (5.13a) を式 (5.6) の指数項の前半に代入して，

$$\exp\left[-jP(z)\right] = \frac{1}{\sqrt{1 + [(z - z_0)/b]^2}}\exp\left[j\eta(z)\right] \qquad (5.14)$$

が得られる。式 (5.14) は z に依存する振幅と位相項を表している。

電界の光軸方向に対する緩やかな変動項の形式解は，式 (5.9)，(5.14) を式 (5.6) に代入して次式で書ける。

$$\psi(x, y, z) = \frac{1}{\sqrt{1 + [(z - z_0)/b]^2}}\exp\left[j\eta(z)\right]\exp\left\{-j\frac{kr^2}{2[(z - z_0) + jb]}\right\}$$

$$(5.15)$$

§5.2　円形ガウスビームにおける複素ビームパラメータの物理的意味

複素ビームパラメータ $q(z)$ の物理的意味を考えるため，$z = z_0$ における式 (5.12) を式 (5.11) に代入する。このとき，振幅の $1/\mathrm{e}$ 半幅を w_0 とおくと

$$\frac{1}{q(z_0)} \equiv \frac{1}{q_0} = \frac{1}{jb} = -j\frac{2}{kw_0^2} \quad (k：媒質中の光の波数) \qquad (5.16)$$

となり，式 (5.12) での b が次式で表される。

$$b = \frac{k}{2}w_0^2 \qquad (5.17)$$

式 (5.17) で示す b は**コンフォーカルパラメータ**（confocal parameter）と呼ばれる。これはガウスビームを記述する上で重要な値で，距離の次元をもつ。

式 (5.16) を参考にして，式 (5.9) で求めた複素ビームパラメータ $q(z)$ の逆数を，実部と虚部に分けて，次のようにおく。

$$\frac{1}{q(z)} = \frac{1}{R(z)} - j\frac{1}{kw^2(z)/2} \tag{5.18}$$

ここで，$R(z)$ と $w(z)$ は実数で，$R(z_0) = \infty$ と $w(z_0) = w_0$ を満たす。z_0 でのこの性質は常に成り立つ。次にわかるように，複素ビームパラメータ単独でスポットサイズと波面の曲率半径を同時に記述できるので，式 (5.18) は重要である。

式 (5.9) の逆数をとった後，右辺の分母を有理化した式と式 (5.18) を等値する。これの実部と虚部より，次の 2 式が得られる。

$$\frac{1}{kw^2(z)/2} = \frac{b}{(z-z_0)^2 + b^2}, \quad \frac{1}{R(z)} = \frac{z-z_0}{(z-z_0)^2 + b^2} \tag{5.19a,b}$$

ただし，実数 b は式 (5.17) を満たしている。

まず，式 (5.19a) に式 (5.17) を代入して整理すると，次式を得る。

$$w(z) = w_0\sqrt{1 + \left(\frac{z-z_0}{b}\right)^2} = w_0\sqrt{1 + \left(\frac{z-z_0}{kw_0^2/2}\right)^2} \tag{5.20}$$

式 (5.20) における $w(z)$ は位置 z における**スポットサイズ**（spot size）と呼ばれる。スポットサイズが最小値 w_0 となる位置 $z = z_0$ を**ビームウェスト**（beam waist）と呼ぶ（**図 5.1**(a)）。ビームウェストからコンフォーカルパラメータ b 離れた位置で，スポットサイズが最小スポットサイズ w_0 の $\sqrt{2}$ 倍となる。

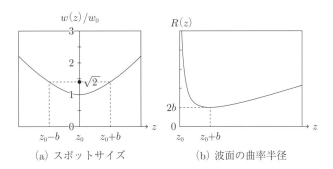

(a) スポットサイズ   (b) 波面の曲率半径

図 5.1 スポットサイズ w と波面の曲率半径 R の伝搬距離依存性
w_0：ビームウェスト位置 z_0 でのスポットサイズ，
$b = kw_0^2/2$：コンフォーカルパラメータ，k：伝搬媒質での光の波数

後述する式 (5.25) からわかるように，スポットサイズは電界（光強度）が中心軸上（$r = 0$）の値の $1/\mathrm{e}$（$1/\mathrm{e}^2$）になる半径であり，光電界の中心軸近傍への集中の度合いを表す。

次に，式 (5.19b) に式 (5.17) を代入して整理すると，次のように表せる。

$$R(z) = (z - z_0)\left[1 + \left(\frac{b}{z - z_0}\right)^2\right] = (z - z_0)\left[1 + \left(\frac{kw_0^2/2}{z - z_0}\right)^2\right]$$

$$(5.21)$$

式 (5.21) における $R(z)$ は位置 z における**波面の曲率半径**（curvature radius of wave-front）と呼ばれ，波面の湾曲具合を表す。波面の曲率半径は，図 5.1(b) に示すように，ビームウェスト（$z = z_0$）から b 離れた位置で最小値 $2b = kw_0^2$ をとり，ビームウェストでは $R(z_0) = \infty$ で平面波となる。これは，式 (5.16) で $q(z_0)$ が純虚数となるように設定したことに由来する。ガウスビームが左から右側に伝搬する場合，$z - z_0 > 0$ で $R(z) > 0$ となるから，曲率中心が波面より左（右）側にあるとき，波面の曲率半径が正（負）となる[1]。

以上より，複素ビームパラメータの逆数を表す式 (5.18) で，実部が波面の曲率半径，虚部がスポットサイズに関係していることが明らかとなった。

さらに式 (5.18) を式 (5.15) に代入すると，波動関数は

$$\psi(\boldsymbol{r}) = \frac{w_0}{w(z)}\exp\left[-\frac{r^2}{w^2(z)}\right]\exp\left[-j\frac{kr^2}{2R(z)}\right]\exp\left\{-j[kz - \eta(z)]\right\}$$

$$(5.22)$$

$$\eta(z) \equiv \tan^{-1}\frac{z - z_0}{b} = \tan^{-1}\frac{\lambda(z - z_0)}{\pi w_0^2} = \tan^{-1}\sqrt{\left[\frac{w(z)}{w_0}\right]^2 - 1}$$

$$(5.23)$$

で書ける。ここで，$\eta(z)$ はビームウェストを基準とした光軸方向の位相ずれ（式 (5.13b) 参照），λ は媒質中の光の波長である。

通常，スポットサイズ w は波長よりも十分大きい（$\lambda \ll w$，例題 6.1 参照）から，式 (5.22) における最終項の $\exp[j\eta(z)]$ は $\exp(-jkz)$ よりも微小であ

---

[1] 本章での波面の曲率半径の記号は第 4 章での球面の曲率半径と同じ R であるが，曲率中心との関係で符号が反転していることに留意せよ。

り，無視できる（詳しい議論は§6.6参照）。この近似を用いると，式 (5.22) より，近軸領域における波動の複素振幅が次式で表せる。

$$\psi(\boldsymbol{r}) = \frac{w_0}{w(z)} \exp\left[-\frac{r^2}{w^2(z)}\right] \exp\left[-j\frac{kr^2}{2R(z)}\right] \exp\left(-jkz\right) \quad (5.24)$$

式 (5.24) の右辺第 2 項に該当する

$$\psi_{\mathrm{G}} = \exp\left(-\frac{r^2}{w^2}\right) \quad (w：定数) \tag{5.25}$$

は**ガウス関数**（Gaussian function）と呼ばれ，これは r の増加に対して関数値が急激に減少する性質をもつ。式 (5.24) 第 3 項は曲率半径 R の波面を表す。

式 (5.24) は，伝搬によってスポットサイズ $w(z)$ が変化しても，ガウス関数形が保持されることを示す（**図 5.2**）。式 (5.24) は，電磁界の断面内変化が r のみに依存する，つまりビーム形状が円形なので，**円形ガウスビーム**（circular Gaussian beam）と呼ばれる。式 (5.24) は基本モードの表現であり，これは気体レーザなど，応用上よく用いられる。一般には角度座標 θ に依存するビームもあるが，これらは高次モードである（§6.2参照）。

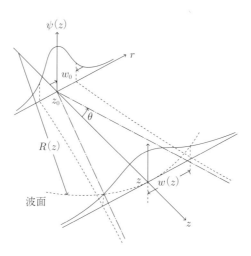

図 5.2　ガウスビームの伝搬
　　　　$w(z)$：スポットサイズ，$R(z)$：波面の曲率半径，θ：ビーム広がり角，
　　　　w_0：ビームウェストでのスポットサイズ，z_0：ビームウェストの位置

　　ビームウェストから十分離れた位置でのスポットサイズは，式 (5.20) より

$$w(z) = w_0 \frac{2(z-z_0)}{kw_0^2} = \frac{2(z-z_0)}{kw_0} = \frac{\lambda(z-z_0)}{\pi w_0}$$

となり，ビームウェストからの距離に比例して増加する。ビーム広がりを電界
振幅の (1/e) 半幅で定義すると，これは

$$\theta = \lim_{z\to\infty} \frac{w(z)}{z-z_0} = \frac{\lambda}{\pi w_0} \tag{5.26}$$

で表せる。上記 θ を**ビーム広がり角**（half angle of beam expansion）と呼ぶ
（図 5.2 参照）。ビーム広がり角が波長に比例し，スポットサイズに反比例する
ということは，回折固有の現象である（§10.1 参照）。

【例題 5.1】 He-Ne レーザ（発振波長 $\lambda_0 = 633\,\mathrm{nm}$）からの出射光が，出射端
の空気中で最小スポットサイズ $w_0 = 0.5\,\mathrm{mm}$ になっている場合，次の各値を
求めよ。
① コンフォーカルパラメータ b，② 出射端から $2.48\,\mathrm{m}$ の位置でのスポットサ
イズ w と波面の曲率半径 R，③ ビーム広がり角 θ。
[解]　① 式 (5.17) より $b = kw_0^2/2 = \pi w_0^2/\lambda_0 = \pi(500)^2/0.633\,\mu\mathrm{m}$
$= 1.24\,\mathrm{m}$。② 式 (5.20)，より $w = w_0\sqrt{1 + [(z-z_0)/b]^2} = 500\sqrt{5}\,\mu\mathrm{m}$
$= 1118\,\mu\mathrm{m} = 1.12\,\mathrm{mm}$，式 (5.21) より $R = (z-z_0)\{1 + [b/(z-z_0)]^2\}$
$= 2.48 \cdot 5/4\,\mathrm{m} = 3.10\,\mathrm{m}$ で，ほぼ平面波となっている。③ 式 (5.26) より
$\theta = \lambda_0/(\pi w_0) = 0.633/(\pi \cdot 500)\,\mathrm{rad} = 4.03 \times 10^{-4}\,\mathrm{rad} = 0.0231° = 1.39'$。

　　　　　　　　　　　　　　【ガウスビームの特徴】

(i) ガウスビームは，ヘルムホルツ方程式に近軸近似を適用した，近軸波動
方程式 (5.5) の解であり，複素ビームパラメータ q で特性づけできる（式
(5.6) 参照）。

(ii) 複素ビームパラメータ単独で，スポットサイズ w と波面の曲率半径 R
を同時に記述できる（式 (5.18)，(5.20)，(5.21) 参照）。

(iii) ビームウェストでスポットサイズが最小となり，波面が平面となる。

(iv) 積分などの数学的操作が比較的容易であり（§5.5 参照），スポットサイズの内側には全断面の光パワの 86.5% が含まれる。

(v) レーザビームや光共振器内，2 乗分布媒質内の電磁界分布をガウスビームで表すことができる（第 6, 7 章参照）。

§5.3 複素ビームパラメータと一次分数変換：F 行列

前節までで，円形ガウスビームが複素ビームパラメータで特徴づけられることを述べた。本節では，光学要素を含む空間における 2 点間での複素ビームパラメータの変化が，一次分数変換で記述できることを示す。

円形ガウスビームが屈折率 n の一様媒質中を伝搬するとき，位置 z_1 と z_2 における複素ビームパラメータをそれぞれ q_1, q_2 とおくと，式 (5.9) より，これらが次式で関係づけられる。

$$q_2 = q_1 + (z_2 - z_1) \tag{5.27}$$

式 (5.27) は，ガウスビームの自由空間における 2 点間の並進を，複素ビームパラメータで表すものであり，これは次式で表すこともできる。

$$q_2 = \frac{1 \cdot q_1 + (z_2 - z_1)}{0 \cdot q_1 + 1} \tag{5.28}$$

複素ビームパラメータ $q(z)$ の逆数に対応する式 (5.18) は

$$\frac{1}{q(z)} = \frac{1}{R(z)} - j\frac{\lambda_0}{\pi n w^2(z)} \tag{5.29}$$

で表すこともできる。ここで，$k = nk_0 = 2\pi n/\lambda_0$ は媒質中の光の波数，k_0 は真空中の光の波数，λ_0 は真空中の光の波長である。

式 (5.29) で表されるガウスビームが薄肉凸レンズ（焦点距離 f）に入射するとき，レンズ面上で入射側 w_1 と出射側のスポットサイズ w_2 は変わらず，波面の曲率半径だけが変化する（**図 5.3**）。このとき，レンズ透過前後での波面の曲率半径を R_1, R_2 で表す。波面の曲率半径の符号は，ビームが左から右に向かって伝搬するとき，曲率中心 O_i $(i = 1, 2)$ が波面より左（右）側にあると

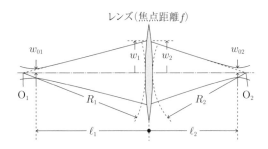

図 5.3　ガウスビームのレンズ系による変換
　　　　w_{01}, w_{02}：ビームウェストでのスポットサイズ，w_1, w_2：レンズ上でのスポットサイズ，R_1, R_2：レンズ上での波面の曲率半径，O_1, O_2：曲率中心

きを正（負）と定義する（式 (5.21) の下を参照）。

　薄肉レンズの集束特性は複素振幅透過率で表せる（式 (10.13) 参照）。このとき，波動における位相変化に着目すると，レンズ面上で次式を満たす。

$$-j\frac{k(x^2+y^2)}{2R_1} - j\frac{k(x^2+y^2)}{2(-f)} = -j\frac{k(x^2+y^2)}{2R_2}$$

上の式で焦点距離 f の前のマイナスは，波面とレンズの屈折面での曲率半径の符号の定義が異なることを考慮したものである。この式を書き直すと，波面の曲率半径に関して次式を得る。

$$\frac{1}{R_2} = \frac{1}{R_1} - \frac{1}{f} \tag{5.30}$$

　式 (5.30) をレンズ透過前後の複素ビームパラメータ q_1, q_2 で表すと，スポットサイズがレンズ透過前後で不変であることを考慮して，次式で書ける。

$$\frac{1}{q_2} = \frac{1}{q_1} - \frac{1}{f} = \frac{f - q_1}{fq_1} \tag{5.31}$$

式 (5.31) は次のように表し直すことができる。

$$q_2 = \frac{fq_1}{f - q_1} = \frac{1 \cdot q_1 + 0}{-(1/f)q_1 + 1} \tag{5.32}$$

式 (5.32) は，ガウスビームが焦点距離 f の薄肉レンズを介して伝搬するとき，レンズ透過によるスポットサイズと波面の曲率半径の変化を，単一の複素ビー

ムパラメータの変化として表したものである。

ガウスビームが曲率半径 R の球面反射鏡に入射する場合も，複素ビームパラメータの変化は，形式的に式 (5.32) と同じ関係式で記述できる。

光学要素を介した近軸領域でのガウスビームの振る舞いを複素ビームパラメータで記述する場合，2 点間での関係が，式 (5.28)，(5.32) より，一般に次式で表せることが予測できる。

$$q_2 = \frac{Aq_1 + B}{Cq_1 + D} \quad (AD - BC \neq 0) \tag{5.33}$$

式 (5.33) における q_1 から q_2 への変換を**一次分数変換**または**メビウス変換**と呼ぶ。式 (5.33) における複素ビームパラメータ q の変換式は，二端子対回路におけるインピーダンス変換の式 (1.37) と形式的に同じである。

インピーダンス Z の変換と，電圧・電流の関係は F パラメータ $A \sim D$ に関してよく対応していた（1.4.1 項参照）。式 (1.35) の形を少し変えて掲載すると，次式で書ける。

$$\begin{pmatrix} V_n \\ I_n \end{pmatrix} = \mathrm{F} \begin{pmatrix} V_{n+1} \\ I_{n+1} \end{pmatrix}, \quad \mathrm{F} \equiv \begin{pmatrix} A & B \\ C & D \end{pmatrix} \tag{5.34}$$

相反回路の F 行列では $AD - BC = 1$ が成り立っていた。式 (5.33) を式 (1.37) と比較すると，本節での F 行列と電気回路での F 行列がまったく同じ数学的性質を有していることがわかる。したがって，二端子対回路における F 行列での手法が複素ビームパラメータ q でも利用できる。

上記性質に関連して，式 (5.33) での係数 $A \sim D$ を成分とする行列

$$\mathcal{F} = \begin{pmatrix} A & B \\ C & D \end{pmatrix} \tag{5.35}$$

を作れる。式 (5.33)，(5.35) は，複素ビームパラメータの 2 点間での関係と，行列演算を結び付けるものである。式 (5.35) の行列 $\mathcal{F}$ を **F 行列**または **ABCD 行列**と呼ぶ。

F 行列を用いると，並進に対する式 (5.28) およびレンズ透過による波面の曲率変化に対する式 (5.32) がそれぞれ

$$\mathcal{F}_{\mathrm{t}} = \begin{pmatrix} 1 & z_2 - z_1 \\ 0 & 1 \end{pmatrix}, \quad \mathcal{F}_{\mathrm{L}} = \begin{pmatrix} 1 & 0 \\ -1/f & 1 \end{pmatrix} \qquad (5.36\mathrm{a,b})$$

で表せる。両式は式 (5.33) と行列 $\mathcal{F}$ の行列式でも $AD - BC = 1$ を満たし，行列 $\mathcal{F}$ がユニモジュラー行列となる。複素ビームパラメータの変化を F 行列で記述した上記行列は，それぞれ光学要素に対する式 (4.6)，(4.15) で伝搬媒質の屈折率を 1 とした結果と一致している。

　このように F 行列を用いると，1.2.2 項などで説明したように，基本要素が縦続されているとき，系全体の複素ビームパラメータ q の特性が，基本要素での行列を掛け合わせることにより求められる。特に，基本要素での F 行列がユニモジュラーであるとき，積で表す全体の特性もまたユニモジュラーとなる。

　位置 z_1，z_2，z_3 での複素ビームパラメータをそれぞれ q_1，q_2，q_3 とおくとき，一次分数変換を次式で書く。

$$q_2 = \frac{A_1 q_1 + B_1}{C_1 q_1 + D_1}, \quad q_3 = \frac{A_2 q_2 + B_2}{C_2 q_2 + D_2} \qquad (5.37\mathrm{a,b})$$

このとき，q_1 と q_3 の関係は，式 (5.37a) を式 (5.37b) に代入して

$$
\begin{aligned}
q_3 &= \frac{A_2 q_2 + B_2}{C_2 q_2 + D_2} = \frac{A_2[(A_1 q_1 + B_1)/(C_1 q_1 + D_1)] + B_2}{C_2[(A_1 q_1 + B_1)/(C_1 q_1 + D_1)] + D_2} \\
&= \frac{(A_2 A_1 + B_2 C_1)q_1 + (A_2 B_1 + B_2 D_1)}{(C_2 A_1 + D_2 C_1)q_1 + (C_2 B_1 + D_2 D_1)} = \frac{A_3 q_1 + B_3}{C_3 q_1 + D_3}
\end{aligned} \qquad (5.38)
$$

となる。式 (5.38) より，q_1 と q_2，q_2 と q_3 がそれぞれ一次分数変換を満たすとき，q_1 と q_3 も一次分数変換の関係にあることがわかる。これは，一次分数変換と一次分数変換の合成もまた一次分数変換となることを示している。

　式 (5.33) と式 (5.35) の対応関係を前提とすると，式 (5.38) に対する F 行列の積は

$$
\begin{aligned}
\begin{pmatrix} A_3 & B_3 \\ C_3 & D_3 \end{pmatrix} &= \begin{pmatrix} A_2 & B_2 \\ C_2 & D_2 \end{pmatrix} \begin{pmatrix} A_1 & B_1 \\ C_1 & D_1 \end{pmatrix} \\
&= \begin{pmatrix} A_2 A_1 + B_2 C_1 & A_2 B_1 + B_2 D_1 \\ C_2 A_1 + D_2 C_1 & C_2 B_1 + D_2 D_1 \end{pmatrix}
\end{aligned} \qquad (5.39)
$$

で書ける。式 (5.38) の q_3 における係数 $A_3 \sim D_3$ が，式 (5.39) 右辺での行列成分に一致していることが確認できる。つまり，式 (5.39) での行列の積が一次分数変換の合成に対応している。

━━━━━【複素ビームパラメータのまとめ】━━━━━

(i) 近軸波動方程式から求められるガウスビームの複素振幅に関連して，複素ビームパラメータ $q(z)$ が定義される（式 (5.6) 参照）。

(ii) 複素ビームパラメータ $q(z)$ の逆数における実部と虚部は，それぞれ波面の曲率半径とスポットサイズに関係し（式 (5.18) 参照），スポットサイズは光電界の中心軸近傍への集中度合いの目安となる。

(iii) 複素ビームパラメータをガウスビームの並進やレンズ透過による波面の曲率変化等に用いると，その変換は一次分数変換で表すことができる（式 (5.33) 参照）。

(iv) 一次分数変換は F パラメータに対応させることができるので，光学要素によるガウスビームの変換が行列演算で機械的にできるようになる。

(v) 個別の光学要素に対する F 行列がユニモジュラーであるとき，縦列する光学要素全体の特性を表す行列もまたユニモジュラーとなり，各種特性を求める上で有用となる。

(vi) 複素ビームパラメータ $q(z)$ の導入により対応する行列が設定でき，波動であるガウスビームの伝搬が，光線に関して定義される各種行列（第 4 章参照）と同じように扱える。そのため，$q(z)$ を用いることによりガウスビームでの各種変換が効率良く表せるようになる。

---

§5.4 結像レンズによるビームパラメータの変換

レーザの電磁界分布はガウスビームで表せる。しかし，実際にレーザを使用する状況は千差万別であり，用途ごとにレーザビームへの要求条件が異なる。使用するレーザのビームパラメータが，最初から要求条件に合致している保証はない。そこで本節では，結像レンズを用いてスポットサイズや焦点深度など

のビームパラメータを制御する方法を説明する。

5.4.1　結像レンズによるスポットサイズの変換

　ガウスビームが空気中にある薄肉レンズ（焦点距離 f）に入射する場合，入・出射ビームの関係を以下で調べる。

　レンズの前方 ℓ_1 にビームウェスト（そこでのスポットサイズ w_{01}）があり，レンズの後方 ℓ_2 にビームウェスト（そこでのスポットサイズ w_{02}）があるとする（図 5.3 参照）。左前方 ℓ_1 および右後方位置 ℓ_2 での複素ビームパラメータをそれぞれ q_1, q_2 とおく。このとき，式 (5.12)，(5.17) より

$$q_i = jb_i, \quad b_i \equiv \frac{kw_{0i}^2}{2} = \frac{\pi w_{0i}^2}{\lambda} \quad (i = 1, 2) \tag{5.40}$$

と書ける。ただし，b_i はコンフォーカルパラメータで実数，k は媒質中の光の波数である。

　レンズ前後のビームウェスト間での変換行列 $\mathcal{F}_\mathrm{T}$ は，近軸光線に対する転送行列 $\mathcal{T}$ の式 (4.6)，薄肉レンズのシステム行列 $\mathcal{S}$ の式 (4.15) を用いて

$$\mathcal{F}_\mathrm{T} \equiv \begin{pmatrix} A & B \\ C & D \end{pmatrix} = \mathcal{T}_2 \mathcal{S} \mathcal{T}_1 = \begin{pmatrix} 1-\ell_2/f & \ell_1+\ell_2-\ell_1\ell_2/f \\ -1/f & 1-\ell_1/f \end{pmatrix} \tag{5.41a}$$

$$\mathcal{T}_i = \begin{pmatrix} 1 & \ell_i \\ 0 & 1 \end{pmatrix}, \quad \mathcal{S} = \begin{pmatrix} 1 & 0 \\ -1/f & 1 \end{pmatrix} \tag{5.41b}$$

$$|\mathcal{F}_\mathrm{T}| = AD - BC = 1 \tag{5.41c}$$

で書ける。行列 $\mathcal{F}_\mathrm{T}$ はユニモジュラーである。これより，レンズ前後のビームウェスト間での複素ビームパラメータの関係が次式で示せる。

$$q_2 = \frac{Aq_1 + B}{Cq_1 + D} \tag{5.42}$$

　式 (5.42) に式 (5.40) を適用した後，分母を実数化して式 (5.41c) を利用すると，$jb_2 = (BD + ACb_1^2 + jb_1)/(C^2b_1^2 + D^2)$ を得る。この式で F パラメータ $A\sim D$ および b_i が実数だから，左右の辺の実部と虚部を比較して次の 2 式

を得る。

$$BD + ACb_1^2 = 0, \quad b_2 = \frac{b_1}{C^2 b_1^2 + D^2} \tag{5.43a,b}$$

上式で $b_1(b_2)$ は入射前（出射後）のコンフォーカルパラメータである。

式 (5.43a) に F パラメータ $A \sim D$ を代入後に整理して，

$$\ell_2 - f = \frac{\ell_1 - f}{(\ell_1 - f)^2 + b_1^2} f^2 \tag{5.44}$$

を得る（演習問題 5.2 参照）。これに式 (5.40) を代入して，出射後の位置 ℓ_2 が

$$\ell_2 = f + \frac{\ell_1 - f}{(\ell_1 - f)^2 + (\pi w_{01}^2/\lambda)^2} f^2 \tag{5.45}$$

で得られる。式 (5.45) は，出射後のビームウェスト位置 ℓ_2 を，入射前のビームウェスト位置 ℓ_1，最小スポットサイズ w_{01}，レンズの焦点距離 f の関数で表している。最小スポットサイズが波長程度の大きさのとき，式 (5.45) の分母で $\ell_1 \neq f$ ならば，光波領域では第 2 項は第 1 項に比べて十分小さくなり無視できる。

式 (5.43a) を式 (5.43b) に適用後，式 (5.42) および (5.41c) を利用すると，ℓ_2 は次式でも表せる。

$$\ell_2 = f + \left(\frac{w_{02}}{w_{01}}\right)^2 (\ell_1 - f) \tag{5.46}$$

式 (5.46) に式 (5.44) を代入すると，$b_2 = f^2 b_1/[(\ell_1 - f)^2 + b_1^2]$ を得る。これに式 (5.40) を代入して，出射後のビームウェストでのスポットサイズは

$$w_{02} = \frac{f w_{01}}{\sqrt{(\ell_1 - f)^2 + (k w_{01}^2/2)^2}} = \left[\frac{1}{w_{01}^2}\left(\frac{\ell_1}{f} - 1\right)^2 + \frac{1}{f^2}\left(\frac{\pi w_{01}}{\lambda}\right)\right]^{-1/2} \tag{5.47}$$

で表せる。式 (5.45)，(5.47) は，出射後パラメータを入射前パラメータと結像レンズの焦点距離 f の関数として表したものである。

5.4.2 スポットサイズの変換と焦点深度

本項では，1 つおよび 2 つのレンズによるスポットサイズの変換と焦点深度

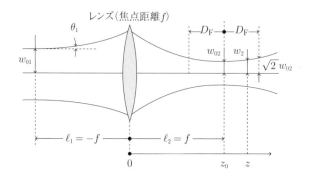

図 5.4　レンズ結像におけるスポットサイズ w_{02} と焦点深度 D_F（入射波のビームウェストがレンズの前側焦点面にあるとき）
w_{01}, w_{02}：ビームウェストでのスポットサイズ，θ_1：入射波のビーム広がり角

を考える。

(1) スポットサイズ

前側ビームウェストを薄肉レンズ（焦点距離 f）の前側焦点面に一致させる（$\ell_1 = -f$）（**図5.4**）。このとき式 (5.45) または式 (5.46) より，レンズ透過後のビームウェスト位置は，レンズの後側焦点面に厳密に一致する（$\ell_2 = f$）。また式 (5.47) より，後側焦点面でのスポットサイズ w_{02} が次式で表せる。

$$w_{02} = \frac{2f}{kw_{01}} = \frac{\lambda f}{\pi w_{01}} = f\theta_1 \tag{5.48}$$

ただし，θ_1 は入射ビームに対する式 (5.26) で定義したビーム広がり角を表す。

式 (5.48) はスポットサイズの変換に利用できる。つまり，出射側焦点面でのスポットサイズ w_{02} を小さくするには，入射側スポットサイズ w_{01} を大きくしたり，焦点距離 f の短いレンズを用いたりすればよい。

(2) 焦点深度

ガウスビームは図5.1 に示したように，スポットサイズがビームウェストで最小となるが，その前後で大きく変化する。スポットサイズの変化が少ない範囲として，スポットサイズの最小位置から光軸方向の前後で許容される範囲を**焦**

点深度（depth of focus）と呼ぶ。

　前側ビームウェスト（スポットサイズ w_{01}）が薄肉凸レンズ（焦点距離 f）の前側焦点面にあるとき（$\ell_1 = -f$），出射側での最小スポットサイズを w_{02}，位置 z でのスポットサイズを w_2 とおく（図5.4 参照）。焦点深度を，出射側でのスポットサイズが最小スポットサイズ w_{02} の $\sqrt{2}$ 倍（$w_2 \leqq \sqrt{2}w_{02}$）になる範囲で求める。

　この条件を式 (5.20) に代入し，これを解いた結果に式 (5.48) を適用すると，焦点深度は次式で表せる。

$$D_{\mathrm{F}} = |z - z_0| = \frac{\pi w_{02}^2}{\lambda} = \frac{\lambda f^2}{\pi w_{01}^2} \tag{5.49}$$

式 (5.49) より，焦点深度 D_{F} を深くするためには，入射ビームのスポットサイズ w_{01} を小さくし，焦点距離 f の長いレンズを使用することが望ましい。

　式 (5.48)，(5.49) より，スポットサイズを小さくすることと，焦点深度を深くすることは両立しないことがわかる。スポットサイズと焦点深度が関係するときは，用途に応じて両者の兼ね合いを図る必要がある。

(3)　2つのレンズによるスポットサイズの変換

　2つの薄肉レンズを用いて，ガウスビームのスポットサイズを変換することを考える（図 **5.5**）。入射側と出射側のビームウェストでのスポットサイズをそれぞれ w_{01}，w_{02}，第1レンズの後側焦点距離を f_1'，第2レンズの前側焦点距離を f_2 として，2つのレンズの焦点面を一致させる。第1レンズを，図 (a) では凸レンズ（$f_1' > 0$），図 (b) では凹レンズ（$f_1' < 0$）としている。

　ビーム広がり角 θ はビーム結合部で共通だから，スポットサイズ w_{0i} と焦点距離の比が保存される（式 (5.48) 参照）。よって，入・出射側のスポットサイズの比が次式で与えられる。

$$\frac{w_{02}}{w_{01}} = \left| \frac{f_2}{f_1'} \right| \tag{5.50}$$

式 (5.50) は，スポットサイズが焦点距離の絶対値に比例することを示す。したがって，2つのレンズを用いると，倍率をより大きく変えることができる。

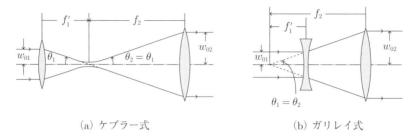

（a）ケプラー式　　　　　　　　　　（b）ガリレイ式

図 **5.5**　2 つのレンズを用いたスポットサイズの変換
w_{01}, w_{02}：入射側と出射側のスポットサイズ，θ_i：ビーム広がり角，
$f_i\,(f_i')$：第 i レンズの前（後）側焦点距離

§5.5　スポットサイズの物理的意義

　ガウスビームにおけるスポットサイズは，さまざまな面で有用な性質をもっている。本節では，スポットサイズがもつ物理的意義を説明する。

5.5.1　光パワとスポットサイズの関係

　2 次元ガウス関数で，軸対称時の式 (5.25) におけるスポットサイズを w_{s} とすると，電界は次式で書ける。

$$E(r) = A \exp\left(-\frac{r^2}{w_{\mathrm{s}}^2}\right) \tag{5.51}$$

ただし，A は振幅である。このとき，光強度は次式で表せる。

$$|E(r)|^2 = |A|^2 \exp\left(-\frac{2r^2}{w_{\mathrm{s}}^2}\right) = |A|^2 \exp\left(-\frac{r^2}{w_{\mathrm{I}}^2}\right) \tag{5.52}$$

ここで，$w_{\mathrm{I}} = w_{\mathrm{s}}/\sqrt{2}$ は光強度が中心での値の $1/\mathrm{e}$ になる半径を表す。

　断面全体での光パワは，式 (5.52) を用いて

$$P = \int_0^{2\pi}\int_0^{\infty} |E(r)|^2 r\,dr\,d\theta = 2\pi|A|^2 \int_0^{\infty} \exp\left(-\frac{r^2}{w_{\mathrm{I}}^2}\right) r\,dr \tag{5.53}$$

となる。式 (5.53) で $r^2 = x$ と変数変換すると，次式を得る。

$$P = \pi|A|^2 \int_0^\infty \exp\left(-\frac{x}{w_{\mathrm{I}}^2}\right) dx = \pi|A|^2 w_{\mathrm{I}}^2 \tag{5.54}$$

つまり，ガウス関数の場合，断面での光パワは，光強度が最大値の $1/\mathrm{e}$ になる値を半径とした円の面積に等しい。

5.5.2 実効コア断面積

光導波路や光ファイバでは，電磁界がコアからクラッドまで広がっており（§8.1 参照），実用的によく使用される単一モードの場合，電磁界がガウス関数で近似できることがわかっている。また光非線形効果がコア領域での光強度に依存する。そのため，断面内で実効的にコアとみなせる範囲，つまり**実効コア断面積**（effective core area）が重要となる。

実効コア断面積 A_{eff} は次式で定義されている。

$$A_{\mathrm{eff}} \equiv \frac{|S_{\mathrm{n}}|^2}{S_{\mathrm{d}}}, \quad S_{\mathrm{n}} \equiv \iint |E|^2 dS, \quad S_{\mathrm{d}} \equiv \iint |E|^4 dS \tag{5.55}$$

ただし，dS は面積要素である。断面内の電界分布 E を式 (5.51) で表す。実際の光導波路などは有限の大きさであるが，コア中心から十分離れた位置では電界が十分に減衰しているので，半径方向の積分範囲を ∞ にとっても問題ない。

式 (5.55) における S_{n} は，式 (5.51) を用い，前項と同様にして次式を得る。

$$S_{\mathrm{n}} = 2\pi|A|^2 \int_0^\infty \exp\left(-\frac{2r^2}{w_{\mathrm{s}}^2}\right) r dr = \frac{\pi}{2}|A|^2 w_{\mathrm{s}}^2 \tag{5.56}$$

式 (5.55) における S_{d} は，同様にして次式で求められる。

$$S_{\mathrm{d}} = \frac{\pi}{4}|A|^4 w_{\mathrm{s}}^2 \tag{5.57}$$

電磁界分布がガウス関数で表されるとき，実効コア断面積 A_{eff} は，式 (5.56)，(5.57) を式 (5.55) 第 1 式に代入して，次式で求められる。

$$A_{\mathrm{eff}} = \frac{[(\pi/2)|A|^2 w_{\mathrm{s}}^2]^2}{(\pi/4)|A|^4 w_{\mathrm{s}}^2} = \pi w_{\mathrm{s}}^2 \tag{5.58}$$

式 (5.58) は，ガウスビームでの実効コア断面積 A_{eff} が，スポットサイズ w_{s} を半径とした円の面積に一致することを示している。

§5.6　楕円形ガウスビーム

これ以前の節では，軸対称の円形ガウスビームを対象とした。実用的によく用いられる半導体レーザでは，水平・垂直方向のスポットサイズが異なっている。本節では，このような楕円形ガウスビームを説明する。式の展開は軸対称の円形ガウスビームとほぼ同様なので，ここでは主要な結果のみを示す。

近軸近似での波動解の主要項が次式で表せる。

$$\psi(\boldsymbol{r}) = \sqrt{\frac{w_{0x}w_{0y}}{w_x(z)w_y(z)}} \exp\left[-\frac{x^2}{w_x^2(z)} - j\frac{kx^2}{2R_x(z)}\right] \exp\left[-\frac{y^2}{w_y^2(z)} - j\frac{ky^2}{2R_y(z)}\right]$$
(5.59)

式 (5.59) は，式 (5.25) で表されるガウス関数を含み，断面内でのビーム形状が楕円形なので，**楕円形ガウスビーム**（elliptical Gaussian beam）と呼ばれる。x, y 方向の位置 z における**スポットサイズ**と**波面の曲率半径**は次式で表される。

$$w_i(z) = w_{0i}\sqrt{1 + \left[\frac{2(z-z_0)}{kw_{0i}^2}\right]^2} \quad (i = x, y)$$
(5.60a)

$$R_i(z) = (z - z_0)\left\{1 + \left[\frac{kw_{0i}^2}{2(z-z_0)}\right]^2\right\}$$
(5.60b)

ここで，w_{0i} はビームウェスト $z = z_0$ における各方向の最小スポットサイズを表す。x, y 方向の**ビーム広がり角**は，式 (5.60a) を用いて次式で得る。

$$\theta_i = \lim_{z\to\infty}\frac{w_i(z)}{z - z_0} = \frac{\lambda}{\pi w_{0i}} \quad (i = x, y)$$
(5.61)

【演習問題】

5.1　一次分数変換に関する次の各問に答えよ。

① 一次分数変換を

$$q_{i+1} = \frac{Aq_i + B}{Cq_i + D} \quad (AD - BC \neq 0,\ i = 1, 2, \cdots)$$
(5.62)

とおく。このとき，次式に対応する係数 $A_3 \sim D_3$ を $A \sim D$ で表せ。

$$q_3 = \frac{A_3 q_1 + B_3}{C_3 q_1 + D_3}$$

② 行列を

$$F = \begin{pmatrix} A & B \\ C & D \end{pmatrix}$$

とおくとき，行列の積 F^2 を求め，この行列成分と前問における係数 $A_3 \sim D_3$ の関係を述べよ。

③ 一次分数変換の逆変換もまた一次分数変換であることを示せ。

5.2 結像レンズによる結像位置に関する式 (5.44) を導け。

5.3 焦点距離 f の薄肉凸レンズの後方 ℓ_2 に試料がある。これに入射させる波長 λ のガウスビームの最小スポットサイズ w_{01} が凸レンズ前方 ℓ_1 にあるとき，試料面でビームウェストとなるようにしたい。この条件を満たす凸レンズの焦点距離 f を，他のパラメータの関数として求めよ。ただし，$\ell_1 \neq f$ とする。

5.4 発振波長 $0.85\,\mu\mathrm{m}$ の半導体レーザの空間分布がガウス関数で記述され，ビームウェストでの水平・垂直方向のスポットサイズがそれぞれ $3.0\,\mu\mathrm{m}$，$0.4\,\mu\mathrm{m}$ であるとき，各方向のビーム広がり角を求めよ。また，これらの結果から光波の性質に関してどのようなことがわかるか，説明せよ。

第6章 レーザと光共振器

　レーザは光を増幅・発振させて，高強度・可干渉性の光を発生させる装置である。レーザ光は従来の光にはない多くの利点をもち，光工学における各種応用で重要な役割を果たしている。

　§6.1 でレーザの発振原理を説明した後，以降ではレーザ発振で不可欠な光共振器を主に説明する。§6.2 では光共振器内における電磁界を示す。§6.3 では光共振器特性を周期的レンズ列による等価特性に置き換え，F パラメータで解析する方法を説明する。§6.4 では光共振器の各種構成とそれに対する光ビームの安定化条件を，§6.5 では各種光共振器内におけるスポットサイズと波面の曲率半径を，F パラメータに基づいて求める。§6.6 では共振特性を共振器の構成要素の関数として求める。§6.7 では，レーザの発振原理と光共振器の共振特性を受けて，レーザにおけるスペクトル特性を説明する。

§6.1　レーザの発振原理

　レーザの基本構成を図 **6.1** に示す。レーザ発振では，電気領域での発振器と同じように，増幅と正帰還が不可欠である。正帰還をかけるため，反射率の高い複数の反射鏡を設置し，その間に増幅媒質を挟み込んで光を周回させる。本節では，レーザの発振原理に関する基礎を説明する。

6.1.1　光増幅のメカニズム

　増幅（活性）媒質としては，気体，固体，半導体などが使用されている。ここでは，原子系を対象として光増幅のメカニズムを説明する。

　増幅媒質として使用される物質内では，電子軌道が量子化され，原子のエネ

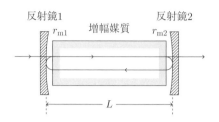

図 **6.1**　レーザの基本構成
L：光共振器間隔，r_{m1}, r_{m2}：反射鏡の振幅反射率

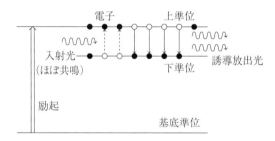

図 **6.2**　誘導放出による光増幅の概略
上・下向き矢印は誘導吸収と誘導放出による電子遷移，
白（黒）丸は電子の遷移前（後）を表す。

ルギー準位が離散化されている。光を光子として考えると，これは $h\nu$（h：プランク定数，ν：周波数）のエネルギーをもつ。このとき，光と物質の相互作用を利用して光の増幅を行う。

　熱平衡状態にある原子では，ボルツマン分布により電子はエネルギーの低い準位に多く存在する。レーザ発振させるためには，**図 6.2** に示すように，光子の入射により電子遷移させるエネルギー準位間では，何らかの励起方法により，電子が下準位よりも上準位に多く存在する状態を常につくる必要がある。この状態を**反転分布**（population inversion）という。

　反転分布がある状態で，遷移させる準位間にほぼ共鳴する光子を物質に入射させると，この光子の吸収（誘導吸収）を契機として，上準位にある電子が下準位に遷移して新たな光子を放出する。この放出過程を**誘導放出**（stimulated emission）と呼ぶ。このとき，誘導吸収と誘導放出の遷移確率が等しいので，

反転分布状態では入射光子数よりも放出光子数が多くなる。このようにして増幅媒質で光が増幅され，利得を得ることになる。

　レーザ（laser: light amplification by stimulated emission of radiation）とは，反転分布を生じさせた物質に，外部から特定の準位間に共鳴する光を入射させ，光と物質の相互作用である誘導放出を利用して光を増幅させる装置である。

6.1.2　レーザの発振条件

　光を増幅媒質内で周回させるため，反射率の高い反射鏡（凹面鏡または平面鏡）を複数備えた装置を**光共振器**（optical resonator）または**光キャビティ**（optical cavity）と呼ぶ（図 6.1 参照）。代表的な光共振器には，ファブリ–ペロー共振器（2 枚の反射鏡を対向させて配置）とリング共振器（3 枚の反射鏡を三角形状に配置）がある。半導体レーザでは，結晶のヘキ開面そのものが反射鏡として用いられる。以下では，一般的に用いられるファブリ–ペロー共振器の場合を説明する。

　間隔 L の光共振器内に一様な増幅媒質があり，光波がこの共振器中を周回するとする。この際，増幅媒質により得られる振幅利得係数 g_a 以外に，吸収や回折損失などに伴う振幅損失係数 α_a があり，実効的な利得は $g_a - \alpha_a$ となる。光波が共振器内を 1 往復するとき，伝搬に伴う電磁界の振幅変化は次式で書ける。

$$\exp\left[2(g_a - \alpha_a)L\right]\exp\left[-j2(k + \varphi)L\right] \tag{6.1}$$

ただし，$k = 2\pi/\lambda$ は誘導遷移がないときの媒質中の光の波数，λ は媒質中の光の波長，φ は増幅媒質の電気感受率による単位長さ当たりの位相変化である。

　レーザ発振するには，光波が共振器内を 1 往復するとき，元の電磁界に等しくなる必要がある。光共振器を構成する反射鏡 1，2 の振幅反射率をそれぞれ r_{m1}，r_{m2} とすると，1 往復中の反射により電磁界が $r_{m1}r_{m2}(< 1)$ 倍となる。したがって，レーザの発振条件は，振幅に関して次式で書ける。

$$r_{m1}r_{m2}\exp\left[2(g_a - \alpha_a)L\right] = 1 \tag{6.2}$$

位相に関しては，位相変化が 2π の整数倍となることであり，式 (6.1) より

$$2(k + \varphi)L = 2\pi\xi \quad (\xi:整数) \tag{6.3}$$

となる。

式 (6.2) は，増幅媒質の利得が光共振器による損失を上回るべきことを意味し，式 (6.3) は**共振条件**である。これらは改めて §6.6 と §6.7 で議論する。

§6.2　光共振器内の電磁界分布

本節では，よく使用される 2 枚の球面反射鏡を対向させたファブリ–ペロー共振器（図 6.1 の 2 つの反射鏡から構成）を対象として議論を進める。

光共振器内のビーム幅が反射鏡の開口面積に比べて十分小さく，光波が光軸近傍を往復・伝搬して回折が無視できる場合，光共振器内の電磁界特性はガウスビームの議論（第 5 章参照）を拡張して解析することができる。

デカルト座標系 (x, y, z) では，光軸（z 軸）方向に対して緩やかに変化する電磁界を表す $\psi(x, y, z)$ は式 (5.5) を満たしている。光共振器内では，断面内で一定の大きさをもった電磁界が鏡で反射されて周回するから，断面内での変化も考慮する必要がある。そこで，近軸波動方程式 (5.5) の解 $\psi(x, y, z)$ を次のようにおく。

$$\psi(x, y, z) = S(x, y) \exp\left\{ -j\left[P(z) + \frac{k}{2q(z)}r^2 \right] \right\}, \quad r^2 = x^2 + y^2 \tag{6.4}$$

ただし，$S(x, y)$ は断面内の振幅に関係する断面内構造因子，$P(z)$ は z 軸方向の波動伝搬に伴う振幅と位相の変化を表す因子，$q(z)$ は**複素ビームパラメータ**（第 5 章参照）であり，スポットサイズと波面の曲率半径を同時に表す。

式 (6.4) で $S(x, y)$ を定数とすれば，§5.1，§5.2 における電磁界の表現がそのまま成り立つ。$S(x, y)$ が定数でないときは変数分離法を利用して解ける。これを解くことは本書の主旨を逸脱するので，ここでは結果のみを示す。

デカルト座標系での電界分布は次式で求められる。

$$\psi(x, y, z) = \frac{w_0}{w(z)} S(x, y) \exp\left[-\frac{x^2 + y^2}{w^2(z)} \right] \exp\left[-j\frac{k(x^2 + y^2)}{2R(z)} \right]$$

$$\times \exp\left\{-j[kz - (l + m + 1)\eta(z)]\right\} \tag{6.5}$$

$$S(x, y) = H_l\left(\sqrt{2}\frac{x}{w(z)}\right) H_m\left(\sqrt{2}\frac{y}{w(z)}\right) \tag{6.6a}$$

$$\eta(z) \equiv \tan^{-1}\frac{z - z_0}{b} = \tan^{-1}\frac{\lambda(z - z_0)}{\pi w_0^2} \tag{6.6b}$$

ここで，$w(z)$ は位置 z でのスポットサイズ，w_0 はビームウェストの位置 z_0 での最小スポットサイズ，$R(z)$ は波面の曲率半径，k と λ は媒質中の光の波数と波長，l，m は 0 を含む正の整数である。$\eta(z)$ はビームウェストを基準とした光軸方向の位相ずれ（式 (5.23) 参照）であり，§6.6 の縦モードで議論するので残している。b はコンフォーカルパラメータである（式 (5.17) 参照）。

断面内構造因子 $S(x, y)$ に含まれる H_l は l 次のエルミート多項式であり，低次のエルミート多項式は次式で表せる。

$$H_0(x) = 1, \quad H_1(x) = 2x, \quad H_2(x) = 4x^2 - 2, \quad H_3(x) = 8x^3 - 12x$$

円筒座標系 (r, θ, z) では，式 (5.5) における横方向ラプラシアンとして式 (5.2b) 下側の表現を利用する。これに対する結果は次式で得られる。

$$\psi(r, \theta, z) = \frac{w_0}{w(z)}S(r)\exp\left[-\frac{r^2}{w^2(z)}\right]\exp\left[-j\frac{kr^2}{2R(z)}\right]$$

$$\times \exp\left\{-j[kz - m\theta - (2p + m + 1)\eta(z)]\right\} \tag{6.7}$$

$$S(r) = \left[\sqrt{2}\frac{r}{w(z)}\right]^m L_p^m\left(\frac{2r^2}{w^2(z)}\right) \tag{6.8}$$

ここで，$S(r)$ は断面内構造因子，L_p^m はラゲール陪多項式であり，低次の陪多項式は次式で表される。

$$L_0^m(x) = 1, \quad L_1^m(x) = -x + (m + 1),$$

$$L_2^m(x) = \frac{1}{2}[x^2 - 2(m + 2)x + (m + 2)(m + 1)]$$

$$L_3^m(x) = \frac{1}{6}[-x^3 + 3(m + 3)x^2 - 3(m + 3)(m + 2)x$$

$$+ (m + 3)(m + 2)(m + 1)]$$

ただし，(p,m) は 0 を含む正の整数である。

　式 (6.5)，(6.7) より，光共振器内での電磁界分布がいずれの座標系でもガウス関数で記述される。断面内構造因子は断面内の電界分布を表し，これは**横モード**（lateral mode）と呼ばれる。横モード次数 (l,m) は断面での $x \cdot y$ 軸方向，次数 (p,m) は $r \cdot \theta$ 軸方向における光強度分布の節の数に対応する。式 (6.5) で $l = m = 0$，式 (6.7) で $p = m = 0$ の TEM_{00} モードを**基本モード**，それ以外を**高次モード**という。基本モードの電界分布は式 (5.22) に帰着し，**ガウスビーム**と呼ばれる。

§6.3　光共振器の光学要素による等価特性を用いた解析法

　前節より，光共振器内での電磁界が，デカルト・円筒座標系のいずれでも，ガウスビームで記述できることがわかった。このことは，複素ビームパラメータ q に関する議論が光共振器でも成立することを示している。本節では，このことと光学要素での F パラメータを利用して，さまざまな光共振器構成に適用が可能な特性解析手法を説明する。

6.3.1　光共振器特性の F パラメータによる表現の一般式

　本項では，ファブリ–ペロー共振器やリング共振器などを含めた，一般の光共振器の特性解析に適用が可能な手法を説明する。

　レーザが発振するには，光が光共振器内を周回するとき，1 周期伝搬後の光の電磁界が元の電磁界に一致する必要がある（§6.1 参照）。電磁界計算の起点を，特定の反射鏡から右側へ距離 ℓ 離れた位置にとり，そこでの光波の複素ビームパラメータを q，1 周期伝搬した後の光波の複素ビームパラメータを q' とおく。このとき，q と q' は**一次分数変換**の式 (5.33) を用いて

$$q' = \frac{A(\ell)q + B(\ell)}{C(\ell)q + D(\ell)} \tag{6.9}$$

で関係づけられる。ここで，式 (6.9) における $A(\ell) \sim D(\ell)$ は，光共振器を構成する光学要素に関する光の伝搬を記述する行列 $\mathcal{F}_\ell^{\mathrm{cav}}$ の F パラメータであり，ユニモジュラー条件を満たしているとする。

レーザの発振条件は式 (6.9) で $q' = q$ とおける。この関係は，二端子対回路における反復インピーダンスの定義と形式的に同じである（1.4.2 項参照）。

光共振器内での波面の曲率半径やスポットサイズとの対応を知るには，q の逆数で扱う方が便利であり，$q' = q$ を $1/q$ の形で整理すると次式を得る。

$$B(\ell)\frac{1}{q^2} - [D(\ell) - A(\ell)]\frac{1}{q} - C(\ell) = 0 \tag{6.10}$$

式 (6.10) は $1/q$ に関する 2 次方程式であり，その解は，根の公式と F パラメータのユニモジュラー性を利用して次式で書ける。

$$\frac{1}{q} = \frac{1}{2B(\ell)}\left\{ D(\ell) - A(\ell) \pm j\sqrt{4 - [A(\ell) + D(\ell)]^2} \right\} \tag{6.11}$$

式 (6.11) で示した複素ビームパラメータ q の逆数は，式 (5.29) で説明したように，位置 ℓ での波面の曲率半径とスポットサイズに密接に関係しており，それを次に示す。

$$\frac{1}{q} = \frac{1}{R(\ell)} - j\frac{\lambda_0}{\pi n w^2(\ell)} \tag{6.12}$$

ここで，$R(\ell)$ は式 (5.21) で定義した波面の曲率半径，$w(\ell)$ は式 (5.20) で定義したスポットサイズ，n は共振器内媒質の屈折率，λ_0 は真空中の光の波長を表す。

式 (6.11)，(6.12) の実部と虚部を比較して，**波面の曲率半径 $R(\ell)$ とスポットサイズ $w(\ell)$** が，行列 $\mathcal{F}_\ell^{\mathrm{cav}}$ に関する F パラメータを用いて次式で表せる。

$$R(\ell) = \frac{2B(\ell)}{D(\ell) - A(\ell)} \tag{6.13a}$$

$$w(\ell) = \sqrt{\frac{\lambda_0}{\pi n}} \frac{\sqrt{|B(\ell)|}}{\sqrt[4]{1 - \{[A(\ell) + D(\ell)]/2\}^2}} \tag{6.13b}$$

1 周期の光伝搬に関する F パラメータを用いると，以降の議論から明らかになるように，光共振器の特性を代数的処理で扱えるようになる。

6.3.2 光共振器の周期的レンズ列による光線伝搬の F パラメータ表示

式 (6.9) における行列 $\mathcal{F}_\ell^{\mathrm{cav}}$ の F パラメータをファブリ-ペロー共振器（共振

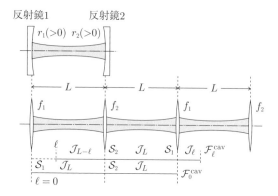

図 6.3 光共振器と等価な周期的レンズ列
r_i：反射鏡 i の曲率半径，$f_i = r_i/2$：レンズの焦点距離，L：共振器間隔，
$\mathcal{J}$：転送行列，$\mathcal{S}$：レンズのシステム行列

器間隔 L）に対して求めるため，一次分数変換での式 (5.33) と式 (5.35) の対
応関係を利用する。そのため，凹面反射鏡と凸レンズの結像特性の対応を用い
（§4.3 参照），光共振器での無限周期の振る舞いを周期的レンズ列とみなして，
その基本要素の特性を用いる。第 5 章と §6.2 で導いたガウスビームは光波に対
する結果で，第 4 章の光学要素での伝搬行列は光線に対する結果である。両者
で光波と光線の違いがあるが，いずれも近軸近似の下での結果であり，後者を
基本要素の行列 $\mathcal{F}_\ell^{\mathrm{cav}}$ に適用する。

光共振器での反射鏡の機能を，**図 6.3** のように，焦点距離 f_1 と f_2 の薄肉凸
レンズに置き換え，一様媒質中に間隔 L で並んだ周期的レンズ列で考える。

空気中で距離 ℓ 伝搬する近軸光線に対する転送行列は，式 (4.6) で $d = \ell$，
$n = 1$ とおいて，次式で表せる。

$$\mathcal{T}_\ell = \begin{pmatrix} A_{\mathrm{t}} & B_{\mathrm{t}} \\ C_{\mathrm{t}} & D_{\mathrm{t}} \end{pmatrix} = \begin{pmatrix} 1 & \ell \\ 0 & 1 \end{pmatrix} \tag{6.14a}$$

焦点距離 f_i の薄肉凸レンズによるシステム行列は，式 (4.15) で $n_2 = 1$ とお
いて

$$\mathcal{S}_i = \begin{pmatrix} A_{\mathrm s} & B_{\mathrm s} \\ C_{\mathrm s} & D_{\mathrm s} \end{pmatrix} = \begin{pmatrix} 1 & 0 \\ -1/f_i & 1 \end{pmatrix} \quad (i = 1, 2) \qquad (6.14\mathrm b)$$

で書ける。

周期的レンズ列での基本要素は, 縦続回路と同じように, 隣接する間隔 $2L$ の 1 周期分のみを取り上げればよい。共振器内の任意の位置に関する光線伝搬特性を調べるため, 焦点距離 f_1 のレンズ後方 ℓ の位置を起点にする。

$\ell = 0$ のときは, 出発位置でのレンズ特性を考慮する必要があるので別に扱う。このときの光線伝搬特性の F 行列は, 式 (6.14) を利用して次式で書ける。

$$\mathcal{F}_0^{\mathrm{cav}} \equiv \mathcal{T}_L \mathcal{S}_2 \mathcal{T}_L \mathcal{S}_1 = \begin{pmatrix} A(0) & B(0) \\ C(0) & D(0) \end{pmatrix} \qquad (6.15\mathrm a)$$

$$\begin{pmatrix} A(0) & B(0) \\ C(0) & D(0) \end{pmatrix}$$
$$= \begin{pmatrix} 1 - 2L/f_1 - L/f_2 + L^2/f_1 f_2 & L\,(2 - L/f_2) \\ -1/f_1 - 1/f_2 + L/f_1 f_2 & 1 - L/f_2 \end{pmatrix} \qquad (6.15\mathrm b)$$

$$|\mathcal{F}_0^{\mathrm{cav}}| = |\mathcal{T}_L| \cdot |\mathcal{S}_2| \cdot |\mathcal{T}_L| \cdot |\mathcal{S}_1| = A(0)D(0) - B(0)C(0) = 1 \qquad (6.15\mathrm c)$$

$0 < \ell \leqq L$ での基本要素による光線伝搬特性の F 行列は, 次式で記述できる。

$$\mathcal{F}_\ell^{\mathrm{cav}} = \mathcal{T}_\ell \mathcal{S}_1 \mathcal{T}_L \mathcal{S}_2 \mathcal{T}_{L-\ell} = \begin{pmatrix} A(\ell) & B(\ell) \\ C(\ell) & D(\ell) \end{pmatrix} \qquad (6.16\mathrm a)$$

$A(\ell) = 1 - \ell/f_1 - (L + \ell)/f_2 + L\ell/f_1 f_2$

$B(\ell) = 2L - \ell(2L - \ell)/f_1 - (L - \ell)(L + \ell)/f_2 + L\ell(L - \ell)/f_1 f_2$

$C(\ell) = -1/f_1 - 1/f_2 + L/f_1 f_2$

$D(\ell) = 1 - (2L - \ell)/f_1 - (L - \ell)/f_2 + L(L - \ell)/f_1 f_2 \qquad (6.16\mathrm b)$

$|\mathcal{F}_\ell^{\mathrm{cav}}| = |\mathcal{T}_\ell| \cdot |\mathcal{S}_1| \cdot |\mathcal{T}_L| \cdot |\mathcal{S}_2| \cdot |\mathcal{T}_{L-\ell}| = A(\ell)D(\ell) - B(\ell)C(\ell) = 1$
$$(6.16\mathrm c)$$

行列式に関する式 (6.15c), (6.16c) より, 転送行列 $\mathcal{T}_\ell$ とシステム行列 $\mathcal{S}_i$ がともにユニモジュラーだから, 行列 $\mathcal{F}_\ell^{\mathrm{cav}}$ もまたユニモジュラーとなる。

反射鏡の表面を球面として曲率半径で記述する。ここで, 曲率半径の符号について言及しておく (図 6.3 参照)。光共振器内での電磁界分布はガウスビームで記述できるので, ここでの球面反射鏡の曲率半径の符号の取り方を第5章のガウスビームに合わせる。この符号の定義は第4章での球面の曲率半径と逆である。混同を避けるため, 曲率半径の記号と符号を整理する [1]。

光共振器を構成する反射鏡の曲率半径を, 左 (右) 側について r_1 (r_2) と書くと, 式 (6.15), (6.16) における焦点距離は次式で書ける。

$$f_i = \frac{r_i}{2} \quad (i = 1, 2) \tag{6.17}$$

式 (6.17) を利用すると, 式 (6.15b), (6.16b) における行列 $\mathcal{F}_\ell^{\mathrm{cav}}$ に関する F パラメータは, 以下のように書き直せる。

$$\begin{pmatrix} A(0) & B(0) \\ C(0) & D(0) \end{pmatrix}$$
$$= \begin{pmatrix} 1 - 4L/r_1 - 2L/r_2 + 4L^2/r_1 r_2 & 2L\left(1 - L/r_2\right) \\ -2/r_1 - 2/r_2 + 4L/r_1 r_2 & 1 - 2L/r_2 \end{pmatrix} \tag{6.18}$$

$$A(\ell) = 1 - 2\ell/r_1 - 2(L+\ell)/r_2 + 4L\ell/r_1 r_2 \quad (0 < \ell \le L) \tag{6.19a}$$

$$B(\ell) = 2[L - \ell(2L - \ell)/r_1 - (L - \ell)(L + \ell)/r_2 + 2L\ell(L - \ell)/r_1 r_2] \tag{6.19b}$$

$$C(\ell) = 2(-1/r_1 - 1/r_2 + 2L/r_1 r_2) \tag{6.19c}$$

$$D(\ell) = 1 - 2(2L - \ell)/r_1 - 2(L - \ell)/r_2 + 4L(L - \ell)/r_1 r_2 \tag{6.19d}$$

---

[1] 本章では波面の曲率半径を R, 球面反射鏡の曲率半径を r で表記し, 共振器内から見た反射鏡面が凹面になるときを $r > 0$ とする。

$$\mathrm{Tr}\{\mathcal{F}_\ell^{\mathrm{cav}}\} = A(\ell) + D(\ell) = 2\left(1 - \frac{2L}{r_1} - \frac{2L}{r_2} + \frac{2L^2}{r_1 r_2}\right) \quad (0 \leqq \ell \leqq L)$$

$$(6.20)$$

式 (6.20) で示す跡（対角和）は，1 周期の光線伝搬に関する行列 $\mathcal{F}_\ell^{\mathrm{cav}}$ の固有値の和に等しいから，これは共振器構成のみに依存して起点の取り方に依存しない。波面の曲率半径とスポットサイズは，後ほど §6.5 で議論する。

§6.4　光共振器の構成と安定性

6.4.1　光共振器の構成

　光共振器内での電磁界分布や安定性は，共振器を構成する球面鏡の形状や配置によって決まる。光共振器としてよく用いられる反射鏡の構成を**図 6.4** に示す。反射鏡として通常，平面鏡と凹面鏡が用いられる。共振器間隔を L，反射鏡面の曲率半径を r_i，焦点距離を $f_i\ (i = 1, 2)$ とする。図中の破線は光共振器内での近軸光線の伝搬を表す。

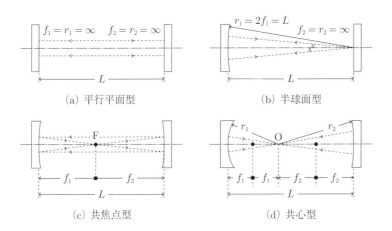

(a) 平行平面型　　　　　　　　　　(b) 半球面型

(c) 共焦点型　　　　　　　　　　(d) 共心型

図 **6.4**　光共振器における主な反射鏡構成
　　　L：共振器間隔，$f_i = r_i/2$：焦点距離，r_i：反射鏡の曲率半径，F：焦点，
　　　O：反射鏡の曲率中心
　　　共振器内の破線は近軸光線の伝搬を表す

　図 6.4(a) は平面鏡を対向させた**平行平面型**（planar type）であり，光軸に
平行な光線は光共振器内で反射を繰り返すが，少しでも傾くと光学系から外れ
る。同図 (b) は平面鏡と凹面鏡を組み合わせた型（plane-concave）であり，特
に $r_1 = 2f_1 = L$ に設定される**半球面型**（hemi-spherical）では，平面鏡と光
軸の交点が凹面鏡の曲率中心に一致する。球面反射鏡で曲率中心を通る光線は，
反射後も曲率中心を通るという性質がある（§4.3 参照）。そのため，凹面鏡か
ら出た光線が平面鏡に到達すると，平面鏡では入射角と等しい角度で反射して
凹面鏡に向かうことを繰り返し，光線が光学系に閉じ込められる。

　同図 (c) は $r_1 + r_2 = 2L$ とした系であり，両凹面鏡の焦点が光軸上で一致し
ているので**共焦点型**（confocal）と呼ばれる。特に $r_1 = r_2$ のときを**対称共焦
点型**（symmetric confocal）という（6.5.2 項参照）。光軸に平行な光線は凹面
鏡で反射後に焦点 F を通り，焦点を通過した光線は凹面鏡で反射後に光軸に平
行に伝搬する（§4.3 参照）。そのため光線が光共振器内を安定して伝搬するの
で，これは光学系の調整が比較的容易で共振器として優れている。

　同図 (d) は $r_1 + r_2 = L$ とした**共心型**（concentric）であり，両反射鏡の曲
率中心が共振器内で一致している。曲率中心 O を通る光線は，凹面鏡で反射後
も曲率中心を通る。特に $r_1 + r_2 = L/2$ のときを**球面型**（spherical）と呼ぶ。

　図 6.4 中のいずれの構成でも，図 4.5(a) に示した球面反射鏡での光線の振る
舞いを参照すると，近軸光線が光共振器内で周回することが理解できる。

6.4.2　光共振器での電磁界の安定化条件

　光共振器内で電磁界が安定に閉じ込められていれば，スポットサイズが存在
するはずである。式 (6.13b) で表されるスポットサイズが存在することは，式
(6.11) で $1/q$ が虚部をもつことである。この条件は $4 - [A(\ell) + D(\ell)]^2 \geqq 0$ よ
り，次式を満たすことである。

$$\left| \frac{A(\ell) + D(\ell)}{2} \right| \leqq 1 \tag{6.21}$$

　反射鏡面の曲率半径が r_1 と r_2 からなっている光共振器で，電磁界の安定化
条件は式 (6.21) に式 (6.20) を代入して求められる。この式を整理すると，光
共振器での電磁界の**安定化条件**は次式で表される。

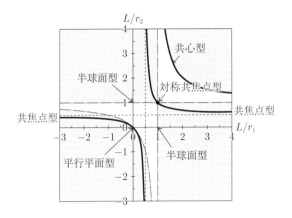

図 **6.5** 各種光共振器の安定化条件
L：共振器間隔，r_1，r_2：反射鏡の曲率半径
図中の白色部分が安定化条件を満たし，網掛け部分は不安定領域
一点鎖線は安定領域と不安定領域の境目を示す

$$0 \leqq \left(1 - \frac{L}{r_1}\right)\left(1 - \frac{L}{r_2}\right) \leqq 1 \tag{6.22}$$

ここで，$r_i > 0$ は共振器の内部から見た凹面鏡，$r_i = \infty$ は平面鏡を表す。

図 **6.5** に光共振器の安定化条件を上記共振器構成について示す。横軸は L/r_1，縦軸は L/r_2 である。不安定領域では回折損失が著しく増加する。対称共焦点型，半球面型，平行平面型，共心型のいずれもが不安定領域との境目にある。これらの内では，対称共焦点型が比較的安定に動作できることがわかる。

§6.5 各種光共振器構成におけるスポットサイズと波面の曲率半径

本節では，レーザで一般的に用いられるファブリ–ペロー共振器の各種構成におけるスポットサイズと波面の曲率半径を，6.3.2 項の周期的レンズ列モデルで求めた F パラメータに代数的操作を施して求める。

6.5.1   周期的レンズ列モデルによる一般の球面光学系に対する表現

図 **6.6** に示すように,光共振器(共振器間隔 L,左右の球面反射鏡の曲率半径 r_1,r_2)で,左の反射鏡 1 からの距離を ℓ とする。反射鏡の曲率半径 r_i の符号は,既述のように,共振器内部からみて凹面のときを正とする。

一般の球面光学系に対する波面の曲率半径 R とスポットサイズ w は,式 (6.19) の F パラメータを式 (6.13a,b) に代入して次式で求められる。

$$R(\ell) = \frac{L - \ell(2L - \ell)/r_1 - (L - \ell)(L + \ell)/r_2 + 2L\ell(L - \ell)/r_1 r_2}{-(L - \ell)/r_1 + \ell/r_2 + L(L - 2\ell)/r_1 r_2}$$

$$(0 < \ell \leqq L) \qquad (6.23)$$

$$w(\ell) = \sqrt{\frac{\lambda_0}{\pi n}} \frac{\sqrt{L - \ell(2L - \ell)/r_1 - (L - \ell)(L + \ell)/r_2 + 2L\ell(L - \ell)/r_1 r_2}}{\sqrt[4]{L(1 - L/r_1)(1 - L/r_2)(1/r_1 + 1/r_2 - L/r_1 r_2)}}$$

$$(0 < \ell \leqq L) \qquad (6.24)$$

ただし,n は共振器内媒質の屈折率,λ_0 は真空中の光の波長である。

左右の反射鏡面での**波面の曲率半径**は,それぞれ式 (6.13a) に式 (6.18) を,式 (6.23) に $\ell = L$ を代入して,次式で得られる。

$$R(0) = \frac{2B(0)}{D(0) - A(0)} = r_1, \quad R(L) = r_2 \qquad (6.25\text{a,b})$$

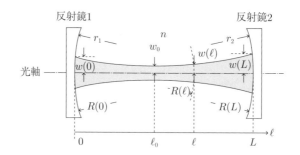

図 **6.6**   ファブリ–ペロー共振器での光ビーム
r_i:反射鏡 i の曲率半径,L:共振器間隔,
ℓ:左の反射鏡から測った位置,n:媒質の屈折率,
$R(\ell)$:波面の曲率半径,$w(\ell)$:スポットサイズ,w_0:最小スポットサイズ

式 (6.25) は，電磁界の波面と反射鏡の曲率半径が反射鏡面で一致していること
を示す。これは電磁界が反射鏡面上で等位相面となる条件でもある。

左右の反射鏡面での**スポットサイズ**は，式 (6.13b)，(6.24) を用いて，

$$w(0) = \sqrt{\frac{\lambda_0}{\pi n}} \sqrt[4]{\frac{Lr_1^2(r_2 - L)}{(r_1 - L)(r_1 + r_2 - L)}} \qquad (6.26a)$$

$$w(L) = \sqrt{\frac{\lambda_0}{\pi n}} \sqrt[4]{\frac{Lr_2^2(r_1 - L)}{(r_2 - L)(r_1 + r_2 - L)}} \qquad (6.26b)$$

で求められる。これらは，添え字を 1 と 2 の間で交換すると同じ結果となる。

次に，左の反射鏡から測った最小スポットサイズの位置，つまり**ビームウェ
スト**の位置 ℓ_0 を，式 (6.24) の極値条件 $dw(\ell)/d\ell = 0$ から計算すると，これは

$$\ell_0 = \frac{L(r_2 - L)}{r_1 + r_2 - 2L} \qquad (6.27)$$

で求められる。式 (6.27) は，波面の曲率半径の式 (6.23) の値が無限大になる
位置としても得られる（式 (5.18) のすぐ下の性質を参照）。

式 (6.27) を式 (6.24) に代入すると，かなりの計算の後，**最小スポットサイ
ズ** w_0 と**コンフォーカルパラメータ** b が次式で求められる。

$$w_0 = \sqrt{\frac{\lambda_0}{\pi n}} \sqrt[4]{\frac{L(r_1 - L)(r_2 - L)(r_1 + r_2 - L)}{(r_1 + r_2 - 2L)^2}} \qquad (6.28a)$$

$$b = \frac{k}{2}w_0^2 = \sqrt{\frac{L(r_1 - L)(r_2 - L)(r_1 + r_2 - L)}{(r_1 + r_2 - 2L)^2}} \qquad (6.28b)$$

F パラメータを用いて導いた，光共振器の安定化条件，波面の曲率半径やス
ポットサイズに関する結果は，他の手法による結果と一致している。

6.5.2 対称共焦点型
本項では，まず左右の反射鏡の曲率半径が等しい対称共振器（$r \equiv r_1 = r_2 > 0$）
について，共振器間隔 L を固定したときの各種値を求める。

最小スポットサイズおよびビームウェストの位置は，式 (6.28a)，(6.27) よ
り次式で求められる。

$$w_0 = \sqrt{\frac{\lambda_0}{\pi n}} \sqrt[4]{\frac{L}{2}\left(r - \frac{L}{2}\right)}, \quad \ell_0 = \frac{L}{2} \tag{6.29a,b}$$

式 (6.29b) は，最小スポットサイズが光共振器の中央にあることを示す。

左右の反射鏡面上でのスポットサイズは，式 (6.26) より

$$w(0) = w(L) = \sqrt{\frac{\lambda_0}{\pi n}} \sqrt[4]{\frac{Lr^2}{2(r - L/2)}} \tag{6.30}$$

で書け，左右の反射鏡面上でのスポットサイズが一致する。

左右の反射鏡面上でのスポットサイズを最小にする条件は，$dw(0)/dr = 0$ より $r = L$ のときに得られる。このとき，最小スポットサイズ w_0 と左右の反射鏡面上でのスポットサイズは，それぞれ式 (6.29)，(6.30) より

$$w_0 = \sqrt{\frac{\lambda_0}{\pi n}} \sqrt{\frac{L}{2}}, \quad w(0) = w(L) = \sqrt{\frac{\lambda_0}{\pi n}}\sqrt{L} \tag{6.31a,b}$$

となり，反射鏡面上でのスポットサイズが最小スポットサイズの $\sqrt{2}$ 倍となる。

コンフォーカルパラメータ b の値を式 (6.31a) から計算すると，

$$b = \frac{1}{2}kw_0^2 = \frac{1}{2}\frac{2\pi n}{\lambda_0}\left(\sqrt{\frac{\lambda_0}{\pi n}}\sqrt{\frac{L}{2}}\right)^2 = \frac{L}{2} \tag{6.32}$$

となる。図 5.1(a) からわかるように，b はビームウェスト位置と最小スポットサイズの $\sqrt{2}$ 倍となる位置との距離に相当しており，いまの場合，b が光共振器の中央と反射鏡との距離に一致している。

特に，左右の反射鏡の曲率半径と共振器間隔が等しい（$r = L$）とき，左右の反射鏡とビームウェストとの距離が $r/2$ となる。この距離は式 (6.17) より反射鏡の焦点距離に一致する。これは左右の反射鏡の焦点が共振器の中央で一致することを意味しており，このような系は**対称共焦点共振器**（symmetric confocal resonator）と呼ばれる。

6.5.3　半球面型

左側の反射鏡を平面鏡，右側の反射鏡を曲率半径 r の凹面鏡，共振器間隔を L とすると，スポットサイズは，式 (6.26) で $r_1 = \infty$，$r_2 = r$ とおいて

$$w(0) = \sqrt{\frac{\lambda_0}{\pi n}} \sqrt[4]{L(r-L)}, \quad w(L) = \sqrt{\frac{\lambda_0}{\pi n}} \sqrt[4]{\frac{Lr^2}{r-L}} \qquad (6.33a,b)$$

で求められる。

最小スポットサイズの位置は，式 (6.27) より $\ell_0 = 0$，つまり左の平面鏡位置で得られる。最小スポットサイズ w_0 とコンフォーカルパラメータ b は，式 (6.28) より次式で表される。

$$w_0 = \sqrt{\frac{\lambda_0}{\pi n}} \sqrt[4]{L(r-L)}, \quad b = \frac{1}{2} k w_0^2 = \sqrt{L(r-L)} \qquad (6.34a,b)$$

左の平面鏡位置で最小スポットサイズとなり，波面の曲率半径が $R(0) = r_1 = \infty$ で平面波となる。共振器間隔 L の半球面型は，共振器間隔 $2L$ の対称共振器と等価である。

【例題 6.1】 He-Ne レーザ（$\lambda_0 : 633\,\mathrm{nm}$）が対称共焦点型（共振器間隔 60 cm）のとき，最小スポットサイズおよび反射鏡面でのスポットサイズを求めよ。ただし，レーザ媒質の屈折率を 1.0 とせよ。

[解]　対称共焦点型では，反射鏡の曲率半径は共振器間隔に等しく 60 cm となる。最小スポットサイズは，式 (6.31a) を用いて次式で求められる。

$$w_0 = \sqrt{\frac{633 \times 10^{-9}}{\pi}} \sqrt{\frac{0.6}{2}} \mathrm{m} = 245.9 \times 10^{-6}\,\mathrm{m} = 246\,\mathrm{\mu m}$$

反射鏡面上でのスポットサイズは，式 (6.31b) より次式で求められる。

$$w(0) = w(L) = \sqrt{\frac{633 \times 10^{-9}}{\pi}} \sqrt{0.6} = 347.7 \times 10^{-6}\,\mathrm{m} = 348\,\mathrm{\mu m}$$

スポットサイズは波長よりも十分大きい値となっている。

§6.6　光共振器における共振特性

光共振器内で光波が光軸方向で安定に存在するには，反射鏡面間で定在波が立つ必要がある。この**共振条件**は式 (6.3) に示したもので，光波が光共振器内を 1 往復するとき，軸方向の位相変化が 2π の整数倍になることである。

式 (6.3) をファブリ-ペロー共振器で考えるとき，左右の反射鏡位置を z_1, z_2 とする。共振器内の位置 z での位相は式 (6.5) より次式で表せる。

$$\phi_{l,m}(z) = kz - (l+m+1)\eta(z)$$
$$= kz - (l+m+1)\tan^{-1}\frac{z-z_0}{b} \quad : \text{デカルト座標系}$$

$$(6.35)$$

ただし，$\eta(z)$ は光軸方向の位相ずれ（式 (6.6b) 参照），k は媒質中の光の波数，b はコンフォーカルパラメータ，(l,m) は横モード次数である。円筒座標系での位相は，式 (6.35) で横モード次数分を $l+m$ から $2p+m$ に置き換えて得られる。

共振条件を 6.5.1 項でのパラメータに合わせるため，共振器間隔を $L = z_2-z_1$，$z_2 - z_0 = L - \ell_0$，$z_1 - z_0 = -\ell_0$（z_0, ℓ_0：ビームウェスト）と置き換える。このとき，式 (6.35) から求める共振条件が次式で書ける。

$$\phi_{l,m}(z_2) - \phi_{l,m}(z_1) = kL - (l+m+1)\left(\tan^{-1}\frac{L-\ell_0}{b} - \tan^{-1}\frac{-\ell_0}{b}\right)$$
$$= \xi\pi \qquad\qquad (6.36)$$

式 (6.36) を満たす，光軸方向の共振モードは**縦モード**（longitudinal mode）と呼ばれる。ξ は縦モード次数であり，これは正の整数で通常，非常に大きい値となる。式 (6.36) における $\tan^{-1}$ に関する項は，逆三角関数の加法定理を用い，さらに $\tan^{-1}x = \cos^{-1}(1/\sqrt{1+x^2})$ および式 (6.27)，(6.28b) を利用して

$$\tan^{-1}\frac{L-\ell_0}{b} - \tan^{-1}\frac{-\ell_0}{b} = \tan^{-1}\frac{L/b}{1-(L-\ell_0)\ell_0/b^2}$$
$$= \cos^{-1}\sqrt{\left(1-\frac{L}{r_1}\right)\left(1-\frac{L}{r_2}\right)}$$

$$(6.37)$$

と変形できる。式 (6.37) 右辺は，式 (6.22) より，0 と $\pi/2$ の間の値となる。

式 (6.36)，(6.37) より，光共振器の横・縦モード次数 (l,m,ξ) での**共振周波**

数が

$$\nu_c = \frac{c}{2nL}\left[\xi + (l+m+1)\frac{\cos^{-1}\sqrt{(1-L/r_1)(1-L/r_2)}}{\pi}\right]$$

(6.38)

で書ける。ただし，L は共振器間隔，r_i は左右の反射鏡の曲率半径，n は共振器内の媒質の屈折率，c は真空中の光速であり，上式を導く際には $k = 2\pi n\nu/c$ を用いた。式 (6.38) は，共振周波数が縦モード次数 ξ のみならず，横モード次数 (l, m) にも依存することを示している。

横モード次数が固定された場合，隣接する縦モードの共振周波数間隔は常に

$$\delta\nu = \nu_{\xi+1} - \nu_\xi = \frac{c}{2nL}$$

(6.39)

で表せる。式 (6.39) より，縦モードの共振周波数間隔 $\delta\nu$ は，共振器間隔 L が増大するほど狭くなることがわかる。

対称共焦点型 $(r_1 = r_2 = L)$ の場合，式 (6.38) 第 2 項の一部が $[\cos^{-1}\sqrt{(1-L/r_1)(1-L/r_2)}]/\pi = 1/2$ で求められる。このときの共振周波数が

$$\nu_c = \frac{c}{2nL}\left[\xi + \frac{1}{2}(l+m+1)\right]$$

(6.40)

のように簡潔な式で表せる。この場合，横モード次数 (l, m) の変化の共振周波

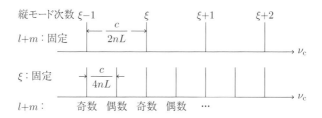

図 6.7 共振周波数 ν_c とモード次数の関係（対称共焦点型）
(l, m)：横モード次数，ξ：縦モード次数，L：共振器間隔，n：媒質の屈折率，c：真空中の光速

数への影響は，縦モード次数 ξ の変化による影響の半分である。

図 **6.7** に対称共焦点型における共振周波数 ν_c と横・縦モード次数の関係を示す。上段は横モード次数を固定した場合，下段は縦モード次数を固定した場合である。横モード次数の和 $l+m$ が奇数のモードは縦モードと縮退し，$l+m$ が偶数のモードは縦モードの中間に現れる。

§6.7　レーザのスペクトル特性

式 (6.2) に関連して述べたように，増幅媒質による利得が損失を超える周波数領域が，レーザ発振可能域となる（図 **6.8**）。光共振器で発生可能な共振周波数は，式 (6.38) に示したように，共振器の構成要素とモード次数によって決まる離散値である。よって，レーザのスペクトル特性は，増幅媒質の利得帯域幅と共振周波数間隔の相対的な大小関係で決まる。

増幅媒質自体も位相シフトを与えるので（式 (6.3) 参照），レーザの発振周波数 ν_L は，式 (6.38) に示す共振周波数 ν_c とは必ずしも一致しない（$\nu_L \neq \nu_c$）。厳密な理論解析によると，レーザの発振周波数 ν_L は次式で表せる。

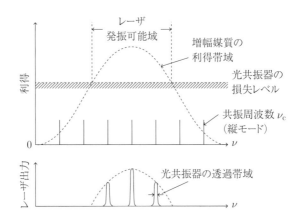

図 **6.8**　レーザのスペクトル特性の概略
発振可能域にある共振周波数 ν_c のモードがレーザ発振スペクトルとなる。

$$\nu_{\mathrm{L}} = \frac{\gamma\nu_{\mathrm{c}} + \kappa\nu_{\mathrm{r}}}{\kappa + \gamma} \tag{6.41}$$

式 (6.41) より，レーザの発振周波数が，共振周波数 ν_{c} と増幅媒質の共鳴周波数 ν_{r} を，光共振器の透過帯域幅 κ と増幅媒質の共鳴幅 γ の比で内分する値となる。つまり，レーザ発振は，κ と γ のうちの狭い方に近い周波数で生じ，この現象を**周波数引き込み**（frequency pulling）と呼ぶ。波長が数十 μm より長い遠赤外領域では，κ と γ の大きさが同程度なので，周波数引き込みが重要となる。

赤外光よりも短い波長帯では通常，増幅媒質の利得帯域幅 γ の方が，光共振器の透過帯域幅 κ よりも十分に広く（$\gamma \gg \kappa$），レーザ発振可能域に多くの共振モードが存在する。複数の縦モードが同時に発振する状態を**多モード発振**（multimode oscillation）という。

縦モードが 1 つだけ発振する状態を**単一縦モード発振**という。これではスペクトル幅が狭くなり，可干渉性がよいなどの利点をもち，応用上有用となる。スペクトル幅を狭くするため，次のような工夫がなされる。

(i) 式 (6.39) に基づき，共振器間隔 L を短くして，縦モード間隔を広げる。

(ii) 増幅媒質の構造を変化させて，利得帯域幅を狭くする。

—————— 【光共振器に関するまとめ】 ——————

(i) 対向した一対の球面反射鏡からなる光共振器において，その内部電界は §6.2 に述べた式で表せる。特に，基本モードはガウスビームで表せるので，第 5 章で求めた複素ビームパラメータ q に関する各種性質が利用できる。

(ii) 光共振器での特性は，周期的レンズ列に近軸光線を適用して得られる F パラメータを用いても求めることができる（§6.3 参照）。

(iii) 一般の光共振器での安定化条件，最小スポットサイズ，ビームウェスト位置，反射鏡面上でのスポットサイズ等は，F パラメータで求めることができ，共振器間隔 L や反射鏡の曲率半径 r_i，波長の関数で表せる（§6.5 参照）。

(iv) 光共振器の共振特性は位相条件から求められ，縦モードが設定できる

（§6.6 参照）。

(v) レーザのスペクトル特性は，増幅媒質の利得特性と光共振器の共振周
波数から決定される（§6.7 参照）。

【演習問題】

6.1 凹面反射鏡を用いた光共振器（共振器間隔 1 m）で波長 1.0 μm の光波を発振させ
るとき，次の問に答えよ。

① 左右の反射鏡の曲率半径がそれぞれ 10 m，7 m のとき，ビームウェスト位置，最小ス
ポットサイズ，および反射鏡面上でのスポットサイズの各値を求めよ。

② 対称共焦点型となるように凹面反射鏡の曲率半径を設定するとき，最小スポットサイ
ズと反射鏡面上でのスポットサイズの値を求めよ。また，このときの両スポットサイズの
比を求めよ。

6.2 左右の反射鏡の曲率半径をそれぞれ r_1，r_2，共振器間隔を L，共振器内での波長
を λ とおくとき，最小スポットサイズ w_0 が次式で表せることを示せ。

$$w_0^2 = \frac{\lambda L}{\pi} \frac{\sqrt{g_1 g_2 (1 - g_1 g_2)}}{g_1 + g_2 - 2g_1 g_2}, \quad g_i \equiv 1 - \frac{L}{r_i} \quad (i = 1, 2)$$

6.3 光共振器に関する次の各問に答えよ。

① 共振器間隔が 40 cm，媒質の屈折率が 1.0 の光共振器で横モードが最低次のとき，縦
モードの共振周波数間隔を求めよ。

② 媒質の利得帯域幅が 2 GHz のとき，縦モードが何本たつか。

③ 媒質の利得帯域幅が上記の値のとき，縦単一モードとするには共振器間隔を何 cm 以
下にすればよいか。

6.4 光共振器が対称（反射鏡の曲率半径 $r_1 = r_2 = r$）であるが，共焦点型からわずか
にずれている場合，共振周波数の式 (6.38) が次式で書けることを示せ。

$$\nu_c = \frac{c}{2nL} \left\{ \xi + (l + m + 1) \left[\frac{1}{2} - \frac{\sin^{-1}(1 - L/r)}{\pi} \right] \right\}$$

$1 - L/r$ が微小量だから，横モード次数の和 $l + m$ が奇数か偶数かに応じて，横モード
次数の影響が縦モード位置または隣接縦モードの中間からわずかにずれた位置に現れる
（図 6.7 参照）。

第7章 2乗分布形媒質における光の伝搬特性

　光は自由空間では直進するので，光路を自在に操れない。しかし，2乗分布形媒質を用いると，光は屈折率の高い場所に集まる性質があるので，光を媒質中に閉じ込めることにより光の伝搬方向を自在に操れるようになる。

　§7.1 では 2乗分布形媒質を伝搬する光線の振る舞いを記述する行列表示を求め，それが集束作用に該当することを示す。§7.2 では，密着した周期的レンズ列での光線伝搬特性を F 行列で調べ，これが 2乗分布形媒質での光線伝搬特性と等価となることを示す。§7.3 では，2乗分布形媒質を伝搬するガウスビームの振る舞いを，複素ビームパラメータと F 行列を用いて表す。

§7.1　2乗分布形媒質における光線経路

　2次元のデカルト座標系 (x,z) をとり，z 軸を光軸とする。屈折率は，**図 7.1** 右側に示すように，z 軸方向に対しては一様で，x 軸方向にのみ変化して

$$n^2(x) = \begin{cases} n_0^2(1 - g^2 x^2) & : 0 \leqq x \leqq a \\ n_2^2 = n_0^2(1 - 2\Delta) & : x \geqq a \end{cases} \tag{7.1}$$

$$\Delta \equiv \frac{n_0^2 - n_2^2}{n_0^2} = \frac{(ga)^2}{2}, \quad g = \frac{\sqrt{2\Delta}}{a} \tag{7.2}$$

で表されるとする。ここで，n_0 はコア（屈折率の高い領域）中心つまり光軸上での屈折率，g は**集束定数**（focusing constant），n_2 はクラッド（コア周辺の屈折率の低い領域）の屈折率，Δ はコア・クラッド間の比屈折率差，a はコア半径を表す。このように，光軸からの距離 x の 2乗に比例して減少する屈折率分布をもつ媒質を **2乗分布形媒質**（square-law index medium）と呼ぶ。屈折

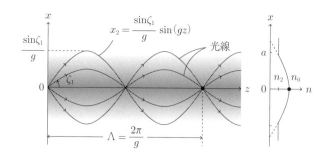

図 7.1　2 乗分布形媒質における光線伝搬
ζ_1：入射光線の伝搬角，g：集束定数，Λ：ピッチ，a：コア半径
図の光線軌跡は光が光軸に入射する場合 $(x_1 = 0)$，光線の振幅は誇張して描いている。

率はコア近傍で緩やかに変化しているとする。

2 乗分布形媒質での光の伝搬では，通常，コア幅が波長に比べて十分大きいとみなせるので光線近似が使える。この媒質内の伝搬光線には，光軸を含む面内を伝搬する**子午光線**と，光軸の回りを伝搬する**らせん光線**（skew ray）がある。子午光線に限定すると，その振る舞いは式 (7.1) の 2 次元で扱える。

7.1.1　近軸光線近似の下での光線経路

本項では，光線方程式に近軸光線近似と弱導波近似を適用して，2 乗分布形媒質における光線の経路を求める。

光が式 (7.1) の屈折率分布中を伝搬する際，光は一般に屈折率の高い場所に集中する性質があるので，光エネルギーが光軸近傍に十分閉じ込められる。このときは，式 (7.1) の上側の屈折率分布が $x = \pm\infty$ まで続いている（図 7.1 の破線）としても，精度の高い結果が得られる。また，光線が光軸となす角度が小さく，このような光線を**近軸光線**と呼び，これを対象として話を進める。

空間的に変化する屈折率 $n(\boldsymbol{r})$（$\boldsymbol{r}$：3 次元位置ベクトル）中での光線の経路は，光線方程式（式 (10.9) 参照）を用いて求めることができ，ここに示す。

$$\frac{d}{ds}\left[n(\boldsymbol{r})\frac{d\boldsymbol{r}}{ds}\right] = \mathrm{grad}[n(\boldsymbol{r})] \tag{7.3}$$

ただし，s は光線に沿った経路を表す。近軸光線では光線が z 軸近傍を伝搬するから $d/ds \fallingdotseq d/dz$ と近似できる。

式 (7.3) の左辺の x 成分は，屈折率 $n(x)$ に式 (7.1) を代入して

$$\frac{d}{ds}\left[n(\boldsymbol{r})\frac{d\boldsymbol{r}}{ds}\right] \fallingdotseq \frac{d}{dz}\left[n(x)\frac{dx}{dz}\right] = -n_0\frac{g^2 x}{\sqrt{1-g^2 x^2}}\left(\frac{dx}{dz}\right)^2$$
$$+ n_0\sqrt{1-g^2 x^2}\frac{d^2 x}{dz^2}$$

で表せる。また，式 (7.3) の右辺の x 成分は次式で書ける。

$$\mathrm{grad}[n(\boldsymbol{r})] = \frac{d}{dx}(n_0\sqrt{1-g^2 x^2}) = -n_0\frac{g^2 x}{\sqrt{1-g^2 x^2}}$$

両式を式 (7.3) に戻して整理すると，次式が導ける。

$$[1-(gx)^2]\frac{d^2 x}{dz^2} + \left[1-\left(\frac{dx}{dz}\right)^2\right]g^2 x = 0 \tag{7.4}$$

2 乗分布形媒質では屈折率勾配が微小なのでコア近傍では $(gx)^2 \ll 1$ とおける。また，近軸光線では光線の光軸に対する傾きが微小だから $dx/dz \ll 1$ とおける。これらを式 (7.4) に適用すると，子午光線の経路が定数係数の微分方程式

$$\frac{d^2 x}{dz^2} + g^2 x \fallingdotseq 0 \tag{7.5}$$

で近似的に記述できる。

光線の位置 x に関する微分方程式 (7.5) の一般解は次式で表せる。

$$x = C_1\cos(gz) + C_2\sin(gz) \tag{7.6}$$

ただし，C_1 と C_2 は入射条件から決定される定数である。式 (7.6) より

$$\frac{dx}{dz} = -gC_1\sin(gz) + gC_2\cos(gz) \tag{7.7}$$

を得る。光線が $x \cdot z$ 軸となす角度をそれぞれ ξ, ζ とおくと，近軸光線では ζ は微小だから，式 (7.7) の左辺が $dx/dz = \tan\zeta \fallingdotseq \zeta$ で近似できる。

入射点 ($z=0$) での断面内座標を x_1，光線の媒質内での入射角を ζ_1 とする

と，式 (7.6)，(7.7) より $C_1 = x_1$ および $C_2 = \zeta_1/g$ が求められる。これらの値を式 (7.6)，(7.7) に戻すと，z 軸方向に入射位置から距離 z 伝搬した後の光線の位置を x_2，媒質内で光線と光軸のなす角度を ζ_2 として，次式が得られる。

$$x_2 = x_1 \cos(gz) + \frac{\sin \zeta_1}{g} \sin(gz) \tag{7.8}$$

$$\cos \xi_2 = \sin \zeta_2 \fallingdotseq \tan \zeta_2 = \frac{dx}{dz} = -gx_1 \sin(gz) + \cos \xi_1 \cos(gz) \tag{7.9}$$

式 (7.8) を変形して，次式を得る。

$$x_2 = \frac{\sqrt{(gx_1)^2 + \sin^2 \zeta_1}}{g} \sin(gz + \phi_{\text{in}}), \quad \tan \phi_{\text{in}} = \frac{gx_1}{\sin \zeta_1} \tag{7.10a,b}$$

式 (7.10) は，近軸光線が正弦波状に伝搬すること，および初期位相 ϕ_{in} が入射時の光線位置 x_1 と傾き角 ζ_1 に依存することを表している。式 (7.10) より，2 乗分布形媒質内での光線は初期位相によらず，周期

$$\Lambda = \frac{2\pi}{g} \tag{7.11}$$

で伝搬する。この周期は**ピッチ**とも呼ばれる。

　ここで，最大振幅に対する光線の媒質内入射角 ζ_{max} を見積もる。屈折率が z 軸方向に対して一様であるから，各位置での屈折率と方向余弦の積 $n(x) \cos \zeta$ が伝搬の不変量となる（10.3.2 項参照）。導波できる最大振幅の光線はコア・クラッド境界 $(x = a)$ を通過し，このときの屈折率が $n = n_0 \sqrt{1 - 2\Delta}$，伝搬角が $\zeta = 0$ となる。一方，コア中心に入射時の光線の値は $n = n_0$，$\zeta = \zeta_{\text{max}}$ であり，両光線での伝搬不変量が $n_0 \cos \zeta_{\text{max}} = n_0 \sqrt{1 - 2\Delta}$ で結びつけられる。これより，最大振幅を与える光線の媒質内入射角が

$$\zeta_{\text{max}} = \sin^{-1} \sqrt{2\Delta} = \sin^{-1}(ga) \tag{7.12}$$

で得られる。右辺への変形では式 (7.2) を用いた。

　図 7.1 左側は，光線が 2 乗分布形媒質の光軸へ入射する場合の伝搬の概略を

表している。これより2乗分布形媒質内での光線が正弦波状に伝搬し，入射角
ζ_1 の異なる光線が周期ごとに光軸と同一位置で交わり，集束作用を示す。

　ここでは，同一屈折率内での光線伝搬を扱うので，基底ベクトルを，式 (4.1)
で屈折率を等しくした形で次のようにおく。

$$Q = \begin{pmatrix} x \\ n_0 \cos \xi \end{pmatrix}, \quad \xi = \frac{\pi}{2} - \zeta \tag{7.13}$$

ただし，ξ と ζ はそれぞれ光線が x 軸，z 軸となす角度であり，弱導波近似の
下では屈折率をコア中心での屈折率 n_0 としても差し支えない。このとき，式
(7.8)，(7.9) より，2乗分布形媒質内での近軸光線の伝搬が次式で記述できる。

$$\begin{pmatrix} x_2 \\ n_0 \cos \xi_2 \end{pmatrix} = \mathcal{F}_{\text{ray}} \begin{pmatrix} x_1 \\ n_0 \cos \xi_1 \end{pmatrix} \tag{7.14a}$$

$$\mathcal{F}_{\text{ray}} \equiv \begin{pmatrix} \cos(gz) & (1/gn_0)\sin(gz) \\ -gn_0 \sin(gz) & \cos(gz) \end{pmatrix} \tag{7.14b}$$

$$|\mathcal{F}_{\text{ray}}| = \cos^2(gz) + \sin^2(gz) = 1 \tag{7.14c}$$

式 (7.14c) より，行列 $\mathcal{F}_{\text{ray}}$ はユニモジュラーである。

　ところで，屈折率分布を表す式 (7.1) には光軸からの距離 x の2乗に比例す
る項が含まれている。屈折率に真空中の光の波数 k_0 を掛けると媒質中の光の
波数 k となるから，式 (7.1) は位相項に x^2 の比例項を含むことに相当する。位
相項に光軸からの距離の2乗 x^2 を含むことは，結像作用をもつことを意味す
る（10.3.4 項参照）。したがって，式 (7.14b) と式 (4.15) の2行1列成分を等
値すると，2乗分布形媒質の等価的な焦点距離 f は

$$f = \frac{n_2}{gn_0 \sin(gz)} \tag{7.15}$$

で表せる。ただし，n_2 は出射側媒質の屈折率である。

　2乗分布形媒質はマイクロレンズや GRIN レンズ（graded index lens）と
呼ばれ，正立等倍結像レンズアレーや平行ビーム変換系に利用されている。

【例題 7.1】2乗分布形媒質でコア半径が $a = 400\,\mu\text{m}$，集束定数が $g = 0.4\,\text{mm}^{-1}$

のとき，次の各値を求めよ。

① 比屈折率差，② ピッチ，③ 光線の媒質内最大入射角。

[解] ① 比屈折率差は式 (7.2) より $\Delta = (400 \times 10^{-6} \cdot 0.4/10^{-3})^2/2$ $= 1.28 \times 10^{-2}$，② ピッチは式 (7.11) より $\Lambda = 2\pi/0.4 \,\mathrm{mm^{-1}} = 15.7 \,\mathrm{mm}$，③ 最大入射角は式 (7.12) より $\zeta_{\mathrm{max}} = \sin^{-1}(400 \times 10^{-6} \cdot 0.4/10^{-3})$ $= \sin^{-1}(1.6 \times 10^{-1}) = 0.16 \,\mathrm{rad} = 9.21°$ となる。① より比屈折率差が約 1%で，弱導波近似を満たす。③ より近軸光線近似の妥当性が裏付けられる。

7.1.2 厳密解の導出と近似解との比較

本項では 2 乗分布形媒質における子午光線の経路の厳密解を求め，前項で求めた近似解と比較する。

デカルト座標系 (x,y,z) で光線伝搬面を x-z 面にとり，z 軸を光軸，$x = 0$ をコア中心とする。x 座標のみに依存する屈折率 $n(x)$ を式 (7.1) で表す。光線が z 軸となす角度を ζ で表す。

2 乗分布形媒質での屈折率が z 軸方向に対して一様だから，光線方程式 (7.3) より $n(x)(dz/ds) = n(x)\cos\zeta$ が伝搬の不変量となる。入射面の $z = 0$ での光線の位置を $x = x_1$，伝搬角を $\zeta = \zeta_1$ とすると，そこでの屈折率が $n_{\mathrm{in}} \equiv n(x_1) = n_0\sqrt{1 - g^2 x_1^2}$ で表せ，$n(x)(dz/ds) = n_{\mathrm{in}}\cos\zeta_1$ が成り立つ。これより

$$\frac{dz}{dx} = \frac{dz/ds}{dx/ds} = \frac{n_{\mathrm{in}}\cos\zeta_1}{\sqrt{n^2(x) - (n_{\mathrm{in}}\cos\zeta_1)^2}} \tag{7.16}$$

が導ける。光線が 2 乗分布形媒質に $z = 0$ で入射するとき，式 (7.16) を積分して，媒質内での光線の経路が次式で求められる。

$$z = \int_{x_1}^{x} \frac{\cos\zeta_1}{\sqrt{[n(x)/n_{\mathrm{in}}]^2 - \cos^2\zeta_1}}dx \tag{7.17}$$

式 (7.17) に屈折率分布の式 (7.1) を代入し，変数変換を行って計算を進めると，2 乗分布形媒質における子午光線の経路の厳密解が

$$x = \frac{\sqrt{n_0^2 - (n_{\mathrm{in}}\cos\zeta_1)^2}}{n_0 g} \sin\left(\frac{n_0 g}{n_{\mathrm{in}}\cos\zeta_1}z + \phi_{\mathrm{in}}\right) \tag{7.18a}$$

$$\phi_{\mathrm{in}} = \sin^{-1} \sqrt{\frac{n_0^2 - n_{\mathrm{in}}^2}{n_0^2 - (n_{\mathrm{in}} \cos \zeta_1)^2}} \tag{7.18b}$$

で表される（付録 D 参照）。ここで，ϕ_{in} は初期位相である。

式 (7.18) で近軸光線近似（ζ_1：微小）および弱導波近似（$n_{\mathrm{in}} \fallingdotseq n_0$）を用いると，これは式 (7.10) に帰着する（演習問題 7.2 参照）。よって，前項で両近似を用いて求めた微分方程式 (7.5) の妥当性が確認された。前項では，数学的な難易度が相対的に低いにもかかわらず，精度の高い結果が得られている。

§7.2　2乗分布形媒質の周期的レンズ列による光線伝搬の等価特性

前節では 2 乗分布形媒質内での光線の経路が結像作用と関係することがわかった。本節では，2 乗分布形媒質を周期的レンズ列でモデル化し，その光線伝搬特性がレンズを密着させた極限での結果と等価になることを示す。

7.2.1　周期的レンズ列による線伝搬特性

本項では，周期的レンズ列での光線伝搬特性を，第 6 章における光共振器の議論との対応にも配慮して説明する。

図 **7.2**(a) に示すように，焦点距離 f の薄肉凸レンズが空気中に間隔 $2L$ で周期的に配置されている。周期的レンズ列の 1 周期の基本要素を考える際，式の対称性をよくするため，距離 L の転送，薄肉凸レンズ，距離 L の転送に分解する。このとき，基本要素による近軸光線の伝搬に対する F 行列は，次式で書ける。

$$\mathcal{F}_1 = \mathcal{TST} = \begin{pmatrix} A & B \\ C & D \end{pmatrix} = \begin{pmatrix} 1 - L/f & L\,(2 - L/f) \\ -1/f & 1 - L/f \end{pmatrix} \tag{7.19a}$$

$$\mathcal{T} = \begin{pmatrix} 1 & L \\ 0 & 1 \end{pmatrix}, \quad \mathcal{S} = \begin{pmatrix} 1 & 0 \\ -1/f & 1 \end{pmatrix} \tag{7.19b}$$

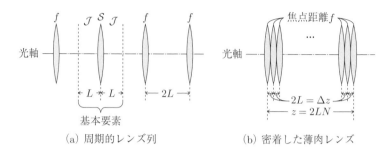

図 **7.2**　周期的レンズ列と密着したレンズ列
　　　　　f：焦点距離, $2L$：レンズ間隔, Δz：微小距離, z：全伝搬長, N：周期数,
　　　　　$\mathcal{J}$：転送行列, $\mathcal{S}$：レンズのシステム行列

$$|\mathcal{F}_1| = AD - BC = 1 \qquad\qquad (7.20)$$

上記の転送行列 $\mathcal{T}$ には式 (4.6) を, 焦点距離 f の薄肉凸レンズのシステム行列
$\mathcal{S}$ には式 (4.15) を用いた。式 (7.20) より, 行列 $\mathcal{F}_1$ はユニモジュラーである。

7.2.2　2 乗分布形媒質と密着レンズ列との関連

　凸レンズは集束作用があるので, 2 乗分布形媒質を薄肉凸レンズ（焦点距離
f）が隙間なく並べられたものとみなして考える（図 7.2(b) 参照）。
　2 乗分布形媒質の屈折率分布は, 屈折率差が微小なとき, 式 (7.1) を参照して

$$n \fallingdotseq n_0 \left[1 - \frac{1}{2}g^2(x^2 + y^2) \right] \qquad\qquad (7.21)$$

で書ける。以下では, 集束定数 g をレンズの焦点距離 f と関連づける。
　光が 2 乗分布形媒質中を微小距離 Δz 伝搬するとき, 断面内での光線の曲が
りを無視すれば, 伝搬による位相変化 $\Delta\phi$ は式 (7.21) を用いて次式で表せる。

$$\Delta\phi = k_0\Delta n \cdot \Delta z = k_0 n_0 \frac{1}{2}g^2(x^2 + y^2)\Delta z = \frac{1}{2}kg^2(x^2 + y^2)\Delta z$$
$$\qquad\qquad (7.22)$$

ただし, Δn は屈折率変化, k_0 は真空中での光の波数, k は媒質の中心での光
の波数である。

上記位相変化 $\Delta\phi$ は，焦点距離 f のレンズでの位相変換作用と関連づけることができる。光軸を原点としてレンズ面内の座標を (x,y) で表すと，位相変化が次式で表せる（式 (10.13) 参照）。

$$\Delta\phi = \frac{k}{2f}(x^2 + y^2) \tag{7.23}$$

式 (7.22)，(7.23) を等値すると，焦点距離 f の逆数が次式で記述できる。

$$\frac{1}{f} = g^2 \Delta z \tag{7.24}$$

薄肉凸レンズを隙間なく並べる場合，レンズ間隔は $2L = \Delta z$ とおける（図 7.2(b) 参照）。このとき，式 (7.24) は次の等式に置き換わる。

$$f = \frac{1}{2Lg^2} \tag{7.25}$$

レンズが N 周期あるとすると，2乗分布形媒質での全伝搬長が次式で書ける。

$$z = 2LN \tag{7.26}$$

前項で示した周期的レンズ列の特性と関連づけるため，式 (7.19a) をチェビシェフの恒等式における式 (2.44b) に代入すると，次式が得られる。

$$\vartheta = \cos^{-1}\frac{A+D}{2} = \cos^{-1}\left(1 - \frac{L}{f}\right) \tag{7.27}$$

ここで ϑ を微小な実数値とすると，式 (7.27) の結果を利用して $\cos\vartheta$ $\fallingdotseq 1 - \vartheta^2/2 = 1 - L/f$ と書ける。よって，上記 ϑ は次式で近似できる。

$$\vartheta \fallingdotseq \sqrt{\frac{2L}{f}} \tag{7.28}$$

式 (7.28) より，2乗分布形媒質を薄肉凸レンズ列に置き換えるとき，レンズ列での間隔を $L \to 0$ とすること，つまり密着させることと等価である。

以上で求めた2乗分布形媒質における値を用いて，式 (7.19a) の行列 $\mathcal{F}_1$ に対する表現を求める。式 (7.25)，(7.27)，(7.28) を用い，間隔 $L \to 0$ を考慮すると，レンズ列の1周期での近軸光線の伝搬特性が近似的に次式で書ける。

$$\mathcal{F}_1 = \left(\begin{array}{cc} A & B \\ C & D \end{array}\right) = \left(\begin{array}{cc} \cos\vartheta & (1/g)\sin\vartheta \\ -g\sin\vartheta & \cos\vartheta \end{array}\right) \qquad (7.29\text{a})$$

$$\frac{1}{g} = \sqrt{2Lf} \fallingdotseq \sqrt{L(2f-L)} = b = \frac{k}{2}w_0^2 \qquad (7.29\text{b})$$

式 (7.29b) での b は，式 (6.34b) で用いた片側平面鏡共振器（共振器間隔 L，焦点距離 f）でのコンフォーカルパラメータである。集束定数 g が定数だから，式 (7.29b) は後述する式 (7.54a) と一致して，2 乗分布形媒質内では最小スポットサイズ w_0 が伝搬によっても不変となることを意味する。

式 (7.29a) の行列を用いて，これの N 乗 $\mathcal{F}_1^N$ を計算すると，後述する式 (7.32) と同じ結果が導ける（演習問題 7.3 参照）。

7.2.3　2 乗分布形媒質と密着レンズ列の等価性

式 (7.19) で示したレンズ列が N 周期あるとき，近軸光線の伝搬特性は，式 (7.19) の結果をチェビシェフの恒等式 (2.43) に代入して，次式で表せる。

$$\mathcal{F}_\text{m} \equiv \mathcal{F}_1^N = \left(\begin{array}{cc} A & B \\ C & D \end{array}\right)^N$$
$$= \left(\begin{array}{cc} (1-L/f)U_{N-1}-U_{N-2} & L(2-L/f)U_{N-1} \\ -(1/f)U_{N-1} & (1-L/f)U_{N-1}-U_{N-2} \end{array}\right) \qquad (7.30)$$

$$U_N \equiv \frac{\sin(N+1)\vartheta}{\sin\vartheta}, \quad \vartheta = \cos^{-1}\frac{A+D}{2} \qquad (7.31\text{a,b})$$

式 (7.31b) より $\vartheta = \cos^{-1}(1-L/f)$ を得，U_{N-1} と U_{N-2} は ϑ と N で記述できる。行列 $\mathcal{F}_1$ がユニモジュラーなので，$\mathcal{F}_1^N$ も当然ユニモジュラーとなる。

レンズの密着条件から導かれる式 (7.25), (7.26), (7.28) より，$g = \sqrt{1/2Lf}$ と $N\vartheta = gz$ を得る。これらを式 (7.30) に代入して，次式が求められる。

$$\mathcal{F}_\text{m} = \left(\begin{array}{cc} \cos(gz) & (1/g)\sin(gz) \\ -g\sin(gz) & \cos(gz) \end{array}\right) \qquad (7.32)$$

多数の薄肉凸レンズが密着して並んだとして求めた式 (7.32) の行列 $\mathcal{F}_\text{m}$ は，2

乗分布形媒質での光線伝搬を表す式 (7.14b) の行列 $\mathcal{F}_{\mathrm{ray}}$ と一致している。

　したがって，集束定数 g をもつ 2 乗分布形媒質内での近軸光線の伝搬は，式 (7.25) で関係づける焦点距離 f の薄肉凸レンズを密着させたレンズ列と等価であることがわかる。

§7.3　2乗分布形媒質におけるガウスビームの伝搬

　一様媒質中におけるガウスビームに複素ビームパラメータ q を導入し（§5.1 参照），q に対する F 行列を導いた（§5.3 参照）。本節では，2 乗分布形媒質内におけるガウスビームの q を導き，その性質を明らかにする。

7.3.1　2乗分布形媒質内のガウスビームの伝搬式

　円筒座標系 (r,θ,z) で光波が z 方向に伝搬し，屈折率が半径座標 r のみに依存する 2 乗分布形媒質を対象とする。屈折率分布を式 (7.21) と実質的に同じ

$$n^2(r) = n_0^2(1 - g^2 r^2), \quad r^2 = x^2 + y^2, \quad (gr)^2 \ll 1 \qquad (7.33)$$

で表す。ただし，n_0 は光軸上での屈折率，g は集束定数を表す。式 (7.33) は形式的に式 (7.1) と同じである。

　式 (7.33) で与えられる屈折率分布内の光波では，一般に角度座標 θ を含む波動関数もあるが，ここでは半径座標 r のみに依存する光波を対象とする。屈折率 n の媒質中での波動方程式 (5.1) において，波動関数を

$$\Psi(\boldsymbol{r}, t) = \psi(r, z) \exp\left[j(\omega t - kz)\right] \quad (\boldsymbol{r}：3 次元位置ベクトル)$$

$$(7.34)$$

で表すことにする。ただし，ω は光波の角周波数，$\psi(r, z)$ は平面波からのずれを表す。断面内で屈折率が変化しているが，弱導波近似の下では k を媒質の中心での光波の波数としても差し支えない。

　いま，式 (7.33)，(7.34) を式 (5.1) に代入した後，近軸近似と包絡線近似（式 (5.4) 参照）のいずれを利用しても，$\psi(r, z)$ に対するヘルムホルツ方程式が

$$\nabla_{\rm t}^2 \psi - 2jk\frac{\partial \psi}{\partial z} - k^2 g^2 r^2 \psi = 0, \quad \nabla_{\rm t}^2 \equiv \frac{\partial^2}{\partial r^2} + \frac{1}{r}\frac{\partial}{\partial r} + \frac{1}{r^2}\frac{\partial^2}{\partial \theta^2}$$

$$(7.35\text{a,b})$$

で表せる。ここで，$\nabla_{\rm t}^2$ は円筒座標系での横方向ラプラシアンを表す。式 (7.35a) の左辺第 3 項は，§ 5.1 で扱った一様媒質中でのガウスビームに対する波動方程式 (5.5) への付加項である。以下では $\partial/\partial\theta = 0$ として扱う。

　式 (7.35) を解くため，解の形を式 (5.6) と同じく

$$\psi(r,z) = \exp\left\{-j\left[P(z) + \frac{k}{2q(z)}r^2\right]\right\} \tag{7.36}$$

とおく。ここで，$q(z)$ は複素ビームパラメータ，$P(z)$ は振幅と位相を同時に表す値である。式 (7.36) を式 (7.35) に代入して合成関数の微分をすると，

$$\left[\frac{1}{q^2(z)} - \frac{1}{q^2(z)}\frac{dq(z)}{dz} + g^2\right]k^2 r^2 + 2k\left[\frac{dP(z)}{dz} + \frac{j}{q(z)}\right] = 0 \tag{7.37}$$

を得る。式 (7.37) が任意の r に対して成立するには，$P(z)$ と $q(z)$ が

$$\frac{1}{q^2(z)} - \frac{1}{q^2(z)}\frac{dq(z)}{dz} + g^2 = \frac{1}{q^2(z)} + \left[\frac{1}{q(z)}\right]' + g^2 = 0 \tag{7.38}$$

$$\frac{dP(z)}{dz} + \frac{j}{q(z)} = 0 \tag{7.39}$$

を同時に満たす必要がある。

　複素ビームパラメータ $q(z)$ の振る舞いを求めるため，u を z の関数として

$$\frac{1}{q} = \frac{1}{u}\frac{du}{dz} \tag{7.40}$$

とおく。これを式 (7.38) に代入すると，u に関する次の微分方程式を得る。

$$\frac{d^2 u}{dz^2} + g^2 u = 0 \tag{7.41}$$

式 (7.41) は形式的に式 (7.5) と一致しているから，その一般解は

$$u(z) = C_1 \cos(gz) + C_2 \sin(gz) \tag{7.42a}$$

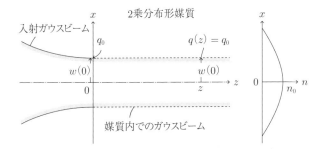

図 7.3 2乗分布形媒質におけるガウスビームの伝搬
$w(0)$：入射位置でのスポットサイズ，q_0：入射位置での複素ビームパラメータ，
$q(z)$：位置 z での複素ビームパラメータ
$z > 0$ の部分が 2 乗分布形媒質

$$\frac{du}{dz} = -gC_1 \sin(gz) + gC_2 \cos(gz) \tag{7.42b}$$

で表せる。ただし，C_1 と C_2 は入射条件から決定される定数である。式 (7.42)
を式 (7.40) に代入すると，次式を得る。

$$\frac{1}{q} = \frac{1}{u}\frac{du}{dz} = \frac{-gC_1 \sin(gz) + gC_2 \cos(gz)}{C_1 \cos(gz) + C_2 \sin(gz)} \tag{7.43}$$

いま，**図 7.3** に示すように，入射位置 $z = 0$ での複素ビームパラメータを q_0
とおくと，式 (7.43) より

$$\frac{1}{q_0} = \frac{gC_2}{C_1}, \quad \text{つまり} \quad q_0 = \frac{C_1}{gC_2} \tag{7.44}$$

と書ける。式 (7.44) を利用すると，式 (7.43) より，任意の位置 z での複素ビー
ムパラメータが次式で書ける。

$$q(z) = \frac{\cos(gz) \cdot q_0 + (1/g) \sin(gz)}{-g \sin(gz) \cdot q_0 + \cos(gz)} \tag{7.45}$$

式 (7.45) は入射位置での q_0 から $q(z)$ への**一次分数変換**を表す。

集束定数を $g \to 0$ とすると，式 (7.45) が次式に帰着する。

$$q(z) \fallingdotseq \frac{1 \cdot q_0 + (1/g)gz}{-g \cdot gz \cdot q_0 + 1} = z + q_0 \tag{7.46}$$

式 (7.46) は式 (5.9) と同等であり，一様媒質中における結果と一致する。

式 (7.45) において一次分数変換と行列表示の関係（式 (5.33), (5.35) 参照）に着目すると，式 (7.45) より，2 乗分布形媒質内でのガウスビームの伝搬は

$$
\mathcal{F}_{\mathrm{w}} = \begin{pmatrix} A & B \\ C & D \end{pmatrix} \equiv \begin{pmatrix} \cos(gz) & (1/g)\sin(gz) \\ -g\sin(gz) & \cos(gz) \end{pmatrix} \tag{7.47a}
$$

$$
|\mathcal{F}_{\mathrm{w}}| = AD - BC = 1 \tag{7.47b}
$$

のように，F 行列で表せる。行列 $\mathcal{F}_{\mathrm{w}}$ もまたユニモジュラーとなる。

2 乗分布形媒質内での光伝搬で，近軸近似の下で波動的に求めたガウスビームの伝搬に関する行列 $\mathcal{F}_{\mathrm{w}}$ の式 (7.47a) が，近軸光線近似と弱導波近似の下で光線伝搬を求めた行列 $\mathcal{F}_{\mathrm{ray}}$ の式 (7.14b) と形式的に一致している。近軸近似の下で求めた光波と光線での結果の一致は 6.3.2 項でも見られた。

7.3.2　ガウスビームにおけるスポットサイズと波面の曲率半径

式 (7.45) が周期 z_{p} をもっているとすると，入射位置での複素ビームパラメータ q_0 が次式を満たす。

$$
q_0 = \frac{\cos(gz_{\mathrm{p}}) \cdot q_0 + (1/g)\sin(gz_{\mathrm{p}})}{-g\sin(gz_{\mathrm{p}}) \cdot q_0 + \cos(gz_{\mathrm{p}})} \tag{7.48}
$$

これを解くと $q_0 = j/g$ が得られる。この q_0 の逆数は，式 (5.18) を用いて

$$
\frac{1}{q_0} = -jg = \frac{1}{R(0)} - j\frac{2}{kw^2(0)} \tag{7.49}
$$

で書ける。ここで，$R(0)$ と $w(0)$ はそれぞれ入射位置での波面の曲率半径とスポットサイズ，k は媒質の中心での光の波数を表す。

式 (7.49) の中辺と右辺で実部と虚部を比較すると

$$
w(0) = \sqrt{\frac{2}{gk}}, \quad R(0) = \infty \tag{7.50a,b}
$$

が得られる。式 (7.50) は，入射位置でのスポットサイズ $w(0)$ が集束定数 g に依存した値となり，平面波となっていることを示している。

入射位置でのスポットサイズを $w(0) = \sqrt{2/gk}$ として $1/q_0 = -j2/kw^2(0)$ とおく。距離 z 伝搬後の複素ビームパラメータの逆数は，式 (7.45)，(5.18) を用いて

$$\frac{1}{q(z)} = \frac{-g\sin(gz) - [j2/kw^2(0)]\cos(gz)}{\cos(gz) - [j2/kw^2(0)g]\sin(gz)} = \frac{1}{R(z)} - j\frac{2}{kw^2(z)}$$
$$(7.51)$$

で書ける。

式 (7.51) の中辺の分母を実数化した後，中辺と右辺について実部と虚部を比較すると，スポットサイズと波面の曲率半径に関して次式を得る。

$$\frac{1}{kw^2(z)} = \frac{g^2 kw^2(0)}{[gkw^2(0)]^2 \cos^2(gz) + 4\sin^2(gz)} \qquad (7.52)$$

$$\frac{1}{R(z)} = g\left\{2 - \frac{[gkw^2(0)]^2}{2}\right\} \frac{\sin(2gz)}{[gkw^2(0)]^2 \cos^2(gz) + 4\sin^2(gz)}$$
$$(7.53)$$

式 (7.52)，(7.53) を整理するため式 (7.50a) を利用すると，距離 z 伝搬後のスポットサイズと波面の曲率半径は次式で表せる。

$$w(z) = \sqrt{\frac{2}{gk}} = w(0), \quad R(z) = \infty = R(0) \qquad (7.54\text{a,b})$$

既述のように，式 (7.54a) は式 (7.29b) に一致している。

式 (7.54) は，一様媒質中の場合と異なり，2乗分布形媒質中のガウスビームでは，スポットサイズと波面の曲率半径が伝搬によっても不変となり，同じスポットサイズの平面波が伝搬することを示している（図 7.3 参照）。その理由は，回折によるビーム広がりの効果と，2乗分布形媒質によるビームの集束効果が打ち消し合うためである。

【2乗分布形媒質における光伝搬のまとめ】

(i) 2乗分布形媒質内を伝搬する子午光線は，近軸光線近似と弱導波近似の範囲内では正弦波状に伝搬し（式 (7.10) 参照），入射角の異なる光線が周期的に同一位置で光軸と交わり，集束作用を示す。光線の伝搬特性はユニモジュラー行列で表せる（式 (7.14) 参照）。

(ii) 上記光線伝搬を周期的なレンズ列による特性で対応させると，近軸光線の伝搬は密着した薄肉凸レンズ列という極限での結果と一致する。

(iii) ガウスビームの複素ビームパラメータを介して求めた特性行列は，近軸光線近似と弱導波近似の下で求めた光線伝搬を表す行列と形式的に一致する（式 (7.14b)，(7.47a) 参照）。

(iv) 2乗分布形媒質内でのガウスビームは，スポットサイズと波面の曲率半径が伝搬途中でも変わらない（式 (7.54) 参照）。

【演習問題】

7.1 2乗分布形媒質（集束定数 g，コア中心の屈折率 n_0）を GRIN レンズとして空気中で用いたい。$g = 0.4\,\mathrm{mm}^{-1}$，$n_0 = 1.5$ のとき，焦点距離を $2\,\mathrm{mm}$ とするロッド長を求めよ。

7.2 子午光線の経路に関する式 (7.18) で近軸光線近似と弱導波近似を用いると，これは式 (7.10) に帰着することを示せ。

7.3 F 行列が式 (7.29a) で表されるとき，次式が成り立つことを示せ。

$$\mathcal{F}_1^N = \left(\begin{array}{cc} A & B \\ C & D \end{array} \right)^N = \left(\begin{array}{cc} \cos N\vartheta & (1/g)\sin N\vartheta \\ -g\sin N\vartheta & \cos N\vartheta \end{array} \right)$$

この等式からも式 (7.32) が導ける。

7.4 スポットサイズと波面の曲率半径に関する式 (7.54a,b) を導け。

第8章　光導波路における光波伝搬特性

　光の波長は電波に比べるとはるかに短いため，光を有線で伝搬させることが可能となる。低屈折率層で挟まれた高屈折率層で光を導波する光導波路により，導波管と類似の伝送線路ができる。ここでは光波領域の標準的手法とは異なり，F 行列を利用して光導波路の導波特性などを求める。

　§8.1 では，光導波路における光波の導波原理を説明する。§8.2 では，導波構造中の TE・TM モードの電磁界に対する基本式を示した後，これを二端子対回路による等価回路と対応させて，境界条件を考慮した形で光波伝搬を説明する。§8.3 ではスラブ光導波路に対する電磁界の表現を示し，以降の議論の準備をする。三層非対称スラブ導波路に関して，§8.4 と §8.5 ではそれぞれ基本特性と電磁界に関する諸特性を示す。§8.6 では導波構造の基本となる三層対称スラブ導波路の各種導波特性を説明する。

§8.1　光導波路における導波原理

　断面内の屈折率分布が変化する構造で，光を屈折率の高い領域に閉じ込めて導波させるものを**光導波路**（optical waveguide）と呼ぶ。光導波路の材料には誘電体や半導体が利用される。

　図 8.1 に示すように，導波構造において屈折率 n_0 の高い領域を**コア**（core），その周辺の相対的に屈折率 n_1 の低い領域を**クラッド**（cladding）という。光線近似を用いる場合，導波光学の分野では，光線の伝搬角度として光軸となす角度 ϑ が用いられる。因みに光学の分野では，第 3 章のように，光線の角度は境界の法線に対する角度 θ が用いられ，$\vartheta = \pi/2 - \theta$ の関係がある。

　コア内を伝搬する光線がコア・クラッド境界に達すると，光線の伝搬角 ϑ が

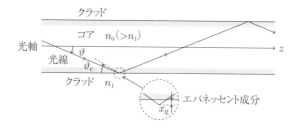

図 **8.1**　光導波路における導波原理
n_0：コア屈折率，n_1：クラッド屈折率，ϑ：光線の伝搬角，$\vartheta_{\rm c}$：臨界角，
$x_{\rm g}$：クラッドへの電界浸み込み深さ

臨界角 $\vartheta_{\rm c} = \pi/2 - \theta_c$ よりも小さいとき，境界で全反射を生じ（§3.8 参照），光がコア内に閉じ込められ導波される。このように，光導波路や光ファイバでは，全反射が導波原理となっている。波動的には，光が全反射時にもクラッドにわずかに浸み出しており，これを**エバネッセント成分**という（3.8.2 項参照）。

　光導波路と同じ導波原理が，3 次元のうち，光の閉じ込めを一方向にのみ行う構造である**スラブ導波路**（slab waveguide）や円筒構造の石英等で光を導波させる**光ファイバ**（optical fiber）にも使用されている。

§8.2　導波構造中の電磁界に対する二端子対回路による等価特性

　本節では，導波構造中の電磁界を二端子対回路による等価回路に対応させることにより，TE・TM モードに対する電磁界の基本式を導く。

8.2.1　導波構造中の電磁界に対する基本式
　光導波路が誘電体でできており，無損失（電流密度と電荷密度が $\boldsymbol{J} = \rho = 0$）等方性とする。デカルト座標系 (x,y,z) で，構造が $y \cdot z$ 軸方向に対して一様とし，光波の伝搬方向を z 軸にとる（図 **8.2**）。x 軸方向の屈折率変化で光をコアに閉じ込めている。一般性をもたせるため，当面 x 軸方向の屈折率を $n(x) = \sqrt{\varepsilon(x)\mu}$，比誘電率を $\varepsilon(x)$，比透磁率を μ で表す。光波領域では比透磁率は実質的に $\mu = 1$ であるが，比誘電率 ε との対応がわかりやすいように μ のままで残す。

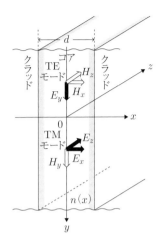

図 **8.2** 三層スラブ光導波路の概略
$n(x)$：屈折率分布，d：コア幅
光波の伝搬方向は z 軸

光波の伝搬方向の屈折率が一様な z 軸方向には伝搬の不変量があり，それを導波光学の分野では**伝搬定数**（propagation constant）[1] と呼び，β [rad/m] で表す。このとき，光波を形成する電磁界が

$$\Psi(x,z,t) = \psi(x)\exp\left[j(\omega t - \beta z)\right] \quad (\psi = E, H) \tag{8.1}$$

に従って変化するものとする。ただし，上記指数関数は時空間変動因子，ω は角周波数を表す。電界 E と磁界 H を決めるマクスウェル方程式は，式 (11.1) に $\partial/\partial t = j\omega$，$\partial/\partial y = 0$，$\partial/\partial z = -j\beta$ を適用すると，次式で書ける。

$$j\beta E_y = -j\omega\mu\mu_0 H_x, \quad -j\beta E_x - \frac{dE_z}{dx} = -j\omega\mu\mu_0 H_y \tag{8.2a,b}$$

$$\frac{dE_y}{dx} = -j\omega\mu\mu_0 H_z, \quad j\beta H_y = j\omega\varepsilon(x)\varepsilon_0 E_x \tag{8.2c,d}$$

$$-j\beta H_x - \frac{dH_z}{dx} = j\omega\varepsilon(x)\varepsilon_0 E_y, \quad \frac{dH_y}{dx} = j\omega\varepsilon(x)\varepsilon_0 E_z \tag{8.2e,f}$$

ここで，ε_0 は真空の誘電率，μ_0 は真空の透磁率である。

---

[1] 電磁波工学の分野では式 (2.11) で定義される γ を伝搬定数と呼ぶが，導波光学の分野では位相定数に相当する β が伝搬定数と呼ばれている。

式 (8.2) で，a, c, e の組には電磁界成分 E_y, H_z, H_x だけが，b, d, f の組には H_y, E_z, E_x だけが含まれるので両組を分離できる。これらの組に対応して，前者を **TE モード**（軸方向電界成分をもたない：$E_z = 0$），後者を **TM モード**（軸方向磁界成分をもたない：$H_z = 0$）と呼ぶ（図 8.2 参照）。

8.2.2　等価回路による電磁界の基本式：TE モード

本項では，導波構造中の電界・磁界を電気回路における電圧・電流と関係づけ，電磁界を電気回路の用語で記述する。

特定の領域で比誘電率が一定値 ε_i，全領域で比透磁率が μ であるとする。前項の結果において，まず TE モードの非ゼロ電磁界成分（E_y, H_z, H_x）に関する式 (8.2a,c,e) を取り出す。電気回路と関係づけるため，電界 E を電圧 V，磁界 H を電流 I に対応させると，これらの式はそれぞれ次式に書き直せる。

$$I_x = -j\frac{\beta}{Z_t}V_y, \quad \frac{dV_y}{dx} = -Z_t I_z, \quad \frac{dI_z}{dx} + j\beta I_x = -Y_t V_y \quad (8.3\text{a,b,c})$$

ここで，$Z_t = j\omega\mu\mu_0$ は単位長さ当たりのインピーダンス，$Y_t = j\omega\varepsilon_i\varepsilon_0$ はアドミタンスを表す。式 (8.3) は分布定数線路の式 (2.5) に β の項が付加されている。

電磁界（電圧と電流）のどの成分を用いるかは，境界条件を考慮する必要がある。光波領域で使用される伝搬媒質は誘電体が多く，このとき電界と磁界の境界に対する接線成分が連続となる（§11.3 参照）。よって，TE モードでは，電界に対応する電圧では V_y，磁界に対応する電流では I_z 成分を用いる。

V_y に対する表現は，式 (8.3a,b) から得られる電流を式 (8.3c) に代入して

$$\frac{d^2 V_y}{dx^2} - \gamma^2 V_y = 0 \tag{8.4}$$

$$\gamma^2 \equiv \beta^2 + Z_t Y_t = \beta^2 - \omega^2 \varepsilon_i \varepsilon_0 \mu\mu_0 = \beta^2 - (n_i k_0)^2 \tag{8.5}$$

で得られる。ただし，γ を導波光学では**横方向伝搬定数**（lateral propagation constant）と呼び，$n_i = \sqrt{\varepsilon_i \mu}$ は屈折率，$k_0 = \omega/c$ は真空中の光の波数，c は真空中の光速である。式 (8.4) は分布定数線路での式 (2.6a) と形式的に同じである。V_y が決まれば，他の成分は式 (8.3a,b) より求められる。

式 (8.4) と等価なものとして，次式を得る。

$$\frac{d^2 V_y}{dx^2} + \kappa^2 V_y = 0 \tag{8.6}$$

$$\kappa^2 \equiv -(\beta^2 + Z_t Y_t) = (n_i k_0)^2 - \beta^2 \tag{8.7}$$

ただし，κ を横方向伝搬定数と呼ぶ。式 (8.4)，(8.6) で $\gamma = j\kappa$ とおくと，両者は一致する。

式 (8.4)，(8.6) のいずれを用いるかは，通常，導波構造における $n_i k_0$ と伝搬定数 β の大小関係により，γ または κ が実数となるようにとる。屈折率 n_i の層が $n_i k_0 > \beta$ を満たすとき，この層における電圧と電流の一般解は，式 (8.6)，(8.3b) より次式で書ける。

$$V_y(x) = V_{i+} \cos(\kappa_i x) + V_{i-} \sin(\kappa_i x) \tag{8.8}$$

$$I_z(x) = -\frac{1}{Z_t}\frac{dV_y}{dx} = \frac{\kappa_i}{Z_t}[V_{i+}\sin(\kappa_i x) - V_{i-}\cos(\kappa_i x)] \tag{8.9}$$

$$\kappa_i = \sqrt{(n_i k_0)^2 - \beta^2} \tag{8.10}$$

横方向伝搬定数 κ_i が実数となり，電圧と電流は位置 x に対する振動特性を示す。$V_{i\pm}$ は電圧（電界）に対する振幅係数を表し，境界条件から決定される。

$n_i k_0 < \beta$ の層における一般解は，式 (8.4)，(8.3b) より次式で書ける。

$$V_y(x) = V_{i+} \exp(-\gamma_i x) + V_{i-} \exp(\gamma_i x) \tag{8.11}$$

$$I_z(x) = -\frac{1}{Z_t}\frac{dV_y}{dx} = \frac{\gamma_i}{Z_t}[V_{i+}\exp(-\gamma_i x) - V_{i-}\exp(\gamma_i x)] \tag{8.12}$$

$$\gamma_i = \sqrt{\beta^2 - (n_i k_0)^2} \tag{8.13}$$

このとき横方向伝搬定数 γ_i が実数となり，式 (8.11)，(8.12) における指数関数は，位置 x に対して単調減少・増加特性を示す。

式 (8.11)，(8.12) と分布定数線路における式 (2.7)，(2.9) について，前者の伝搬方向 x，横方向伝搬定数 γ_i，電圧（電界）に対する振幅係数 $V_{i\pm}$ を，それぞれ後者の伝搬方向 z，伝搬定数 γ，電圧の振幅係数 $V_{\pm}$ に対応させると，両者が形式的に同じ式となる。式 (8.11) の元である式 (8.4) は形式的に式 (8.6)

と同一だから，式 (8.8)，(8.9) も分布定数線路の解と対応する。これらからも，電磁波と分布定数線路における特性の類似性がよくわかる。

8.2.3　等価回路による電磁界の基本式：TM モード

導波構造における TM モードの非ゼロ電磁界成分（H_y, E_z, E_x）に対する関係式 (8.2d,f,b) で，電界を電圧，磁界を電流に対応させると，これらの式は

$$V_x = j\frac{\beta}{Y_t}I_y, \quad \frac{dI_y}{dx} = Y_tV_z, \quad \frac{dV_z}{dx} + j\beta V_x = Z_tI_y \quad\quad (8.14\text{a,b,c})$$

に書き直せる。式 (8.14) を式 (8.3) と比較すると，成分をそのままにして，V と I および Y_t と $-Z_t$ を入れ換えれば，両者が形式的に一致する。

TM モードでも各層の境界で電界と磁界の接線成分を連続とするため，I_y, V_z 成分を対象とする。I_y に対する微分方程式は，TE モードと同様の手順により

$$\frac{d^2I_y}{dx^2} - \gamma^2I_y = 0 \tag{8.15}$$

$$\frac{d^2I_y}{dx^2} + \kappa^2I_y = 0 \tag{8.16}$$

で得られる。式 (8.15)，(8.16) に含まれる横方向伝搬定数 γ と κ の定義は，それぞれ式 (8.5)，(8.7) と同じである。式 (8.15) も分布定数線路における式 (2.6) と形式的に同じであるが，TM モードでは電流が基本となる点が異なる。

屈折率 n_i が $n_ik_0 > \beta$ を満たす層において，電流 I_y と電圧 V_z の一般解は式 (8.16)，(8.14b) より，電流を基本として次式で表せる。

$$I_y(x) = I_{i+}\cos(\kappa_ix) + I_{i-}\sin(\kappa_ix) \tag{8.17}$$

$$V_z(x) = \frac{1}{Y_t}\frac{dI_y}{dx} = \frac{\kappa_i}{Y_i}[-I_{i+}\sin(\kappa_ix) + I_{i-}\cos(\kappa_ix)] \tag{8.18}$$

横方向伝搬定数 κ_i の定義は式 (8.10) と同じであり，κ_i が実数となる。式 (8.17)，(8.18) における三角関数は，位置 x に対する振動特性を示す。I_{i+} と I_{i-} は電流（磁界）に対する振幅係数を表し，これらは境界条件から決定される。

$n_ik_0 < \beta$ の層における一般解は，式 (8.15)，(8.14b) より次式で書ける。

$$I_y(x) = I_{i+} \exp\left(-\gamma_i x\right) + I_{i-} \exp\left(\gamma_i x\right) \tag{8.19}$$

$$V_z(x) = \frac{1}{Y_i}\frac{dI_y}{dx} = \frac{\gamma_i}{Y_i}[-I_{i+}\exp\left(-\gamma_i x\right) + I_{i-}\exp\left(\gamma_i x\right)] \tag{8.20}$$

横方向伝搬定数 γ_i の定義は式 (8.13) と同じで，これが実数となる。式 (8.19)，(8.20) における指数関数は，位置 x に対して単調減少・増加特性を示す。

TE モードと TM モードの電磁界特性の導出方法は類似している。TM モードが TE モードと異なる点は，① 基本式が電流を基本としていること，② 電圧の一般解にアドミタンス $Y_i = j\omega\varepsilon_i\varepsilon_0 = j\omega n_i^2\varepsilon_0$ が含まれていることである。② により，式 (8.18)，(8.20) では層による屈折率 n_i の違いが現れる。

以降の節では，紙数に限りがあるため，TE モードに対しては詳しく説明し，TM モードについては主要な結果のみを示す。

§8.3 スラブ導波路における電磁界の表現

本節では，スラブ導波路における電磁界の表現方法を，TE モードを中心として説明する。各領域で用いる波動関数の形式では，次のことに留意する。

(i) 伝搬定数 β を真空中の光の波数 k_0 で割った値は屈折率の次元をもち，

$$n_{\mathrm{eff}} = \frac{\beta}{k_0} \tag{8.21}$$

は**等価屈折率**（effective index）または**実効屈折率**と呼ばれる。

(ii) n_{eff} の値は対象とする屈折率分布における最大屈折率よりも必ず小さい。

(iii) 特定領域における波動関数の形式は，既述のように，屈折率 n_i と β/k_0 の大小関係によって異なる。そこで，以下のように場合分けして説明する。

8.3.1 $n_i > \beta/k_0 (= n_{\mathrm{eff}})$ を満たす層での電圧・電流特性

屈折率 n_i の層内の任意の 2 点を $x_1 < x_2$ として，$x = x_1$ のとき $V_y = V(x_1)$，$I_z = I(x_1)$，$x = x_2$ のとき $V_y = V(x_2)$，$I_z = I(x_2)$ とする（**図 8.3**）。このとき，一般解の式 (8.8)，(8.9) を用いて，$x = x_2$ での特性が行列形式を用いて

$$\begin{pmatrix} V(x_2) \\ I(x_2) \end{pmatrix}$$

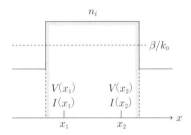

図 8.3　$n_i > \beta/k_0$ を満たす層でのパラメータ
V：電圧（電界），I：電流（磁界），
n_i：屈折率，β：伝搬定数，k_0：真空中の光の波数

$$= \begin{pmatrix} \cos(\kappa_i x_2) & \sin(\kappa_i x_2) \\ (\kappa_i/Z_t)\sin(\kappa_i x_2) & -(\kappa_i/Z_t)\cos(\kappa_i x_2) \end{pmatrix} \begin{pmatrix} V_{i+} \\ V_{i-} \end{pmatrix}$$

(8.22)

で書ける。式 (8.22) を解いて得られる振幅係数 V_{i+}，V_{i-} を $x = x_1$ での値に代入して，層内の任意の 2 点 x_1，x_2 における電圧と電流の関係が次式で表せる [2]。

$$\begin{pmatrix} V(x_1) \\ I(x_1) \end{pmatrix} = \mathrm{F}_\kappa(\kappa_i; x_1, x_2) \begin{pmatrix} V(x_2) \\ I(x_2) \end{pmatrix} \quad (x_1 < x_2) \quad (8.23a)$$

$$\mathrm{F}_\kappa(\kappa_i; x_1, x_2) \equiv \begin{pmatrix} \cos X_\kappa & (Z_t/\kappa_i)\sin X_\kappa \\ -(\kappa_i/Z_t)\sin X_\kappa & \cos X_\kappa \end{pmatrix} \quad (8.23b)$$

$$|\mathrm{F}_\kappa(\kappa_i; x_1, x_2)| = \cos^2 X_\kappa + \sin^2 X_\kappa = 1 \quad (8.23c)$$

$$X_\kappa \equiv \kappa_i(x_2 - x_1) \quad (8.23d)$$

式 (8.23c) より，行列 F_κ に対する行列式の値が 1 となるから，行列 F_κ は位置 x_1，x_2 によらずユニモジュラーとなる。

---

[2] 第 8 章と第 9 章の F 行列では，行列の積の取り方を第 1，2 章と同じにして定式化しているため，行列の書体を立体で表示する。

8.3.2 $n_i < \beta/k_0$ を満たす層での電圧・電流特性

電波領域の導波管では管壁が金属でできているので,管内の電磁界は管壁でゼロとなっていた。しかし,光導波路ではエバネッセント成分(3.8.2 項参照)により,電界がクラッドまで広がっており,これは**開放形導波路**と呼ばれる。そのため,指数関数で減衰する電磁界を考慮する必要がある。

(1) 有限位置間での電圧・電流特性の関係

図 **8.4**(a) に示すように,同じ層内の任意の有限位置の 2 点 $x_1 < x_2$ について,$x = x_1$ のとき $V_y = V(x_1)$, $I_z = I(x_1)$, $x = x_2$ のとき $V_y = V(x_2)$, $I_z = I(x_2)$ とする。このときの一般解の式 (8.11), (8.12) を用い,8.3.1 項と同様にして,両位置における電圧・電流の関係が次式で表せる。

$$\begin{pmatrix} V(x_1) \\ I(x_1) \end{pmatrix} = \mathrm{F}_\gamma(\gamma_i; x_1, x_2) \begin{pmatrix} V(x_2) \\ I(x_2) \end{pmatrix} \quad (x_1 < x_2) \quad (8.24\mathrm{a})$$

$$\mathrm{F}_\gamma(\gamma_i; x_1, x_2) \equiv \begin{pmatrix} \cosh X_\gamma & (Z_t/\gamma_i)\sinh X_\gamma \\ (\gamma_i/Z_t)\sinh X_\gamma & \cosh X_\gamma \end{pmatrix} \quad (8.24\mathrm{b})$$

$$|\mathrm{F}_\gamma(\gamma_i; x_1, x_2)| = \cosh^2 X_\gamma - \sinh^2 X_\gamma = 1 \quad (8.24\mathrm{c})$$

$$X_\gamma \equiv \gamma_i(x_2 - x_1) \quad (8.24\mathrm{d})$$

式 (8.24c) より,行列 F_γ は領域内の位置によらずユニモジュラーとなる。

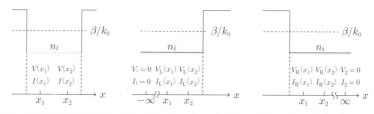

(a) 有限位置間での関係 (b) 左端の層($-\infty$ を含む) (c) 右端の層(∞ を含む)

図 8.4 $n_i < \beta/k_0$ を満たす層でパラメータ
V:電圧(電界), I:電流(磁界)

(2)　左端の層（$x_1 = -\infty$ を含む層）における電圧・電流特性

　現実の光導波路の大きさは有限であるが，コア中心から十分離れたクラッド
では電磁界が十分に減衰しているので，左右端の位置をそれぞれ $-\infty$, ∞ に設
定しても差し支えない。

　$x_= -\infty$ のとき $V_y = V_1$, $I_z = I_1$, 有限位置 $x = x_2$ のとき $V_y = V_L(x_2)$,
$I_z = I_L(x_2)$ とする（図 8.4(b) 参照）。断面でのエネルギーが有限値となるた
めには，無限遠で電圧 V_1 と電流 I_1 がゼロに収束する必要がある．このとき，
式 (8.11), (8.12) の振幅係数で $i = L$ とおくと $V_{L+} = 0$ を満たす。

　したがって，左クラッド内の無限遠と位置 x_2 での電圧・電流の関係は

$$\begin{pmatrix} V_L(x_2) \\ I_L(x_2) \end{pmatrix} = \begin{pmatrix} \exp\left(-\gamma_i x_2\right) & \exp\left(\gamma_i x_2\right) \\ (\gamma_i/Z_t)\exp\left(-\gamma_i x_2\right) & -(\gamma_i/Z_t)\exp\left(\gamma_i x_2\right) \end{pmatrix} \begin{pmatrix} 0 \\ V_{L-} \end{pmatrix} \tag{8.25}$$

で書ける。右辺に x が大きい位置の $V_L(x_2)$, $I_L(x_2)$ をもってくるため，式
(8.25) の逆表現を求めると，次式で書ける。

$$\begin{pmatrix} 0 \\ V_{L-} \end{pmatrix} = F_{L\infty}(\gamma_i; -\infty, x_2) \begin{pmatrix} V_L(x_2) \\ I_L(x_2) \end{pmatrix} \tag{8.26a}$$

$$F_{L\infty}(\gamma_i; -\infty, x_2) \equiv \frac{1}{2}\begin{pmatrix} \exp\left(\gamma_i x_2\right) & (Z_t/\gamma_i)\exp\left(\gamma_i x_2\right) \\ \exp\left(-\gamma_i x_2\right) & -(Z_t/\gamma_i)\exp\left(-\gamma_i x_2\right) \end{pmatrix} \tag{8.26b}$$

式 (8.26) は左クラッド内における無限遠と位置 x_2 での電圧・電流の関係を表
す。無限遠を含む行列では，ユニモジュラー性が成り立たないことに留意せよ。

　左クラッド内の任意の有限位置 $x = x_1, x_2$ $(x_1 < x_2)$ どうしでの電圧・電
流の関係は次式で求められる。

$$\begin{pmatrix} V_L(x_1) \\ I_L(x_1) \end{pmatrix} = \begin{pmatrix} \exp\left(-X_\gamma\right) & 0 \\ 0 & \exp\left(-X_\gamma\right) \end{pmatrix} \begin{pmatrix} V_L(x_2) \\ I_L(x_2) \end{pmatrix} \tag{8.27}$$

(3)　右端の層（$x = \infty$ を含む層）での電圧・電流特性

　有限位置 $x = x_1$ のとき $V_y = V_R(x_1)$, $I_z = I_R(x_1)$, $x = \infty$ のとき

$V_y = V_2$, $I_z = I_2$ とする（図 8.4(c) 参照）。このとき，位置 x_1 での電圧・電流の形式解は，式 (8.11)，(8.12) で表せる。$x = \infty$ のとき，電圧と電流がゼロに収束する（$V_2 = I_2 = 0$）ためには，振幅係数で $i = \mathrm{R}$ とおくと $V_{\mathrm{R}-} = 0$ を満たす必要がある。

このとき，$x = \infty$ を含む右クラッド内の任意の有限位置 $x = x_1$ と無限遠での電圧・電流の関係は次式で書ける。

$$
\begin{pmatrix} V_{\mathrm{R}}(x_1) \\ I_{\mathrm{R}}(x_1) \end{pmatrix} = \mathrm{F}_{\mathrm{R}\infty}(\gamma_i; x_1, \infty) \begin{pmatrix} V_{\mathrm{R}+} \\ 0 \end{pmatrix} \tag{8.28a}
$$

$$
\mathrm{F}_{\mathrm{R}\infty}(\gamma_i; x_1, \infty) \equiv \begin{pmatrix} \exp(-\gamma_i x_1) & \exp(\gamma_i x_1) \\ (\gamma_i/Z_t)\exp(-\gamma_i x_1) & -(\gamma_i/Z_t)\exp(\gamma_i x_1) \end{pmatrix} \tag{8.28b}
$$

この場合，右クラッド内の任意の有限位置 $x = x_1, x_2$ $(x_1 < x_2)$ どうしでの電圧・電流の関係は次式で表せる。

$$
\begin{pmatrix} V_{\mathrm{R}}(x_1) \\ I_{\mathrm{R}}(x_1) \end{pmatrix} = \begin{pmatrix} \exp X_\gamma & 0 \\ 0 & \exp X_\gamma \end{pmatrix} \begin{pmatrix} V_{\mathrm{R}}(x_2) \\ I_{\mathrm{R}}(x_2) \end{pmatrix} \tag{8.29}
$$

上記の F 行列を用いる手法では，層の数が多数であっても行列の積の数が増加するだけで，形式的には同じ方法で導波特性を求めることができる。以下では，一番簡単な構造である三層スラブ導波路の取り扱いを説明する。

§8.4 三層非対称スラブ導波路の基本特性

F 行列を用いる手法では，屈折率の対称分布と非対称分布を区別することなく定式化できるので，対称分布を包含する非対称スラブ導波路から始める。

デカルト座標系で構造が $y \cdot z$ 方向に均一であり，光波が z 軸方向に伝搬するものとする。図 **8.5** に示すように，コア幅を d，屈折率を左クラッド $[-\infty, \ 0]$ で n_1，コア $[0, \ d]$ で n_0，右クラッド $[d, \infty]$ で n_2 とする。両側クラッドの屈折率が異なる光導波路を**三層非対称スラブ導波路**（asymmetric slab waveguide with three-layers）と呼ぶ。本節でも TE モードを中心に説明する。

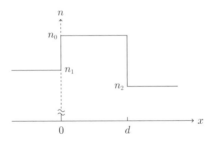

図 8.5 三層非対称スラブ導波路の概略
n：屈折率, d：コア幅
光は z 軸方向に伝搬

8.4.1　TE・TM モードにおける各層での電圧・電流特性

　コア左端（つまり左クラッドの右端）での電圧と電流を $V(0)$, $I(0)$, コア右端（つまり右クラッドの左端）での電圧と電流を $V(d)$, $I(d)$ とおく。スラブ導波路の**導波モード**では伝搬定数が $n_i \leqq \beta/k_0 \leqq n_0$ $(i = 1, 2)$ を満たす。よって，横方向伝搬定数を左クラッドで γ_1, コアで κ, 右クラッドで γ_2 として

$$\kappa = \sqrt{(n_0 k_0)^2 - \beta^2}, \quad \gamma_i = \sqrt{\beta^2 - (n_i k_0)^2} \quad (i = 1, 2) \qquad (8.30)$$

とおく。上記の横方向伝搬定数はいずれも実数である。

　境界で連続とすべき電圧と電流成分の関係式は，前節で示した結果を利用する。コア左端（つまり左クラッドの右端）での電圧と電流は，式 (8.26) で $x_2 = 0$, $\gamma_i = \gamma_1$ とおいて次式で書ける。

$$\begin{pmatrix} 0 \\ V_{L-} \end{pmatrix} = F_{L\infty}(\gamma_1; -\infty, 0) \begin{pmatrix} V_L(0) \\ I_L(0) \end{pmatrix} \qquad (8.31\text{a})$$

$$F_{L\infty}(\gamma_1; -\infty, 0) = \frac{1}{2} \begin{pmatrix} 1 & Z_t/\gamma_1 \\ 1 & -Z_t/\gamma_1 \end{pmatrix} \qquad (8.31\text{b})$$

　コア内の任意の 2 点における電圧・電流の関係は式 (8.23) で表せるから，コアの左・右端での関係は，$x_1 = 0$, $x_2 = d$ とおいて

$$\begin{pmatrix} V_{\mathrm{co}}(0) \\ I_{\mathrm{co}}(0) \end{pmatrix} = \mathrm{F}_\kappa(\kappa; 0, d) \begin{pmatrix} V_{\mathrm{co}}(d) \\ I_{\mathrm{co}}(d) \end{pmatrix} \tag{8.32a}$$

$$\mathrm{F}_\kappa(\kappa; 0, d) \equiv \begin{pmatrix} \cos(\kappa d) & (Z_t/\kappa)\sin(\kappa d) \\ -(\kappa/Z_t)\sin(\kappa d) & \cos(\kappa d) \end{pmatrix} \tag{8.32b}$$

で書ける。コア右端 (つまり右クラッドの左端) での電圧・電流特性は, 式 (8.28)
で $x_1 = d$, $\gamma_i = \gamma_2$ とおいて次式で表せる。

$$\begin{pmatrix} V_{\mathrm{R}}(d) \\ I_{\mathrm{R}}(d) \end{pmatrix} = \mathrm{F}_{\mathrm{R}\infty}(\gamma_2; d, \infty) \begin{pmatrix} V_{\mathrm{R}+} \\ 0 \end{pmatrix} \tag{8.33a}$$

$$\mathrm{F}_{\mathrm{R}\infty}(\gamma_2; d, \infty) \equiv \begin{pmatrix} \exp(-\gamma_2 d) & \exp(\gamma_2 d) \\ (\gamma_2/Z_t)\exp(-\gamma_2 d) & -(\gamma_2/Z_t)\exp(\gamma_2 d) \end{pmatrix}$$
$$\tag{8.33b}$$

　以上より, コア幅 d の三層非対称スラブ導波路において, コアの左端 $x = 0$
と右端 $x = d$ での電圧・電流特性が, 式 (8.31)〜(8.33) を用いて次式で関連づ
けられる。ここでは, TE・TM モードの結果を示す。

$$\begin{pmatrix} 0 \\ V_{\mathrm{L}-} \end{pmatrix} = \mathrm{Q}^{\mathrm{TE}} \begin{pmatrix} V_{\mathrm{R}+} \\ 0 \end{pmatrix} \quad : \text{TE モード} \tag{8.34a}$$

$$\begin{pmatrix} 0 \\ I_{\mathrm{L}-} \end{pmatrix} = \mathrm{Q}^{\mathrm{TM}} \begin{pmatrix} I_{\mathrm{R}+} \\ 0 \end{pmatrix} \quad : \text{TM モード} \tag{8.34b}$$

$$\mathrm{Q}^{\mathrm{S}} \equiv \mathrm{F}_{\mathrm{L},\infty}^{\mathrm{S}}(\gamma_1; -\infty, 0)\mathrm{F}_\kappa^{\mathrm{S}}(\kappa; 0, d)\mathrm{F}_{\mathrm{R},\infty}^{\mathrm{S}}(\gamma_2; d, \infty) = \begin{pmatrix} q_{11}^{\mathrm{S}} & q_{12}^{\mathrm{S}} \\ q_{21}^{\mathrm{S}} & q_{22}^{\mathrm{S}} \end{pmatrix}$$
$$(\mathrm{S} = \mathrm{TE}, \mathrm{TM}) \tag{8.35}$$

$$q_{11}^{\mathrm{S}} = \frac{1}{2}\left[\left(1 + \frac{\gamma_2\zeta_2}{\gamma_1\zeta_1}\right)\cos(\kappa d) + \left(\frac{\gamma_2\zeta_2}{\kappa\zeta_0} - \frac{\kappa\zeta_0}{\gamma_1\zeta_1}\right)\sin(\kappa d)\right]\exp(-\gamma_2 d)$$
$$\tag{8.36a}$$

$$q_{12}^{\mathrm{S}} = \frac{1}{2}\left[\left(1 - \frac{\gamma_2\zeta_2}{\gamma_1\zeta_1}\right)\cos(\kappa d) - \left(\frac{\gamma_2\zeta_2}{\kappa\zeta_0} + \frac{\kappa\zeta_0}{\gamma_1\zeta_1}\right)\sin(\kappa d)\right]\exp(\gamma_2 d)$$
$$\tag{8.36b}$$

$$q_{21}^{\mathrm{S}} = \frac{1}{2}\left[\left(1 - \frac{\gamma_2\zeta_2}{\gamma_1\zeta_1}\right)\cos{(\kappa d)} + \left(\frac{\gamma_2\zeta_2}{\kappa\zeta_0} + \frac{\kappa\zeta_0}{\gamma_1\zeta_1}\right)\sin{(\kappa d)}\right]\exp{(-\gamma_2 d)}$$
$$\text{(8.36c)}$$

$$q_{22}^{\mathrm{S}} = \frac{1}{2}\left[\left(1 + \frac{\gamma_2\zeta_2}{\gamma_1\zeta_1}\right)\cos{(\kappa d)} - \left(\frac{\gamma_2\zeta_2}{\kappa\zeta_0} - \frac{\kappa\zeta_0}{\gamma_1\zeta_1}\right)\sin{(\kappa d)}\right]\exp{(\gamma_2 d)}$$
$$\text{(8.36d)}$$

$$\zeta_i = \begin{cases} 1 & ; \quad \text{TE モード (S = TE)} \\ 1/n_i^2 & ; \quad \text{TM モード (S = TM)} \end{cases} \quad (i = 0, 1, 2) \quad \text{(8.37)}$$

式 (8.35), (8.36) は TE・TM モードを包含している。両モードでの違いは，TM モードでは式 (8.14b) で比誘電率 $\varepsilon_i = n_i^2$ が関係しているためである。

式 (8.34a,b) の 1 行目成分より，次式を得る。

$$q_{11}^{\mathrm{TE}} V_{\mathrm{R+}} = 0 : \text{TE モード}, \quad q_{11}^{\mathrm{TM}} I_{\mathrm{R+}} = 0 : \text{TM モード} \quad \text{(8.38a,b)}$$

式 (8.38) が振幅係数 V_{R+}, I_{R+} によらず成立するには，行列成分が $q_{11}^{\mathrm{S}} = 0$ を満たす必要がある。式 (8.36a) を用いて整理すると，次式が導ける。

$$\tan{(\kappa d)} = \frac{\kappa\zeta_0(\gamma_1\zeta_1 + \gamma_2\zeta_2)}{(\kappa\zeta_0)^2 - \gamma_1\zeta_1\gamma_2\zeta_2} : \text{TE・TM モード} \quad \text{(8.39)}$$

式 (8.39) は三層非対称スラブ導波路の**固有値方程式** (eigenvalue equation) である。

固有値方程式は横方向伝搬定数を介して伝搬定数 β を陰に含み，これを解くことにより β を求めることができる（8.4.3 項参照）。伝搬定数 β から多くの特性が誘導できるので，伝搬定数は光導波路における基本定数となっている。

式 (8.34a,b) の 2 行目成分より，左・右クラッドでの電圧・電流の振幅係数比が得られる。固有値方程式 (8.39) を利用して整理すると，振幅係数比が

$$\frac{V_{\mathrm{L-}}}{V_{\mathrm{R+}}} = q_{21}^{\mathrm{TE}} = \frac{\kappa^2 + \gamma_2^2}{\kappa^2 - \gamma_1\gamma_2}\cos{(\kappa d)}\exp{(-\gamma_2 d)} : \text{TE モード}$$
$$\text{(8.40a)}$$

$$\frac{I_{\mathrm{L-}}}{I_{\mathrm{R+}}} = q_{21}^{\mathrm{TM}} = \frac{(\kappa\zeta_0)^2 + (\gamma_2\zeta_2)^2}{(\kappa\zeta_0)^2 - \gamma_1\zeta_1\gamma_2\zeta_2}\cos{(\kappa d)}\exp{(-\gamma_2 d)} : \text{TM モード}$$
$$\text{(8.40b)}$$

で表せる。V_{R+} と I_{R+} は光パワの規格化条件から決まる。

【例題 8.1】 三層スラブ導波路において式 (8.35) で示した TE・TM モードに対する行列 Q^{TE} と Q^{TM} が，左右のクラッドの屈折率が等しい対称分布のときには，ユニモジュラーとなることを示せ。

[解] 行列 Q^{TE} と Q^{TM} の行列式は，TE・TM モードを同時に考えると式 (8.35), (8.36) を用いて次式で求められる。

$$|Q^S| = q_{11}^S q_{22}^S - q_{12}^S q_{21}^S \quad (S = TE, TM)$$

$$= \frac{1}{4}\left[\left(1 + \frac{\gamma_2 \zeta_2}{\gamma_1 \zeta_1}\right)^2 - \left(1 - \frac{\gamma_2 \zeta_2}{\gamma_1 \zeta_1}\right)^2\right]\cos^2(\kappa d)$$

$$+ \frac{1}{4}\left[\left(\frac{\gamma_2 \zeta_2}{\kappa \zeta_0} + \frac{\kappa \zeta_0}{\gamma_1 \zeta_1}\right)^2 - \left(\frac{\gamma_2 \zeta_2}{\kappa \zeta_0} - \frac{\kappa \zeta_0}{\gamma_1 \zeta_1}\right)^2\right]\sin^2(\kappa d) = \frac{\gamma_2 \zeta_2}{\gamma_1 \zeta_1}$$

ただし，ζ_i ($i = 0, 1, 2$) は式 (8.37) で定義した値である。対称分布（$\gamma_1 = \gamma_2, \zeta_1 = \zeta_2$）のときは，行列式が $|Q^S| = 1$ でユニモジュラーとなる。

8.4.2　基本パラメータの規格化

式 (8.30) における横方向伝搬定数 κ，γ_1 を，コア半幅 $d/2$ を用いて無次元化するため，次のように定義し直す。

$$u \equiv \kappa \frac{d}{2} = \sqrt{(n_0 k_0)^2 - \beta^2}\,\frac{d}{2}, \quad w \equiv \gamma_1 \frac{d}{2} = \sqrt{\beta^2 - (n_1 k_0)^2}\,\frac{d}{2}$$

$$(8.41\text{a,b})$$

ここで，$k_0 = 2\pi/\lambda_0$ は真空中の光の波数，λ_0 は真空中の光の波長である。また，u と w はそれぞれコアと左クラッドの**横方向規格化伝搬定数**である。

上記 u と w を用いて，次式を定義する。

$$V \equiv \sqrt{u^2 + w^2} = \sqrt{n_0^2 - n_1^2}\, k_0 \frac{d}{2} = \pi \frac{d}{\lambda_0}\sqrt{n_0^2 - n_1^2} = \pi \frac{n_0 d}{\lambda_0}\sqrt{2\Delta}$$

$$(8.42)$$

$$\Delta \equiv \frac{n_0^2 - n_1^2}{2n_0^2}\left(\fallingdotseq \frac{n_0 - n_1}{n_0}\right) \tag{8.43}$$

V は **V パラメータ**（V parameter）と呼ばれる無次元の値であり，以前は規格化周波数と呼ばれていた。これは導波構造と動作波長の情報を含み，光導波路の特性を包括的に表す上で重要である。また，Δ は**比屈折率差**（relative index difference）と呼ばれる。式 (8.43) の ( ) 内は**弱導波近似**（比屈折率差が微小 $\Delta \ll 1$ とする近似）での表現であり，通常の光導波路で成り立つ。

式 (8.21) で説明したように，β/k_0 は屈折率の次元をもち，導波モードでは，β/k_0 がコアとクラッドの屈折率の間の値になる。そのため β/k_0 の目安として，**規格化伝搬定数**（normalized propagation constant）b が次式で定義される。

$$b \equiv \frac{(\beta/k_0)^2 - n_1^2}{n_0^2 - n_1^2} = \frac{w^2}{V^2} \tag{8.44}$$

右辺への変形では式 (8.41a)，(8.42) を用いており，$0 \leqq b < 1$ である。式 (8.41) で表される横方向規格化伝搬定数は，式 (8.42)，(8.44) を用いて表し直すと，次式で書ける。

$$w = V\sqrt{b}, \quad u = \sqrt{V^2 - w^2} = V\sqrt{1 - b} \tag{8.45a,b}$$

屈折率分布の左右クラッドでの非対称性を表すため，**非対称パラメータ**

$$a \equiv \frac{n_1^2 - n_2^2}{n_0^2 - n_1^2} = \frac{\zeta_0/\zeta_1 - \zeta_0/\zeta_2}{1 - \zeta_0/\zeta_1} = \frac{\zeta_0(\zeta_2 - \zeta_1)}{\zeta_2(\zeta_1 - \zeta_0)} \tag{8.46}$$

を定義する。ただし，ζ_i は式 (8.37) で示した値である。式 (8.46) で $a = 0$ のときは対称屈折率分布を表す。式 (8.30) で定義された右クラッドにおける横方向伝搬定数 γ_2 も規格化して，その**横方向規格化伝搬定数**が次式で表される。

$$w_2 \equiv \gamma_2 \frac{d}{2} = V\sqrt{b + a} \tag{8.47}$$

以上より，各層での横方向規格化伝搬定数が V パラメータ V，規格化伝搬定数 b，非対称パラメータ a を用いて表すことができた。

8.4.3　固有値方程式の別表現

TE・TM モードの固有値方程式 (8.39) に，基本パラメータの式 (8.42)〜

(8.47) を代入すると，固有値方程式が次式で表せる。

$$\tan\left(2V\sqrt{1-b}\right) = \frac{(\zeta_1/\zeta_0)\sqrt{b/(1-b)} + (\zeta_2/\zeta_0)\sqrt{(b+a)/(1-b)}}{1 - (\zeta_1/\zeta_0)\sqrt{b/(1-b)}(\zeta_2/\zeta_0)\sqrt{(b+a)/(1-b)}}$$
$$(8.48)$$

式 (8.48) の右辺で $\tan A \equiv (\zeta_1/\zeta_0)\sqrt{b/(1-b)}$, $\tan B \equiv (\zeta_2/\zeta_0)\sqrt{(b+a)/(1-b)}$ とおき，$(\tan A + \tan B)/(1 - \tan A \tan B) = \tan(A + B)$ を利用する。また，左辺の $\tan$ は周期関数なので $\tan(2V\sqrt{1-b}) = \tan(2V\sqrt{1-b} \mp m\pi)$ と書ける（m：整数）。

これらを式 (8.48) に適用して両辺の $\tan$ 内を整理すると，三層非対称スラブ導波路に対する**固有値方程式**が V パラメータを用いて

$$V = \frac{1}{2\sqrt{1-b}}\left[\tan^{-1}\left(\frac{\zeta_1}{\zeta_0}\sqrt{\frac{b}{1-b}}\right) + \tan^{-1}\left(\frac{\zeta_2}{\zeta_0}\sqrt{\frac{b+a}{1-b}}\right) + m\pi\right]$$
$$(m = 0, 1, 2, \cdots) \qquad : \text{TE} \cdot \text{TM モード} \quad (8.49)$$

で表せる。整数 m は，$\text{TE}_m \cdot \text{TM}_m$ モードにおけるモード次数 m に対応する。

規格化伝搬定数が $b = 0$ のとき，式 (8.44)，(8.45a) より左クラッドの横方向伝搬定数が $\gamma_1 = 0$ となる。これは左クラッドの全領域で電圧・電流が一定値となり，光波が導波されなくなることを意味する。この状態を**カットオフ**（cut-off）または**遮断**と呼ぶ。この境目の V パラメータの値を**カットオフ V 値**（cut-off V value），波長を**カットオフ波長**（cut-off wavelength）と呼ぶ。

カットオフ V 値は，式 (8.49) で $b = 0$ とおいて

$$V_c = \frac{1}{2}\left[\tan^{-1}\left(\frac{\zeta_2}{\zeta_0}\sqrt{a}\right) + m\pi\right] \quad : \text{TE} \cdot \text{TM モード} \qquad (8.50)$$

で表される。特に対称屈折率分布 ($a = 0$) の場合には，カットオフ V 値が TE・TM モードによらず $V_c = m\pi/2$ となる。各モードは $V > V_c$ で導波される。

三層スラブ導波路における規格化伝搬定数 b の V 依存性を**図 8.6** に示す。同図 (a) は TE_m モードの非対称パラメータ依存性を示す。いずれも V パラメータの増加とともに b が単調増加して，$b = 1$ に近づく。これは，V の増加とともに等価屈折率 n_{eff} がコアの屈折率に近づくことを意味する。これは後の図 8.8

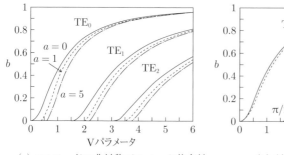
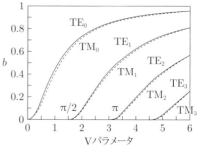

(a) TE モードの非対称パラメータ依存性　　　(b) 対称屈折率分布 $(a = 0)$

図 **8.6**　三層スラブ導波路の b-V 特性
a：非対称パラメータ，TM モードでは $n_1/n_0 = 0.95$,
n_0：コア屈折率，n_1：クラッド屈折率

からわかるように，V の増加とともに電磁界がコアに集中することの反映である。非対称屈折率分布 $(a \neq 0)$ では，すべてのモードでカットオフが生じている。

同図 (b) は対称屈折率分布 $(a = 0)$ に対する $\mathrm{TE}_m \cdot \mathrm{TM}_m$ モードの特性を示す。モード次数 m の増加に対して，同じ規格化伝搬定数 b を与える V が大きくなっており，いずれも V の増加に対して b が単調に増加している。対称屈折率分布の場合には，カットオフ V 値が $\mathrm{TE}_m \cdot \mathrm{TM}_m$ モードの同じ次数では等しくなっている（式 (8.50) 参照）。$V < \pi/2$ では最低次の $\mathrm{TE}_0 \cdot \mathrm{TM}_0$ モードだけがカットオフを生じることなく導波される。断面構造の異方性により一方のモードだけを伝搬させることができ，このような光導波路を**単一モード光導波路**と呼ぶ。

多くの特性が伝搬定数 β から求められる。そのため，構造パラメータと動作波長から決まる V パラメータ（式 (8.42) 参照）に対して，式 (8.41) 等で定義される規格化伝搬定数を介して β が求められることが望ましい。そのときは，式 (8.39) または式 (8.49) を数値的に解いて β を求める。

【例題 8.2】三層対称スラブ導波路の TE_0 モードに対する V パラメータおよび横方向規格化伝搬定数 w を，規格化伝搬定数 $b = 0$, 0.4, 0.6, 0.8 に対して求

めよ。また，TE_1 モードのカットオフ V 値を求めよ。

[解]　対称スラブ導波路なので式 (8.49) で非対称パラメータを $a = 0$，TE_0 モードなので $\zeta_i = 1$ $(i = 0, 1, 2)$，$m = 0$ とおくと，$V = (1/\sqrt{1-b}) \tan^{-1} \sqrt{b/(1-b)}$ と書ける。また式 (8.45a) から $w = V\sqrt{b}$ で求められる。$b = 0$ のとき $V = 0$，$w = 0$，$b = 0.4$ のとき $V = 0.884$，$w = 0.559$，$b = 0.6$ のとき $V = 1.40$，$w = 1.085$，$b = 0.8$ のとき $V = 2.48$，$w = 2.21$ となる。TE_1 モードのカットオフ V 値は式 (8.50) で $m = 1$ とおいて $V_\mathrm{c} = \pi/2$ となる。詳しくは図 8.6 を参照のこと。

§8.5　三層非対称スラブ導波路の電磁界に関する諸特性

8.5.1　電磁界分布

TE モードの右クラッド内の有限位置 x での電圧と電流は，式 (8.28) より

$$
\begin{pmatrix} V_\mathrm{R}(x) \\ I_\mathrm{R}(x) \end{pmatrix} = \mathrm{F}_{\mathrm{R}\infty}(\gamma_2; x, \infty) \begin{pmatrix} V_{\mathrm{R}+} \\ 0 \end{pmatrix}
$$

$$
= V_{\mathrm{R}+} \exp\left(-\gamma_2 x\right) \begin{pmatrix} 1 \\ \gamma_2/Z_t \end{pmatrix} \tag{8.51}
$$

で書ける。式 (8.51) より，右クラッド内での電磁界が x の増加に対して単調に減少し $(\because \gamma_2 > 0)$，$x = \infty$ ではゼロに収束する。コア内の位置 x での電圧と電流は，式 (8.23) で $x_1 = x$，$x_2 = d$ とおき，式 (8.28a) を利用して次式で書ける。

$$
\begin{pmatrix} V_\mathrm{co}(x) \\ I_\mathrm{co}(x) \end{pmatrix} = \mathrm{F}_\kappa(\kappa; x, d)\mathrm{F}_{\mathrm{R}\infty}(\gamma_2; d, \infty) \begin{pmatrix} V_{\mathrm{R}+} \\ 0 \end{pmatrix}
$$

$$
= V_{\mathrm{R}+} \exp\left(-\gamma_2 d\right) \begin{pmatrix} \cos\left[\kappa(d-x)\right] + (\gamma_2/\kappa)\sin\left[\kappa(d-x)\right] \\ -(\kappa/Z_t)\sin\left[\kappa(d-x)\right] + (\gamma_2/Z_t)\cos\left[\kappa(d-x)\right] \end{pmatrix} \tag{8.52}
$$

左クラッド内の有限位置 x での電圧と電流は，式 (8.25) に式 (8.40a) を代入

して

$$\begin{pmatrix} V_{\mathrm{L}}(x) \\ I_{\mathrm{L}}(x) \end{pmatrix} = V_{\mathrm{R}+} \frac{\kappa^2 + \gamma_2^2}{\kappa^2 - \gamma_1 \gamma_2} \cos{(\kappa d)} \exp{(\gamma_1 x - \gamma_2 d)} \begin{pmatrix} 1 \\ -\gamma_1 / Z_t \end{pmatrix} \tag{8.53}$$

で求められる。式 (8.53) は，左クラッド内での電磁界が $|x|$ の増加に対して単調に減少し，$x = -\infty$ ではゼロに収束することを表す。

8.5.2　伝搬光パワ

電力は電圧と電流の積で得られる。TE モードの電力は，式 (8.3a,b)，$Z_t = j\omega\mu\mu_0$ を利用して

$$P_{\mathrm{g}}^{\mathrm{TE}} = \frac{1}{2} \int_{-\infty}^{\infty} (V_x I_y^* - V_y I_x^*) dx = \frac{1}{2} \frac{\beta}{\omega\mu\mu_0} \int_{-\infty}^{\infty} |V_y|^2 dx \tag{8.54}$$

で，TM モードの電力は，式 (8.14a,b)，$Y_t = j\omega n_i^2 \varepsilon_0$ を用いて

$$P_{\mathrm{g}}^{\mathrm{TM}} = \frac{1}{2} \int_{-\infty}^{\infty} (V_x I_y^* - V_y I_x^*) dx = \frac{1}{2} \frac{\beta}{\omega\varepsilon_0} \int_{-\infty}^{\infty} \frac{1}{n_i^2} |I_y|^2 dx \tag{8.55}$$

で求められる。これらは伝搬光パワの式 (11.21) を用いても導ける。

TE・TM モードの断面全域での伝搬光パワは次式で得られる。

$$P_{\mathrm{g}}^{\mathrm{S}} = P_{\mathrm{L}}^{\mathrm{S}} + P_{\mathrm{co}}^{\mathrm{S}} + P_{\mathrm{R}}^{\mathrm{S}} \quad (\mathrm{S} = \mathrm{TE}, \mathrm{TM}) \tag{8.56}$$

ここで，$P_{\mathrm{L}}^{\mathrm{S}}$ は左クラッド，$P_{\mathrm{co}}^{\mathrm{S}}$ はコア，$P_{\mathrm{R}}^{\mathrm{S}}$ は右クラッドでの伝搬光パワを表す。式 (8.56) に各領域での電圧・電流を代入し，固有値方程式 (8.39) を利用して整理すると，TE・TM モードをまとめて次式で表せる。

$$P_{\mathrm{L}}^{\mathrm{S}} = \frac{\beta}{4} \eta_{\mathrm{S}} \frac{\zeta_1 \exp{(-2\gamma_2 d)}}{\gamma_1} \frac{[(\kappa\zeta_0)^2 + (\gamma_2\zeta_2)^2]}{[(\kappa\zeta_0)^2 + (\gamma_1\zeta_1)^2)]} \tag{8.57}$$

$$P_{\mathrm{co}}^{\mathrm{S}} = \frac{\beta}{4} \eta_{\mathrm{S}} \zeta_0 \frac{\exp{(-2\gamma_2 d)}}{\kappa}$$
$$\times \left\{ \frac{[(\kappa\zeta_0)^2 + (\gamma_2\zeta_2)^2]}{\kappa\zeta_0^2} d + \frac{[(\kappa\zeta_0)^2 + \gamma_1\zeta_1\gamma_2\zeta_2](\gamma_1\zeta_1 + \gamma_2\zeta_2)}{(\kappa\zeta_0)[(\kappa\zeta_0)^2 + (\gamma_1\zeta_1)^2]} \right\} \tag{8.58}$$

$$P_R^S = \frac{\beta}{4}\eta_S \frac{\zeta_2 \exp\left(-2\gamma_2 d\right)}{\gamma_2} \tag{8.59}$$

$$\eta_S = \begin{cases} V_{R+}^2/\omega\mu_0 & : \text{TE モード} \\ I_{R+}^2/\omega\varepsilon_0 & : \text{TM モード} \end{cases} \quad (S = \text{TE}, \text{TM}) \tag{8.60}$$

上式で ζ_i は式 (8.37) で示した値である。

TE・TM モードの全伝搬光パワは，式 (8.56) に式 (8.57)〜(8.59) を代入し整理して，次式で得られる。

$$P_g^S = \frac{\beta}{4}\eta_S \frac{\zeta_0[(\kappa\zeta_0)^2 + (\gamma_2\zeta_2)^2]}{(\kappa\zeta_0)^2}\left(d + \frac{q_1}{\gamma_1} + \frac{q_2}{\gamma_2}\right)\exp\left(-2\gamma_2 d\right)$$
$$(S = \text{TE}, \text{TM}) \tag{8.61a}$$

$$q_i = \begin{cases} 1 & : \text{TE モード} \\ \dfrac{(\kappa^2 + \gamma_i^2)/n_0^2 n_i^2}{(\kappa/n_0^2)^2 + (\gamma_i/n_i^2)^2} & : \text{TM モード} \end{cases} \quad (i = 1, 2) \tag{8.61b}$$

式 (8.61) における q_i/γ_i $(i = 1, 2)$ は電界の両側クラッドへのエバネッセント成分による浸入分であり，式 (3.57) での z_g に対応する。$q_i(\neq 1)$ は TM モードにおけるコア・クラッド境界での電界の不連続に起因する値である。

式 (8.61) での三層非対称スラブ導波路の伝搬光パワの物理的意味を TE モードで考える。コアでの電圧（電界）は式 (8.52) を利用して次式で表せる。

$$V_{co}(x) = V_{max}\cos\left[\kappa(d - x) - \phi\right] \tag{8.62a}$$

$$V_{max} = \frac{V_{R+}\exp\left(-\gamma_2 d\right)}{\kappa}\sqrt{\kappa^2 + \gamma_2^2}, \quad \tan\phi \equiv \frac{\gamma_2}{\kappa} \tag{8.62b,c}$$

ここで，V_{max} はコアでの電圧（電界）の最大振幅を表す。

実効電圧（電界）V_{eff} を最大振幅 V_{max} の $1/\sqrt{2}$ 倍とし，弱導波近似の下で伝搬定数を $\beta \fallingdotseq n_0 k_0$ で近似して，伝搬光パワを次式でおく（図 **8.7**）。

$$P_g^{TE} = \frac{1}{2}V_{eff}I_{eff}T_{eff} \tag{8.63}$$

$$V_{eff} \equiv \frac{V_{max}}{\sqrt{2}}, \quad I_{eff} \equiv Y_{co}V_{eff}, \quad T_{eff} \equiv d + \frac{1}{\gamma_1} + \frac{1}{\gamma_2} \tag{8.64}$$

ただし，$Y_{co} \equiv n_0\sqrt{\varepsilon_0/\mu_0}$ はコアのアドミタンスを表す。式 (8.63) は式 (8.61a)

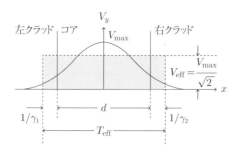

図 **8.7**　三層非対称スラブ導波路における伝搬光パワの物理的意味
V_{eff}：実効電圧，T_{eff}：実効幅，d：コア幅，
γ_i：クラッドの横方向伝搬定数

に一致している。つまり，三層非対称スラブ導波路での伝搬光パワは，実効電圧（電界）を V_{eff}，実効幅を T_{eff} としたものと同じである。TM モードについても，電流（磁界）を基本として類似の結果が導ける。

8.5.3　閉じ込め係数

　光導波路では，導波管と異なり，その電磁界はクラッドまで広がっている。半導体レーザや光増幅器のように，コアに利得のある媒質を用いる場合には，活性層であるコアに閉じ込められる光パワの割合を多くする必要がある。

　コア内光パワの断面全体の光パワに対する比率は，光の**閉じ込め係数**（confinement factor）と呼ばれ，次式で定義される。

$$\Gamma^{\mathrm{S}} \equiv \frac{P_{\mathrm{co}}^{\mathrm{S}}}{P_{\mathrm{g}}^{\mathrm{S}}} \quad (\mathrm{S = TE, TM}) \tag{8.65}$$

ここで，$P_{\mathrm{co}}^{\mathrm{S}}$ はコア内伝搬光パワ，$P_{\mathrm{g}}^{\mathrm{S}}$ は断面内の全伝搬光パワである。

　三層非対称スラブ導波路での TE・TM モードの閉じ込め係数は，式 (8.65) に式 (8.58)，(8.61) を代入して，次式で求められる。

$$\Gamma^{\mathrm{S}} = \frac{1}{d + q_1/\gamma_1 + q_2/\gamma_2} \left\{ d + \zeta_0 \frac{[(\kappa\zeta_0)^2 + \gamma_1\zeta_1\gamma_2\zeta_2](\gamma_1\zeta_1 + \gamma_2\zeta_2)}{[(\kappa\zeta_0)^2 + (\gamma_1\zeta_1)^2][(\kappa\zeta_0)^2 + (\gamma_2\zeta_2)^2]} \right\} \tag{8.66}$$

式 (8.66) は，式 (8.37) により TE モードに対する結果も包含する。

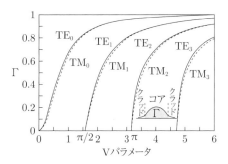

図 8.8 三層対称スラブ導波路の閉じ込め係数 Γ

三層対称スラブ導波路の TE・TM モードに対する閉じ込め係数 Γ^S を図 **8.8** に示す（式 (8.76) 参照）。Γ^S は V パラメータが増すにつれて単調に増加している。最低次の TE_0 モードは単一モード限界の $V = \pi/2$ で $\Gamma^{TE} = 84.4\%$ である。

§8.6 三層対称スラブ導波路の導波特性

三層スラブ導波路で両側クラッドの屈折率が等しい（$n_2 = n_1$）ものを，**三層対称スラブ導波路**と呼ぶ（図 8.2 参照）。これの導波特性は，この節以前に求めた非対称導波路の結果で $n_2 = n_1$ とおいて求めることができる。三層対称スラブ導波路はスラブ導波路や光ファイバの各種特性を理解する上での基礎となる。

8.6.1 固有値方程式
三層対称スラブ導波路での固有値方程式は，式 (8.39) より次の 2 式で得る（演習問題 8.3 参照）。

$$w = \frac{\zeta_0}{\zeta_1} u \tan u \quad : 偶対称（\mathrm{TE}_m \cdot \mathrm{TM}_m \text{ モード}, \ m = 0, 2, 4, \cdots）$$

$$(8.67)$$

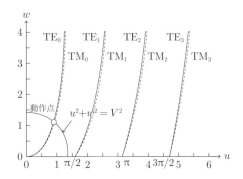

図 8.9　三層対称スラブ導波路における u-w 特性の図解法
$n_1/n_0 = 0.95$, n_0：コア屈折率, n_1：クラッド屈折率,
$w = (\zeta_0/\zeta_1)u \tan u$：偶対称, $w = -(\zeta_0/\zeta_1)u \cot u$：奇対称

$$w = -\frac{\zeta_0}{\zeta_1}u \cot u \quad : \text{奇対称（TE}_m \cdot \text{TM}_m \text{ モード}, \; m = 1, 3, 5, \cdots \text{）}$$
$$(8.68)$$

ただし，u と w はそれぞれコアとクラッドの横方向規格化伝搬定数であり，ζ_i ($i = 0, 1$) は式 (8.37) で定義している。偶・奇対称とは，TE モードでは電界（電圧）分布が，TM モードでは磁界（電流）が，コア中心に対して偶・奇対称であることを意味する（後の図 8.10 参照）。TM モードの固有値方程式は，TE モードと異なり，コアとクラッドでの屈折率比 $(n_1/n_0)^2$ にも依存する。

　ここで，u と w を求める 8.4.2 項とは別の方法を説明する。対称スラブ導波路でも式 (8.42) で定義された V パラメータを使用する。式 (8.42) を書き直すと

$$V^2 \equiv u^2 + w^2 = \pi^2(n_0^2 - n_1^2)\left(\frac{d}{\lambda_0}\right)^2 = 2\pi^2 n_0^2 \Delta \left(\frac{d}{\lambda_0}\right)^2 \quad (8.69)$$

で書ける。

　図 8.9 において横軸が u，縦軸が w であり，ここには式 (8.67)，(8.68) の解曲線群が示されている。式 (8.69) は半径 V の円を示しており，構造パラメータと使用波長を設定すると V が求まる。この円と解曲線群との交点が求める u と w となる。このようにして解を求める方法を**図解法**と呼ぶ。伝搬定数 β は式 (8.41) を用いて求めることができる。

8.6.2 電磁界特性

TE モードの電磁界分布の式 (8.51)〜(8.53) で $\gamma_2 = \gamma_1$ とした後，コア中心を $x = 0$ にもってくるため，各式の右辺で $x = x + d/2$ と座標を平行移動させる。電圧は電界 E_y，電流は磁界 H_z を表す。コアについて式 (8.52) より得た式に，上記の固有値方程式を適用して整理すると，次式が導ける。

$$\begin{pmatrix} V_{\mathrm{co}}(x) \\ I_{\mathrm{co}}(x) \end{pmatrix} = C_{\mathrm{Ve}} \begin{pmatrix} \cos \kappa x \\ (\kappa/Z_t) \sin \kappa x \end{pmatrix} : \text{TE 偶対称} \qquad (8.70\mathrm{a})$$

$$\begin{pmatrix} V_{\mathrm{co}}(x) \\ I_{\mathrm{co}}(x) \end{pmatrix} = C_{\mathrm{Vo}} \begin{pmatrix} \sin \kappa x \\ -(\kappa/Z_t) \cos \kappa x \end{pmatrix} : \text{TE 奇対称} \qquad (8.70\mathrm{b})$$

$$C_{\mathrm{Ve}} \equiv V_{\mathrm{R}+} \frac{\exp(-2w)}{\cos u}, \quad C_{\mathrm{Vo}} \equiv V_{\mathrm{R}+} \frac{\exp(-2w)}{\sin u}, \quad Z_t = j\omega\mu\mu_0 \qquad (8.71)$$

ここで，C_{Ve} と C_{Vo} は偶・奇対称モードに対する振幅係数である。

右クラッドについては式 (8.51) を，左クラッドについては式 (8.53) を用い，固有値方程式を利用して整理すると，次式で求められる。

$$\begin{pmatrix} V(x) \\ I(x) \end{pmatrix} = C_{\mathrm{Ve}} \exp w \cos u \exp(\mp\gamma_1 x) \begin{pmatrix} 1 \\ \pm\gamma_1/Z_t \end{pmatrix}$$
$$: \text{TE 偶対称} \qquad (8.72\mathrm{a})$$

$$\begin{pmatrix} V(x) \\ I(x) \end{pmatrix} = \pm C_{\mathrm{Vo}} \exp w \sin u \exp(\mp\gamma_1 x) \begin{pmatrix} 1 \\ \pm\gamma_1/Z_t \end{pmatrix}$$
$$: \text{TE 奇対称} \qquad (8.72\mathrm{b})$$

上式で複号の上（下）側は右（左）クラッドでの結果を表す。

図 **8.10** に TE モードの電界分布の概略を示す。TE_m モード $(m = 0,2,4,\dots)$ の電界はコア中心に対して偶対称であり，TE_m モード $(m = 1,3,5,\dots)$ は奇対称である。モード次数 m は電界における節の数に対応している。

TM モードの電磁界については結果のみを示す。電流は磁界 H_y，電圧は電界 E_z を表す。コアに関して

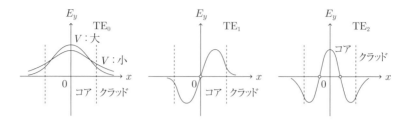

図 **8.10**　三層対称スラブ導波路における TE モードの電界分布概略
　　　　V：V パラメータ，破線はコア・クラッド境界，
　　　　白ヌキの点は電界の節

$$\begin{pmatrix} I_{\mathrm{co}}(x) \\ V_{\mathrm{co}}(x) \end{pmatrix} = C_{\mathrm{Ie}} \begin{pmatrix} \cos \kappa x \\ -(\kappa/Y_0) \sin \kappa x \end{pmatrix} \quad : \text{TM 偶対称} \quad (8.73\mathrm{a})$$

$$\begin{pmatrix} I_{\mathrm{co}}(x) \\ V_{\mathrm{co}}(x) \end{pmatrix} = C_{\mathrm{Io}} \begin{pmatrix} \sin \kappa x \\ (\kappa/Y_0) \cos \kappa x \end{pmatrix} \quad : \text{TM 奇対称} \quad (8.73\mathrm{b})$$

$$C_{\mathrm{Ie}} \equiv I_{\mathrm{R}+} \frac{\exp(-2w)}{\cos u}, \quad C_{\mathrm{Io}} \equiv I_{\mathrm{R}+} \frac{\exp(-2w)}{\sin u}, \quad Y_i = j\omega n_i^2 \varepsilon_0$$

$$(i = 0, 1) \qquad (8.74)$$

で，クラッドに関しては次式で表される。

$$\begin{pmatrix} I(x) \\ V(x) \end{pmatrix} = C_{\mathrm{1e}} \exp w \cos u \exp(\mp\gamma_1 x) \begin{pmatrix} 1 \\ \mp\gamma_1/Y_1 \end{pmatrix}$$

$$: \text{TM 偶対称} \qquad (8.75\mathrm{a})$$

$$\begin{pmatrix} I(x) \\ V(x) \end{pmatrix} = \pm C_{\mathrm{1o}} \exp w \sin u \exp(\mp\gamma_1 x) \begin{pmatrix} 1 \\ \mp\gamma_1/Y_1 \end{pmatrix}$$

$$: \text{TM 奇対称} \qquad (8.75\mathrm{b})$$

ここで，C_{Ie} と C_{Io} はそれぞれ偶・奇対称モードに対する振幅係数であり，式 (8.75) の複号で上（下）側は右（左）クラッドでの結果を表す。法線成分 E_x はコアとクラッドの屈折率が異なるので，コア・クラッド境界で不連続となる（演習問題 8.4 参照）。

三層対称スラブ導波路における閉じ込め係数は，式 (8.66) で $\gamma_2 = \gamma_1$, $\zeta_2 = \zeta_1$ とおき，式 (8.41), (8.42) を用いて整理すると，偶・奇対称モードによらず

$$\Gamma^{\mathrm{S}} = \frac{w[(u\zeta_0)^2 + (w\zeta_1)^2] + w^2\zeta_0\zeta_1}{w[(u\zeta_0)^2 + (w\zeta_1)^2] + V^2\zeta_0\zeta_1} \quad (\mathrm{S} = \mathrm{TE}, \mathrm{TM}) \tag{8.76}$$

で表せる。ここで，ζ_i $(i = 0, 1)$ は式 (8.37) で定義している。

【光導波路に関するまとめ】

(i) 光導波路は導波原理として全反射を利用し，光を屈折率の高いコアに閉じ込めて伝搬させる導波構造である。

(ii) 光導波路の導波特性を，二端子対回路の等価回路に基づく F 行列を用いて求めた。この手法は屈折率の異なる多くの層がある場合にも拡張できる。

(iii) 光導波路の特性を包括的に表す上で重要なのは V パラメータであり（式 (8.42), (8.69) 参照），伝搬定数 β から多くの特性が求められる。

(iv) 各モードは $V > V_{\mathrm{c}}$ で導波される（V_{c}：カットオフ V 値）。

(v) 三層非対称スラブ導波路における TE・TM モードに対する固有値方程式は，式 (8.39) または式 (8.49) で得られる。これを利用して，電磁界分布，伝搬光パワ，閉じ込め係数などが求められる（§8.5 参照）。

(vi) 光導波路の基礎となる三層対称スラブ導波路の特性は §8.6 で得られる。

【演習問題】

8.1 三層対称スラブ導波路（コア屈折率 $n_0 = 3.5$, 比屈折率差 $\Delta = 6.0\%$）において波長 $0.85\,\mu\mathrm{m}$ で単一モード条件を満たすには，コア幅 d をどのように設定すればよいか。

8.2 三層対称スラブ導波路の単一モード限界の $V = \pi/2$ のとき，TE_0 モードに対する次の各値を求めよ。計算には $V = \pi/2$ のとき，規格化伝搬定数が $b = 0.646$ であることを利用せよ。

① クラッドでの横方向規格化伝搬定数 w, ② コア屈折率 $n_0 = 1.45$, 波長 $\lambda_0 = 1.3\,\mu\mathrm{m}$, 比屈折率差 $\Delta = 1.0\%$ のときのコア幅 d, ③ 前記 ② の条件時の伝搬定数 β, ④ 閉じ込め係数 Γ。

8.3　三層非対称スラブ導波路における TE・TM モードの固有値方程式 (8.39) で $n_2 = n_1$ とおくことにより，対称スラブ導波路における偶・奇対称に対する固有値方程式 (8.67)，(8.68) が導けることを示せ。

8.4　三層対称スラブ導波路における電磁界の法線成分が，コア・クラッド境界で TE モードでは連続となるが，TM モードでは不連続となることを示せ。

ヒント：TE モードでは式 (8.3a)，(8.70)，(8.72) を，TM モードでは式 (8.14a)，(8.73)，(8.75) を用いよ。

第9章 周期構造における光波伝搬特性

本章では，屈折率の異なる層が一方向に積層された周期構造で閉じ込められた光波の振る舞いを扱う．このような周期構造では，誘電体の屈折率や層厚を適切に設定することにより，高い反射係数が得られるという特徴をもつ．

§9.1 では，第 8 章における二端子対回路による等価回路に置き換えた F 行列をベースとして，1 次元周期構造に対する光波の伝搬特性を扱う．§9.2 では，周期構造により新しい導波原理に使える，フォトニックバンドギャップが生じることを示し，これを効率よく生じさせるための条件を検討する．

§9.1 1 次元周期構造の二端子対回路による等価特性

第 8 章では，光波の導波構造における電磁界を，電気回路の等価回路に置き換え，F 行列で光波の導波特性を説明した．本節では，第 8 章と 2.5.1 項の議論を利用して，1 次元において 2 種類の媒質からなる周期構造の光波伝搬特性を調べる．導波材料としては誘電体を想定し，無損失・等方性とする．

1 次元周期構造の概略を図 **9.1** に示す．デカルト座標系 (x, y, z) で，構造が $y \cdot z$ 軸方向に対して一様で，光波の主たる伝搬方向は z 軸であり，電磁界を式 (8.1) と同じにとる．x 軸方向の屈折率が変化して周期構造を形成しており，屈折率 n_a，層厚 a の a 層と，屈折率 n_b，層厚 b の b 層が交互に周期 $\Lambda(= a + b)$ で無限に繰り返されているとする．このとき，屈折率分布が

$$n(x) = \begin{cases} n_a & ; \quad (m-1)\Lambda \leqq x < (m-1)\Lambda + a \\ n_b & ; \quad \quad m\Lambda - b \leqq x < m\Lambda \end{cases} \quad (m：整数)$$

(9.1)

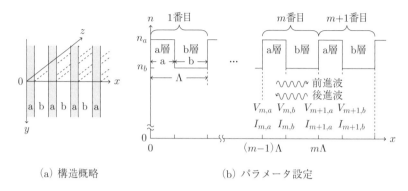

(a) 構造概略　　　　　　　　　(b) パラメータ設定

図 **9.1**　1 次元周期構造の概略
$V_{m,a}$, $I_{m,a}$：m 番目 a 層左端における電圧・電流値,
$V_{m,b}$, $I_{m,b}$：m 番目 b 層左端における電圧・電流値,
a, b：a・b 層の厚さ, $\Lambda\,(= a + b)$：周期
光の主たる伝搬方向は z 軸

で表され，屈折率は次の周期条件を満たしている。

$$n(x + \Lambda) = n(x) \tag{9.2}$$

9.1.1　1 次元周期構造における TE モードの特性

　等価回路では電界を電圧に，磁界を電流に対応させる。マクスウェル方程式から導かれる，TE モードの非ゼロ電磁界成分（E_y, H_z, H_x）を，それぞれ電圧 V_y と電流 I_z, I_x に置き換える。境界条件（§11.3 参照）より，周期構造の境界で連続とすべき接線成分は電圧 V_y と電流 I_z である。

　周期構造では屈折率が異なる境界で反射波を生じるので，x 軸方向での前進波と後進波を考慮する必要がある。屈折率 n_i の層での横方向伝搬定数を κ_i として，x 軸方向の前・後進波は $\exp\left(\mp j\kappa_i x\right)$ で表せる。これらの和と差も解となるから，第 8 章の結果を利用するため基本解として $\cos\left(\kappa_i x\right)$ と $\sin\left(\kappa_i x\right)$ を利用する。

　本題に入る前の準備として，屈折率 n_i の層における電圧 V_y と電流 I_z の一般解である式 (8.8) と式 (8.9) を，ここに再掲する。

$$V_y(x) = V_{i+} \cos(\kappa_i x) + V_{i-} \sin(\kappa_i x) \quad (i = a, b) \tag{9.3}$$

$$I_z(x) = \frac{\kappa_i}{Z_t} [V_{i+} \sin(\kappa_i x) - V_{i-} \cos(\kappa_i x)] \tag{9.4}$$

$$\kappa_i = \sqrt{(n_i k_0)^2 - \beta^2} \tag{9.5}$$

ただし，κ_i は横方向伝搬定数，β は光波の主たる伝搬方向である z 軸方向の伝搬定数，k_0 は真空中の光の波数，$Z_t = j\omega\mu\mu_0$ は単位長さ当たりのインピーダンス，ω は光の角周波数，μ は全領域で一定の比透磁率，μ_0 は真空の透磁率である。また，$V_{i\pm}$ は屈折率 n_i の層での電圧に対する振幅係数を表す。

式 (9.3)，(9.4) で，屈折率 n_i 内の位置 $x = x_1$ で $V_y = V_1$，$I_z = I_1$，$x = x_2$ ($> x_1$) で $V_y = V_2$，$I_z = I_2$ とすると，これらの電圧・電流特性は式 (8.23) で書ける。層厚を $d_i \equiv x_2 - x_1$ とおくと，電圧と電流の関係は次式で表せる。

$$\begin{pmatrix} V_1 \\ I_1 \end{pmatrix} = \mathrm{F}_i \begin{pmatrix} V_2 \\ I_2 \end{pmatrix} \quad (i = a, b) \tag{9.6}$$

$$\mathrm{F}_i \equiv \begin{pmatrix} A_i & B_i \\ C_i & D_i \end{pmatrix} = \begin{pmatrix} \cos(\kappa_i d_i) & (Z_t/\kappa_i) \sin(\kappa_i d_i) \\ -(\kappa_i/Z_t) \sin(\kappa_i d_i) & \cos(\kappa_i d_i) \end{pmatrix} \tag{9.7}$$

$$|\mathrm{F}_i| = A_i D_i - B_i C_i = 1 \tag{9.8}$$

式 (9.8) より，行列 F_i はユニモジュラーである。

以上の等価回路に関する準備の下で，図 9.1 に示した周期構造の特性を考える。屈折率 n_a，層厚 a の m 番目 a 層の左端での電圧を $V_{m,a}$，電流を $I_{m,a}$ とし，屈折率 n_b，層厚 b の m 番目 b 層の左端での電圧を $V_{m,b}$，電流を $I_{m,b}$ とおく。

このとき，m 番目 a 層の左端と右端（つまり m 番目 b 層左端）での電圧と電流の関係は，式 (9.6) を用いて次式で表せる。

$$\begin{pmatrix} V_{m,a} \\ I_{m,a} \end{pmatrix} = \mathrm{F}_a^{\mathrm{TE}} \begin{pmatrix} V_{m,b} \\ I_{m,b} \end{pmatrix} \tag{9.9a}$$

$$\mathbf{F}_a^{\mathrm{TE}} \equiv \begin{pmatrix} A_a^{\mathrm{TE}} & B_a^{\mathrm{TE}} \\ C_a^{\mathrm{TE}} & D_a^{\mathrm{TE}} \end{pmatrix}$$

$$= \begin{pmatrix} \cos{(\kappa_a a)} & (Z_t/\kappa_a)\sin{(\kappa_a a)} \\ -(\kappa_a/Z_t)\sin{(\kappa_a a)} & \cos{(\kappa_a a)} \end{pmatrix} \tag{9.9b}$$

ただし，κ_a は a 層での横方向伝搬定数である．また，m 番目 b 層の左端と右端（つまり $m+1$ 番目 a 層左端）での電圧と電流の関係も，同様にして

$$\begin{pmatrix} V_{m,b} \\ I_{m,b} \end{pmatrix} = \mathbf{F}_b^{\mathrm{TE}} \begin{pmatrix} V_{m+1,a} \\ I_{m+1,a} \end{pmatrix} \tag{9.10}$$

で書ける．ここで，$\mathbf{F}_b^{\mathrm{TE}}$ は式 (9.9b) における $\mathbf{F}_a^{\mathrm{TE}}$ で層厚と添え字を a から b に置き換えて得られる．上記の行列 $\mathbf{F}_a^{\mathrm{TE}}$ と $\mathbf{F}_b^{\mathrm{TE}}$ は

$$|\mathbf{F}_i^{\mathrm{TE}}| = A_i^{\mathrm{TE}} D_i^{\mathrm{TE}} - B_i^{\mathrm{TE}} C_i^{\mathrm{TE}} = 1 \quad (i = a, b) \tag{9.11}$$

を満たし，層番 m に依存せず，ともにユニモジュラーである．

m 番目 a 層左端と $m+1$ 番目 a 層左端での電圧と電流の関係は，式 (9.9)，(9.10) より，次式で表せる．

$$\begin{pmatrix} V_{m,a} \\ I_{m,a} \end{pmatrix} = \mathbf{F}^{\mathrm{TE}} \begin{pmatrix} V_{m+1,a} \\ I_{m+1,a} \end{pmatrix} \tag{9.12a}$$

$$\mathbf{F}^{\mathrm{TE}} \equiv \mathbf{F}_a^{\mathrm{TE}} \mathbf{F}_b^{\mathrm{TE}} = \begin{pmatrix} A^{\mathrm{TE}} & B^{\mathrm{TE}} \\ C^{\mathrm{TE}} & D^{\mathrm{TE}} \end{pmatrix} \tag{9.12b}$$

$$A^{\mathrm{TE}} = \cos{(\kappa_a a)}\cos{(\kappa_b b)} - \frac{\kappa_b}{\kappa_a}\sin{(\kappa_a a)}\sin{(\kappa_b b)} \tag{9.13a}$$

$$B^{\mathrm{TE}} = \frac{Z_t}{\kappa_a}\sin{(\kappa_a a)}\cos{(\kappa_b b)} + \frac{Z_t}{\kappa_b}\cos{(\kappa_a a)}\sin{(\kappa_b b)} \tag{9.13b}$$

$$C^{\mathrm{TE}} = -\frac{\kappa_a}{Z_t}\sin{(\kappa_a a)}\cos{(\kappa_b b)} - \frac{\kappa_b}{Z_t}\cos{(\kappa_a a)}\sin{(\kappa_b b)} \tag{9.13c}$$

$$D^{\mathrm{TE}} = \cos{(\kappa_a a)}\cos{(\kappa_b b)} - \frac{\kappa_a}{\kappa_b}\sin{(\kappa_a a)}\sin{(\kappa_b b)} \tag{9.13d}$$

$$|\mathbf{F}^{\mathrm{TE}}| = |\mathbf{F}_a^{\mathrm{TE}}| \cdot |\mathbf{F}_b^{\mathrm{TE}}| = A^{\mathrm{TE}} D^{\mathrm{TE}} - B^{\mathrm{TE}} C^{\mathrm{TE}} = 1 \tag{9.14}$$

式 (9.13b,c) におけるインピーダンス Z_t は層に依存しない値である。式 (9.12) における行列 F^{TE} は，隣接する a 層間における TE モードの電圧・電流の関係を表しており，その F パラメータ $A^{\text{TE}} \sim D^{\text{TE}}$ は層番 m に依存しない。式 (9.14) より，行列 F^{TE} はユニモジュラーである。

波動関数が式 (8.8)，(8.9) で表され，屈折率が周期条件 (9.2) を満たす無限周期構造（周期 Λ）では，**ブロッホ–フロケの定理**（付録 C 参照）が適用できる。このとき，1 周期ずれた位置での波動関数の関係式 (9.12) に対して

$$\begin{pmatrix} V_{m,a} \\ I_{m,a} \end{pmatrix} = \lambda \begin{pmatrix} V_{m+1,a} \\ I_{m+1,a} \end{pmatrix}, \quad \lambda = \exp\left(\pm jK^{\text{TE}}\Lambda\right), \quad \Lambda = a + b$$

$$(9.15)$$

が成り立つ。ただし，λ は固有値，K^{TE} は**ブロッホ波数**であり，ブロッホ波数は周期構造の全領域で同じ値をとる。

式 (9.12)，(9.15) より次式が得られる。

$$\begin{pmatrix} A^{\text{TE}} & B^{\text{TE}} \\ C^{\text{TE}} & D^{\text{TE}} \end{pmatrix} \begin{pmatrix} V_{m,a} \\ I_{m,a} \end{pmatrix} = \lambda \begin{pmatrix} V_{m,a} \\ I_{m,a} \end{pmatrix} \qquad (9.16)$$

式 (9.16) で左辺の行列 F^{TE} は式 (9.14) よりユニモジュラーであり，式 (9.16) は形式的に式 (2.37) と同じである。これが自明解以外の解をもつ条件より，付録 A あるいは式 (2.41) と同様にして，次式が導ける。

$$\cos\left(K^{\text{TE}}\Lambda\right) = \frac{1}{2}(A^{\text{TE}} + D^{\text{TE}}) \qquad (9.17)$$

式 (9.17) 右辺に F パラメータの式 (9.13a,d) を代入すると，次式を得る。

$$\cos\left(K^{\text{TE}}\Lambda\right) = \cos\left(\kappa_a a\right)\cos\left(\kappa_b b\right) - \frac{1}{2}\left(\frac{\kappa_b}{\kappa_a} + \frac{\kappa_a}{\kappa_b}\right)\sin\left(\kappa_a a\right)\sin\left(\kappa_b b\right)$$

$$(9.18)$$

式 (9.18) は横方向伝搬定数 κ_a，κ_b を介して伝搬定数 β を含んでいる。この式は**分散関係**（dispersion relation）を表し，後ほど §9.2 で議論する。

9.1.2　1 次元周期構造における TM モードの特性

TM モードでも，TE モードと同様にして，第 8 章での結果が利用できる。屈折率 n_a，層厚 a の m 番目 a 層の左端での電流を $I_{m,a}$，電圧を $V_{m,a}$ とし，屈折率 n_b，層厚 b の m 番目 b 層の左端での電流を $I_{m,b}$，電圧を $V_{m,b}$ とおく（図 9.1 参照）。

このとき，m 番目 a 層左端と右端（つまり m 番目 b 層左端）での電流と電圧が次式で関係づけられる。

$$\begin{pmatrix} I_{m,a} \\ V_{m,a} \end{pmatrix} = \mathrm{F}_a^{\mathrm{TM}} \begin{pmatrix} I_{m,b} \\ V_{m,b} \end{pmatrix} \tag{9.19a}$$

$$\mathrm{F}_a^{\mathrm{TM}} \equiv \begin{pmatrix} A_a^{\mathrm{TM}} & B_a^{\mathrm{TM}} \\ C_a^{\mathrm{TM}} & D_a^{\mathrm{TM}} \end{pmatrix} = \begin{pmatrix} \cos(\kappa_a a) & -(Y_a/\kappa_a)\sin(\kappa_a a) \\ (\kappa_a/Y_a)\sin(\kappa_a a) & \cos(\kappa_a a) \end{pmatrix} \tag{9.19b}$$

ここで，$Y_i = j\omega n_i^2 \varepsilon_0$ $(i = a, b)$ は屈折率 n_i の層でのアドミタンスである。8.2.3 項の議論からわかるように，式 (9.19b) は式 (9.9b) で Z_i を $-Y_i$ に置換して得られる。

m 番目 b 層左端と右端（つまり $m+1$ 番目 a 層左端）についても同様に考えて，

$$\begin{pmatrix} I_{m,b} \\ V_{m,b} \end{pmatrix} = \mathrm{F}_b^{\mathrm{TM}} \begin{pmatrix} I_{m+1,a} \\ V_{m+1,a} \end{pmatrix} \tag{9.20}$$

を得る。ただし，$\mathrm{F}_b^{\mathrm{TM}}$ は式 (9.19b) における $\mathrm{F}_a^{\mathrm{TM}}$ で層厚と添え字を a から b に置き換えて得られる。また，

$$|\mathrm{F}_i^{\mathrm{TM}}| = A_i^{\mathrm{TM}} D_i^{\mathrm{TM}} - B_i^{\mathrm{TM}} C_i^{\mathrm{TM}} = 1 \quad (i = a, b) \tag{9.21}$$

より，同一層内の特性を関係づける行列 $\mathrm{F}_a^{\mathrm{TM}}$ と $\mathrm{F}_b^{\mathrm{TM}}$ もユニモジュラーである。

m 番目 a 層左端と $m+1$ 番目 a 層左端での電流と電圧の関係は，式 (9.19)，(9.20) を用いて，次式で表せる。

$$\begin{pmatrix} I_{m,a} \\ V_{m,a} \end{pmatrix} = \mathrm{F}^{\mathrm{TM}} \begin{pmatrix} I_{m+1,a} \\ V_{m+1,a} \end{pmatrix} \tag{9.22a}$$

$$F^{TM} \equiv F_a^{TM} F_b^{TM} = \begin{pmatrix} A^{TM} & B^{TM} \\ C^{TM} & D^{TM} \end{pmatrix} \tag{9.22b}$$

$$A^{TM} = \cos(\kappa_a a)\cos(\kappa_b b) - \frac{Y_a}{\kappa_a}\frac{\kappa_b}{Y_b}\sin(\kappa_a a)\sin(\kappa_b b) \tag{9.23a}$$

$$B^{TM} = -\frac{Y_a}{\kappa_a}\sin(\kappa_a a)\cos(\kappa_b b) - \frac{Y_b}{\kappa_b}\cos(\kappa_a a)\sin(\kappa_b b) \tag{9.23b}$$

$$C^{TM} = \frac{\kappa_a}{Y_a}\sin(\kappa_a a)\cos(\kappa_b b) + \frac{\kappa_b}{Y_b}\cos(\kappa_a a)\sin(\kappa_b b) \tag{9.22}$$

$$D^{TM} = \cos(\kappa_a a)\cos(\kappa_b b) - \frac{Y_b}{\kappa_b}\frac{\kappa_a}{Y_a}\sin(\kappa_a a)\sin(\kappa_b b) \tag{9.23d}$$

$$|F^{TM}| = |F_a^{TM}| \cdot |F_b^{TM}| = A^{TM}D^{TM} - B^{TM}C^{TM} = 1 \tag{9.24}$$

式 (9.24) より，隣接する a 層左端における TM モードの電流・電圧特性を関連づける行列 F^{TM} もユニモジュラーである。

式 (9.22) にブロッホ–フロケの定理（付録 C 参照）を適用すると，形式的に式 (9.16) と同じ式が成り立つ。それが自明解以外の解をもつ条件より，式 (9.17) と類似の式が得られる。TE・TM モードの分散関係をまとめると，1 つの式

$$\cos(K^S\Lambda) = \cos(\kappa_a a)\cos(\kappa_b b) - \frac{1}{2}\left(\frac{\kappa_b\zeta_b}{\kappa_a\zeta_a} + \frac{\kappa_a\zeta_a}{\kappa_b\zeta_b}\right)\sin(\kappa_a a)\sin(\kappa_b b)$$
$$(S = TE, TM) \tag{9.25}$$

で表現できる。ただし，TE・TM モードの違いは次式で示される。

$$\zeta_i = \begin{cases} 1 & ; TE モード (S = TE) \\ 1/n_i^2 & ; TM モード (S = TM) \end{cases} \quad (i = a, b) \tag{9.26}$$

【1 次元周期構造に対する分散関係のまとめ】

(i) 1 次元周期構造に F 行列を用いることにより分散関係を導いた。

(ii) 異なる 2 種類の媒質からなる周期構造全体に対する特性が，ブロッホ–フロケの定理を利用することにより，1 つの式で表現できる（式 (9.15) 参照）。

(iii) F パラメータ A^S と D^S (S = TE, TM) には横方向伝搬定数 κ_a, κ_b

等が含まれているから，式 (9.25) の右辺は伝搬定数 β を陰に含んでいる。
(iv) 分散関係からフォトニックバンドギャップが導かれる（9.2.1 項参照）。

§9.2　1 次元周期構造における分散関係とフォトニックバンドギャップ

本節では，1 次元周期構造の分散関係でフォトニックバンドギャップ（PBG）が生じることを示した後，PBG を効率よく発生させるための条件を検討する。

9.2.1　1 次元周期構造における分散関係

1 次元周期構造における分散関係の例を図 **9.2** に示す。右側が TE モード，左側が TM モードである。$n_a = 3.0$, $n_b = 1.5$, $b/a = 2.0/1.0$ であり，$\beta = 0$ に対して 4 分の 1 波長積層条件（次項参照）を満たすように設定している。一点鎖線は屈折率から決まる導波領域の境目を表し，これより上側で導波される。

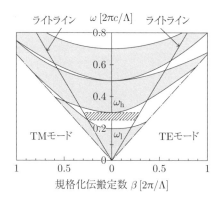

図 **9.2**　1 次元周期構造における TE・TM モードの分散関係
　　　　斜線内はフォトニックバンドギャップ（PBG），
　　　　網掛け部は光波伝搬領域，一点鎖線は導波領域の境目
　　　　ω_h, ω_l：$\beta = 0$ における PBG の上限・下限角周波数，Λ：周期，c：真空中の光速

網掛け部は周期構造での光波伝搬領域で，式 (9.25) の実数解が存在する領域である。

　斜線部はどの方向に対しても伝搬する光波が存在しない領域を示す。これは半導体におけるバンドギャップ（禁制帯）に対応する現象が誘電体で実現されていることを意味し，これを**フォトニックバンドギャップ**（PBG； photonic bandgap）と呼ぶ。図の縦軸の 0.75 近傍は，後述する広義の 4 分の 1 波長積層条件を満たしているが（9.2.2 項参照），固定した周波数に対して伝搬定数 β が一定値以上では光波伝搬領域となるので，これは PBG ではない。

　ライトライン（light line：$\omega = c\beta$）は真空（実質的に空気）中での光波の伝搬特性に対応する。これより上側は

$$0 < \beta < \frac{\omega}{c}(= k_0), \ \text{つまり} \ 0 < n_{\text{eff}} < 1 \tag{9.27}$$

を表す。これは，伝搬定数 β が真空中の光の波数 k_0 以下，実効屈折率 n_{eff} が 1 以下であることを表す。この範囲にフォトニックバンドギャップがあるということは，周期構造の隣接部分に空気層を設ければ，この周波数領域では光波が空気層にのみ存在して，周期構造には存在しなくなることを意味する。つまり，空気層をコア，周期構造をクラッドとして，光波が導波できることになる。

　光導波路では，屈折率の高いコアの周囲を屈折率の低いクラッドで囲み，光波が全反射に基づいてコアで導波されていた（§8.1 参照）。それに対して，屈折率の低い空気層をコアとして光波を伝搬させるということは，周期構造でフォトニックバンドギャップを生じさせて初めて可能となる導波原理である。

　フォトニックバンドギャップを利用した構造は，**フォトニック結晶**や**フォトニック結晶ファイバ**として研究・開発されている。

9.2.2　4 分の 1 波長積層条件

　前項では，周期構造の利用により，光波を空気層で導波させられることを示した。周期構造でフォトニックバンドギャップが生じるということは，周期構造が高い反射係数を示しているといえ，そのための条件を以下で吟味する。

　屈折率 n_a，層厚 a と屈折率 n_b，層厚 b の 2 層からなる周期構造と，屈折率 n_0 の最外層があり（$n_0 < n_b < n_a$），光が最外層から周期構造に垂直入射する

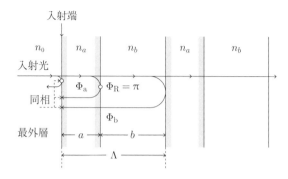

図 9.3 屈折率の異なる 2 層からなる周期構造による回折 ($n_a > n_b > n_0$)
$\Lambda = (a + b)$：周期,
Φ_a, Φ_b：a・b 層の右端で反射した光波の伝搬に伴う位相変化,
Φ_R：反射に伴う位相変化

場合を想定する（**図 9.3**）。

　周期構造には屈折率が異なる境界が多数存在する。入射光は，屈折率の異なる境界で反射し，一部が入射側に戻る。各境界からの反射光が入射端で同位相となれば，干渉の結果，入射端で高い反射係数が得られる。

　位相計算の基準位置を最外層の右端（入射端）とする。位相は伝搬と反射によって変化する。a 層の右端は高屈折率から低屈折率層への境界である。ここで反射する光の入射端までの位相変化は，往復伝搬による位相変化 $\Phi_a = 2n_a a k_0$（$k_0 = 2\pi/\lambda_0$，k_0：真空中の光の波数，λ_0：真空中の光の波長：10.2.3 項参照）と反射に伴う位相変化 $\Phi_R = \pi$（式 (3.47) 参照）の和で表せる。これが入射端で同相となる条件は，$\Phi_a + \Phi_R = 2\pi m_1$（$m_1$：整数）より次式で書ける。

$$n_a a = \frac{1}{2}\left(m_1 - \frac{1}{2}\right)\lambda_0 \quad (m_1：整数) \tag{9.28}$$

　一方，b 層の右端で反射する光の位相変化は，反射に伴う位相変化がゼロとなり，往復伝搬による位相変化 $\Phi_b = 2(n_a a + n_b b)k_0$ だけとなる。これの入射端での同相条件は $\Phi_b = 2\pi m'$（m'：整数）であり，

$$2(n_a a + n_b b) = m'\lambda_0 \tag{9.29}$$

と書ける。式 (9.28) を式 (9.29) に代入すると，b 層に対して次式が得られる。

$$n_b b = \frac{1}{2}\left(m_2 + \frac{1}{2}\right)\lambda_0 \quad (m_2:整数) \tag{9.30}$$

a・b層の右端で反射した光が入射端で同位相となる条件を満たす最小値は,式 (9.28),(9.30) より $n_a a = n_b b = \lambda_0/4$ である。これを **4 分の 1 波長積層条件**(quarter-wave stack condition)と呼ぶ。この条件を位相で表すと,

$$n_a k_0 a = n_b k_0 b = \frac{\pi}{2} \tag{9.31}$$

とも書ける。式 (9.31) の右辺が $\pi/2$ の奇数倍でも入射端で同位相となり,これは広義の 4 分の 1 波長積層条件といえる。式 (9.31) は,層厚を波長より小さくし,高屈折率層の厚さを低屈折率層よりも薄くすべきことを示している。

本項のこれ以前では,光波が周期構造へ垂直入射するときを説明した。光波の主たる伝搬方向が z 軸で伝搬定数が $\beta \neq 0$ のとき,a (b) 層での横方向伝搬定数を κ_a (κ_b) とおく。入射端を基準とした,x 軸方向の a 層右端で反射した光波の往復伝搬と反射に伴う位相変化の和は $\Phi_a + \Phi_R = 2\kappa_a a + \pi$,b 層右端で反射した光波の往復伝搬による位相変化は $\Phi_b = 2(\kappa_a a + \kappa_b b)$ で書ける。これらより,入射端での同相条件は式 (9.28),(9.30) に対応して

$$\kappa_a a = \pi\left(m_1 - \frac{1}{2}\right), \quad \kappa_b b = \pi\left(m_2 + \frac{1}{2}\right) \quad (m_1, \ m_2:整数) \tag{9.32a,b}$$

で得られる。同相条件を満たす最小値は,式 (9.32) より

$$\kappa_a a = \kappa_b b = \frac{\pi}{2} \tag{9.33}$$

となり,式 (9.33) も 4 分の 1 波長積層条件と呼ばれる。式 (9.33) で $\beta = 0$ とおくと,これは式 (9.31) に帰着する。

周期層における屈折率 n_i と層厚 a, b を,4 分の 1 波長積層条件を満たすように適切に設計すると,周期構造で高い反射係数を得ることができる。

【例題 9.1】 屈折率が a 層で 2.5,b 層で 1.5 の 2 層からなる周期構造に光波を垂直入射させる場合,波長 700 nm で 4 分の 1 波長積層条件を満たすのに必要

な各層の最小の厚さを求めよ。

[解]　式 (9.31) より，求める最小厚は a 層で $a = \lambda_0/4n_a = 700/(4 \cdot 2.5) = 70.0\,\mathrm{nm}$，b 層で $b = 700/(4 \cdot 1.5) = 116.7\,\mathrm{nm}$ となる。

9.2.3　フォトニックバンドギャップの角周波数範囲の見積もり

　実用的には，フォトニックバンドギャップ（PBG）がより幅広い角周波数で生じることが望ましく，以下で，PBG が生じる角周波数の範囲を検討する。

　図 9.2 でフォトニックバンドギャップが TE・TM モードともに伝搬定数 $\beta = 0$ のときにも生じていた。ここでは，TE モードの $\beta = 0$ における特性を検討する。このときの分散関係は，式 (9.25) より次式で書ける。

$$\cos\left(K^{\mathrm{TE}}\Lambda\right) = \cos\left(k_a a\right)\cos\left(k_b b\right) - \frac{1}{2}\left(\frac{n_b}{n_a} + \frac{n_a}{n_b}\right)\sin\left(k_a a\right)\sin\left(k_b b\right) \tag{9.34}$$

ただし，$k_a = n_a k_0$，$k_b = n_b k_0$，$k_i\,(i = a, b)$ は屈折率 n_i の媒質中の光の波数である。

　固体物理における周期構造に対する基本理論によると，分散関係は第1ブリュアンゾーン（$|K\Lambda| \leqq \pi$）のみを考慮すればよく，この端点

$$K^{\mathrm{TE}}\Lambda = \pm\pi \tag{9.35}$$

での特性を考える。また，PBG における中心角周波数を ω_c とおき，ここで4分の1波長積層条件（式 (9.31) 参照）が満たされるとする。これからずれた角周波数 ω を規格化して次式で表す。

$$y \equiv \frac{\omega - \omega_c}{c}n_a a = k_a a - \frac{\pi}{2}, \quad y \equiv \frac{\omega - \omega_c}{c}n_b b = k_b b - \frac{\pi}{2} \tag{9.36a,b}$$

　式 (9.35)，(9.36) を式 (9.34) に代入し，加法定理を利用して

$$\frac{1}{2}\left(\frac{n_b}{n_a} + \frac{n_a}{n_b}\right)\cos^2 y - \sin^2 y - 1 = 0 \tag{9.37}$$

が導ける。これを解いて

$$y = \pm \sin^{-1} \frac{n_a - n_b}{n_a + n_b} \tag{9.38}$$

が求められる。式 (9.38) を元の表現の式 (9.36) に戻すと，フォトニックバンド端での上限 ω_{h} および下限の角周波数 ω_{l} が次式を満たす。

$$\frac{\omega_{\mathrm{h}}}{c} n_a a = \frac{\pi}{2} + \sin^{-1} \frac{n_a - n_b}{n_a + n_b}, \quad \frac{\omega_{\mathrm{l}}}{c} n_a a = \frac{\pi}{2} - \sin^{-1} \frac{n_a - n_b}{n_a + n_b}$$

これらより，フォトニックバンドギャップが生じる角周波数の範囲が

$$\Delta \omega = \omega_{\mathrm{h}} - \omega_{\mathrm{l}} = 2 \frac{c}{n_a a} \sin^{-1} \frac{n_a - n_b}{n_a + n_b} = \frac{4}{\pi} \omega_{\mathrm{c}} \sin^{-1} \frac{n_a - n_b}{n_a + n_b} \tag{9.39}$$

で見積もれる。式 (9.39) は，フォトニックバンドギャップが得られる角周波数の範囲を広くするには，周期構造を構成する a・b 層の屈折率差 $n_a - n_b$ を大きく設定すべきことを示している。

【例題 9.2】 周期構造をなす a・b 層の屈折率が $n_a = 3.0$，$n_b = 1.5$ のとき，TE モードの垂直入射に対して得られるフォトニックバンドギャップで，中心角周波数に対する相対的な角周波数範囲を見積もれ。

[解]　式 (9.39) に各値を代入すると，相対的な角周波数範囲 $\Delta \omega / \omega_{\mathrm{c}}$ が次式で見積もれる。

$$\frac{\Delta \omega}{\omega_{\mathrm{c}}} = \frac{4}{\pi} \sin^{-1} \frac{3.0 - 1.5}{3.0 + 1.5} = 0.433 \tag{9.40}$$

因みに，図 9.2 の結果で縦軸が 0.25 近傍の PBG では $\Delta \omega / \omega_{\mathrm{c}} = (0.304 - 0.196)/0.25 = 0.432$ であり，式 (9.39) の妥当性が確認できる。

【周期構造での特性のまとめ】

(i) 高・低屈折率層からなる 1 次元無限周期構造の分散関係を，二端子対回路による等価回路で求めた。この手法では層の境界で連続となるべき成分を用いて定式化した。

(ii) 高・低屈折率層からなる無限周期構造では，フォトニックバンドギャップを生じ得る。これは光波を空気中で導波させることを可能にし，従来の

光導波路にはない光の導波原理として利用できる。

(iii) フォトニックバンドギャップを効率よく生じさせるには，4分の1波長積層条件（式 (9.31)，(9.33) 参照）を用い，高・低屈折率層の屈折率差を大きくする必要がある（式 (9.39) 参照）。

【演習問題】

9.1 2層からなる周期構造で，a 層の屈折率 $n = 3.0$，層厚 $a = 50\,\mathrm{nm}$，b 層の屈折率 $n = 1.5$，層厚 $b = 100\,\mathrm{nm}$ である。この周期構造に真空中の波長 $600\,\mathrm{nm}$ の光波が b 層から垂直入射するとき，TE モードにおける隣接する b 層間での電圧（電界）と電流（磁界）の関係を式 (9.12) と類似の形式で求めよ。また，その結果のもつ意味を考えよ。

9.2 光波が周期構造に垂直入射するときについて，次の問に答えよ。

① このとき，伝搬定数が $\beta = 0$ となることを説明せよ。

② 式 (9.18) で示される TE モードに対する分散関係が，禁止帯の中心（$\lambda/4$ 積層条件）では次式で表されることを示せ。

$$\cos\left(K^{\mathrm{TE}}\Lambda\right) = -\frac{1}{2}\left(\frac{n_b}{n_a} + \frac{n_a}{n_b}\right)$$

9.3 TE モードの分散関係の式 (9.18) について次の問に答えよ。

① この式が次式に変形できることを示せ。

$$\cos\left(K^{\mathrm{TE}}\Lambda\right) = \cos\left(\kappa_a a + \kappa_b b\right) - \frac{\left(\kappa_a - \kappa_b\right)^2}{2\kappa_a \kappa_b}\sin\left(\kappa_a a\right)\sin\left(\kappa_b b\right)$$

② 屈折率が $|n_a - n_b| \ll n_a, n_b$ を満たしているとき，次式で近似できることを示せ。

$$K^{\mathrm{TE}}\Lambda \fallingdotseq \kappa_a a + \kappa_b b$$

これは第1ブリュアンゾーンの端点 $K^{\mathrm{TE}}\Lambda = \pi$ で4分の1波長積層条件が満たされていることを意味する。

第10章 光工学における諸概念

　本書の主目的は，光工学における主要な内容を，電気回路における F 行列と対応づけて議論することであるが，それだけでは光工学での諸課題をカバーできない。本章では，光工学を理解する上で有用な基本事項を説明する。

　§10.1 では，電波と光における現象について，類似性や周波数（波長）の違いに起因する相違点を説明する。§10.2 では屈折率，光線，光路長など，光固有の概念やその意義を述べる。§10.3 ではフェルマーの原理や，光線方程式，マリュスの定理を通して，光伝搬に関する関連事項を説明して，光工学の理解を促す。

§10.1　電波と光における類似点と相違点

　電波と光は同じ電磁波の仲間であり，その振る舞いはマクスウェル方程式から導くことができる。両者の違いは周波数，すなわち波長にある。**電波**（radiowave）は，法律により周波数が $3\,\mathrm{THz} = 3 \times 10^{12}\,\mathrm{Hz}$ 以下（波長が $0.1\,\mathrm{mm}$ 以上）の電磁波と規定されている。一方，光の定義は厳密ではなく，波長が概ね $10\,\mathrm{nm}$〜数 $100\,\mathrm{\mu m}$ の電磁波を指し，**可視光**（visible light：個人差はあるが，ほぼ $380\,\mathrm{nm}$〜$780\,\mathrm{nm}$）を含んでいる点に特徴がある。たとえば，マイクロ波と可視光の周波数は 5 桁以上の違いがある。

　電磁波の伝搬速度（式 (3.5) 参照）からわかるように，周波数と波長が反比例する。したがって，高周波化と短波長化は同義語である。電磁波の周波数（波長）に関する一般的性質の違いを**表 10.1** に示す。高周波には，光が当然含まれている。電波と光の違いを，以下では具体的な事柄で説明する。

表 10.1　電磁波の性質の概要

	低周波（長波長）	高周波（短波長）
干渉	長い距離差で生じる	短い距離差で生じる
回折	大	小（指向性：大）
伝送容量（帯域）	小	大
伝送媒体	無線のみ	有線が可能
可測量	電界	強度（光領域）

(1)　干渉

干渉（interference）とは波源から出た電磁波が，途中で複数に分岐されて別々の経路を伝搬した後に再び同一位置に存在するとき，電磁波の強度が元より強め合ったり，弱め合ったりする現象である。複数の経路による距離差が，波長の整数倍のときに強め合い，波長の半整数倍のときに弱め合う。

電波が山岳や建物などで反射するとき，直接届く電波と反射波との距離差が波長の半整数倍のときには電界が弱くなって不安定となり，これをフェージング（fading）と呼ぶ。

光は波長が非常に短いので，干渉縞は電波のような長距離差では現れず，波長オーダの距離差で観測される。これは微小な距離差の測定に利用できる。

(2)　回折

回折（diffraction）は波動が幾何学的には陰となる場所まで到達する現象である。回折の起こりやすさは，波長と構造物との大小関係で決まる。波長 λ の電磁波が幅 d の開口に垂直入射するとき，開口通過後の電界 E は開口面の法線となす角度 θ とともに減少する。$E = 0$ となる角度 θ_{d} を**回折角**と呼び，これは

$$\sin \theta_{\mathrm{d}} = \frac{\lambda}{d} \tag{10.1}$$

で書ける。波長が長くなるほど電磁波は構造物の背後まで届きやすいが，波長が短い光波では回折角が極度に小さい（演習問題 10.1 参照）。

電波は波長が相対的に長いので，山岳や建物などの障害物があっても届きやすい。そのため，建物の陰でラジオ放送が聞けたり，見通し外通信（直接見通

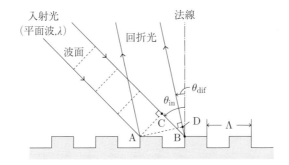

図 10.1　平面回折格子による回折
　　　　Λ：周期，$\theta_{\rm in}$：入射角，$\theta_{\rm dif}$：回折角（法線に対して $\theta_{\rm in}$ と同じ側を正）
　　　　破線は波面を表す。

せない位置への電波の送受信）が可能となったりする。これに対して，光波の
波長は電波よりもはるかに短いので，通常目にする構造物では，そこで光が遮
断されるだけである。

　一方，CD や DVD などの光ディスクに蛍光灯などの白色光が照射されると，
表面からの光が色づいて見える。この現象は次のようにして説明できる。

　光ディスクの表面には，直接視認できないピットが渦巻き状に配置されてい
る。これは半径方向では可視光の波長に近い一定の周期をもつ周期構造とみな
せる。因みに，周期は CD で 1.6 μm，DVD で 0.74 μm，BD（Blu-ray disc）
で 0.32 μm である。そのため，光ディスクは**図 10.1** に示すように，一定の周期
をもつ平面回折格子とみなせ，回折により特定の波長の光が見える場合がある。

　平面回折格子の回折条件は次式で示せる。

$$\Lambda(\sin \theta_{\rm in} + \sin \theta_{\rm dif}) = m\lambda \quad (m：回折次数で整数) \qquad (10.2)$$

ここで，Λ は回折格子の周期，$\theta_{\rm in}$ と $\theta_{\rm dif}$ は格子面の法線に対する入射角と回
折角，λ は光波の波長である。

　光ディスクでは，見掛け上その面の法線に対して入射光と反対側で色づいて
観測できるため，反射と思っている人が意外に多い。ここで，反射と回折の違
いを説明する。反射は波長によらず入射角と反射角が等しく（3.4.2 項参照），
物体の像が見える現象である。式 (10.2) で特に回折次数が $m = 0$ のときには

$\theta_{\mathrm{dif}} = -\theta_{\mathrm{in}}$ となり，波長によらず回折光が法線に対して入射光と反対側に出てくるので，これは鏡面反射と呼ばれる。

　これに対して，上記の光ディスクでの回折は，特定の波長に対して入射角と回折角が式 (10.2) を満たしたときにのみ生じる現象である（例題 10.1 参照）。因みに，BD では蛍光灯などの白色光源を背にして BD を傾けたときに回折光が観測され，色づいて見える（演習問題 10.4 参照）。

(3)　指向性

　周波数が高く（つまり波長が短く）なるほど，指向性（つまり直進性）が増す。電波領域での高指向性は，見通し内通信（障害物のない場所での直進波の送受信），GPS（global positioning system），指向性を必要とするアンテナやレーダなどにとって望ましい。

　光でもとりわけレーザになるとさらに指向性が向上するため，光ビームとも呼べる。たとえば，波長 1 μm，ビーム径 1 cm のレーザの場合，1 km 伝搬後でもビーム径は 10 cm 程度にしか広がらない。これは測量にとって都合がよい。

　逆に，電波での低指向性はラジオやテレビなどの放送，超長距離通信，あるいは建物内でも使用する移動体通信（携帯電話）にとって有用である。

(4)　伝送容量

　電磁波を搬送波として利用する場合，情報の帯域幅を一定とすると，周波数が高くなるほど多くのチャネル数を確保できる。この性質は通信用途にとって都合がよく，時代とともに高周波帯が開拓され，実用に供されてきた。

　空間を伝搬媒体とする無線では，移動体通信や無線 LAN（local area network）における利用者数の増加に伴い，情報容量を確保するため高周波帯に移行している。

　光ファイバ通信で使用されるのは電波よりもはるかに高周波の近赤外光（波長 1 μm（300 THz）近傍）であり，比帯域が電波よりもさらに大きく，多くのチャネル数を確保できる。

(5)　伝送線路への閉じ込め

　短波長の電磁波は伝送線路に閉じ込めることができ，有線での利用が可能となる。電波が SHF 帯（3～30 GHz）以上の高周波になって波長が短くなると，電波を物理的実体のある線路内に閉じ込めて伝搬させることが可能となる。そのため，同軸ケーブルや導波管が利用されている。

　1970 年代になると，誘電体材料である石英ガラスを利用した光ファイバが開発された。光ファイバを伝送線路とする光ファイバ通信は，電波よりもはるかに高周波であり，大きな伝送容量をもつ。そのため，光ファイバ通信は誕生後も進化，進展を続け，インターネットなどの現代の情報インフラを支えている。

(6)　可測量

　電波領域では電界を測定することができる。しかし，光は非常に高周波で時間変動が速いため，検出器の応答速度が追い付かない。そのため，電界を直接測定することができず，測定あるいは観測できるのは時間平均された強度情報である。

(7)　同一原理の利用

　電波も光波も波動的側面をもっているため，波長の違いがあっても，原理が共通に使えそうである。しかし，以前の光は可干渉性がなかったため，電波領域で進んでいた原理を光波領域に持ち込むことができなかった。しかし，1960年のレーザの出現により，状況は一変した。

　レーザは可干渉性，単色性，高光強度，指向性（つまり直進性）などの利点をもつ。これらの特性を活かした新しい応用が生まれるとともに，電波領域の原理を光領域で利用する動きがあった。サーキュレータ，アイソレータ，ヘテロダイン・ホモダイン検波などが光領域でも実現され，上記技術用語に光を冠した技術となっている。

　一例として，電波領域での特性インピーダンスと光波領域の屈折率が対応する（§3.3～§3.5）ことを利用した技術を説明する。伝送線路に不均一な場所があれば，そこでインピーダンスが変化して反射が生じる。反射波形を観測すると，不均一位置の測定や種類の同定，品質管理にも利用できる。このような測

定法を TDR（time domain reflectmetry）と呼ぶ。この原理は，光波領域で屈折率の不均一な場所で反射が生じることを利用して，OTDR（optical time domain reflectmetry）として利用されている。

【例題 10.1】光ディスクの半径方向では，ピット列が平面回折格子を形成しているとみなせる。蛍光灯からの光を光ディスクに照射して回折光を観測するとき，次の問に答えよ。

① 光を CD（周期 1.6 μm）に入射角 $\theta_{\mathrm{in}} = 20°$ で照射するとき，回折角 $\theta_{\mathrm{dif}} = -70°$ の方向で眼に見える波長を求めよ。

② ① と同一条件を DVD（周期 0.74 μm）に適用する場合の波長を求めよ。

③ ① と同一条件を BD（周期 0.32 μm）に適用する場合にはどうなるか。

[解答]　① 式 (10.2) より $\lambda = 1600 \,(\sin 20° - \sin 70°)/m = -956/m$ [nm] が可視光（380〜780 nm）に相当する値を見つける。回折次数が $m = -1$ のとき $\lambda = 956$ nm で見えない。$m = -2$ のとき $\lambda = 478$ nm が見える。$m = -3$ のとき $\lambda = 318$ nm で見えない。② $\lambda = 740 \,(\sin 20° - \sin 70°)/m = -442/m$ [nm] で，$m = -1$ のとき $\lambda = 442$ nm だけが見える。③ $\lambda = 320(\sin 20° - \sin 70°)/m = -191/m$ [nm] でどの次数でも見えない。

§10.2　光固有の基本概念

10.2.1　屈折率

　媒質を特性づけるパラメータとして，光領域では屈折率が多用される。屈折率の用語は，異なる媒質の境界面で生じる光の屈折に由来する。これを記述するスネルの法則は，古く 17 世紀から知られている。このように早くから知られるようになった要因として，① 光領域での概念は，目に見える可視光に対する観測結果から発展してきた，② 光の波長は短いので，光線として扱うことができる（次項参照）等の光の特殊性が関連している。本項では，屈折率に対する 3 通りの表示法を紹介する。

　図 10.2 に示すように，光線が媒質 1 から 2 に入射するとき，境界面で折れ曲がって伝搬する。光線の角度を境界面の法線に対して反時計回りにとると，

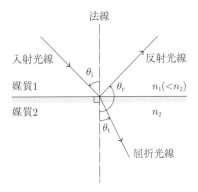

図 10.2 光の屈折と反射
θ_i：入射角，θ_t：屈折角，θ_r：反射角，
$\theta_r = \pi - \theta_i$，図中の n は絶対屈折率

入射角 θ_i と屈折角 θ_t に関連する値が，次式で表される。

$$n_{12} = \frac{\sin \theta_i}{\sin \theta_t} \tag{10.3}$$

この n_{12} は相対屈折率と呼ばれ，角度の正弦値が両媒質だけで決まる。相対屈折率では，媒質が変わるたびに値が変化するので不便である。

そこで，真空中での光速が最速であることを考慮して，真空の屈折率を $n = 1$ と定義する。入射側を真空にとるとき，式 (10.3) の右辺から決まる値を媒質の**絶対屈折率**と呼び，通常，これを**屈折率**と呼んで n で表す。絶対屈折率を用いて式 (10.3) を表したのが屈折の法則である（式 (3.30) 参照）。

2つ目は，媒質中での光の伝搬速度 v が，真空中の光速 c（式 (3.1) 参照）よりも屈折率分だけ遅い（式 (3.5) 参照）ことに着目する。両速度の比を利用して，屈折率を $n = c/v$ で定義する。3つ目は電磁気学に基づく定義であり，その表現を式 (3.4) に示した。

自然界の物質の屈折率は $n > 1$ である。標準空気（1気圧，15°C）の屈折率は $n = 1.00028$ であり，厳密な議論をしない限りは $n \fallingdotseq 1$ としても差し支えない。水では $n = 1.33$ 程度，ガラスでは $n = 1.45 \sim 1.80$ である。半導体の屈折率は比較的高く，近赤外域でケイ素は 3.5，ゲルマニウムは 4.1 程度である。

屈折率 n は一般に角周波数 ω，言い換えれば波長 λ に依存して変化する。この

性質を**分散**（dispersion），このような媒質を**分散性媒質**（dispersive material）
と呼ぶ。分散性媒質での群速度 v_{g} は，$k = n(\omega)\omega/c$（c：真空中の光速）を式
(3.10) に代入して，位相速度 v_{p} と次式で関連づけられる。

$$v_{\mathrm{g}} = \frac{c}{n(\omega) + \omega[dn(\omega)/d\omega]} = v_{\mathrm{p}} - \lambda\frac{dv_{\mathrm{p}}}{d\lambda} = \frac{c}{n(\lambda) - \lambda[dn(\lambda)/d\lambda]}$$
$$(10.4)$$

この式より，分散性媒質では群速度と位相速度が異なることがわかる。

　屈折率が光波の角周波数 ω の増加とともに増加（減少）することを，正常分
散（異常分散）という。可視域近傍で透明な物質は正常分散を示し，$v_{\mathrm{p}} > v_{\mathrm{g}}$
となる。位相速度が真空中の光速 c を超えることがあるが，群速度は必ず c よ
り小さい。屈折率 n が角周波数つまり波長に依存しない媒質を非分散性媒質と
呼び，これでは $v_{\mathrm{p}} = v_{\mathrm{g}}$ となる。

10.2.2　光線

　光を光波で扱う学問分野を波動光学と呼び，本書の多くをこの手法で扱って
いる。この方法は厳密ではあるが，物理的直観に欠けるという欠点をもつ。
　一方，光の振る舞いを線として扱う概念を**光線**（optical ray）といい，これ
は光学現象を直観的に理解しやすくする利点がある。光線の特徴として屈折や
反射（§3.4 参照），**光線の直進性**（10.3.2 項参照），**光線の逆進性**（3.5.4 項参
照）などがある。光を光線で扱う学問分野を幾何光学または光線光学という。
　光線は厳密には波長を無限小とした極限（$\lambda \to 0$）で成り立つが，実質的には
波長が対象とする空間の大きさよりも十分小さい場合に導入できる。そのため，
電波に比べてはるかに波長の短い光の領域では，光線の概念を適用できる範囲
が広い。**光線近似**は，光導波路でコア幅が波長に比べて十分大きいとみなせる
場合（§8.1 参照）や，高周波の電波領域でのアンテナでも使える（§4.4 参照）。
　光波と光線の概念は波面で結びつけられる（**図 10.3**）。波長よりも大きいが，
全波面よりも十分微小な波面をとり，その法線方向に 1 本の光線を対応させる。
すなわち，光線は波面法線の方向を順次つないだものと考えられる。このよう
に光線を設定すると，波面の形状によらず，すべての光波と光線を対応づける

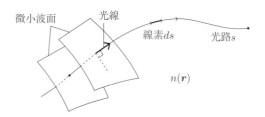

図 10.3 波面と光線の関係
$n(\boldsymbol{r})$：空間で変化する屈折率，
$\boldsymbol{r}$：位置ベクトル

ことができる。

光線の概念が適用できない領域は，次のとおりである。

(i) 干渉や回折など波動固有の現象：干渉や回折では，上述のように波長が本質的な役割をしている。したがって，これらでは波長の概念が欠落している光線が適用できない。

(ii) 振幅や位相が局所的に激しく変動する場所：波動方程式と光線の概念に関係するアイコナール方程式が関係づけられるためには，波動の振幅や位相の1波長当たりの距離での変化が少ないことが条件となる。この条件を満たさない場合，たとえば，光が当たる部分と影の境界部分や，結像レンズの焦点近傍での振る舞いなどには適用できない。

10.2.3 光路長と位相変化

屈折率が空間で変化している媒質中でも光線を設定でき，光線の経路は曲線状となる。光学現象では，一定時間の間に伝搬する光線の経路を把握することが必要となるので，このような状況でも対応しやすくしておくことが重要である。媒質中の光速は各位置の屈折率に応じて変化するから，屈折率の変化を，あらかじめ真空中の伝搬時間に換算しておくと，屈折率の変化に言及しなくて済む。このような目的で導入される距離の概念が光路長である。

図 10.4 に示すように，光線の経路（光路）s に沿って幾何学的微小距離（線素）ds をとる。屈折率 n の位置での光速は，式 (3.5) に示すように，真空中よりも屈折率ぶんだけ遅いから，光線の伝搬時間は，位置に依存した屈折率ぶん

(a) 媒質中の光線の経路 　　　　　　(b) 光路長 φ (真空中)

図 **10.4**　光路長
$n(\boldsymbol{r})$：空間で変化する屈折率，$\boldsymbol{r}$：位置ベクトル，
ds：光路に沿った微小距離（線素），
AB 間と A′B′ 間で光の伝搬時間が等しい

を掛けた長い距離を伝搬することと等価である。

　空間的に変化する屈折率 $n(\boldsymbol{r})$（$\boldsymbol{r}$：3 次元位置ベクトル）の媒質中での光線の伝搬時間と，同じ時間で真空中（$n=1$）を伝搬する距離は

$$\varphi \equiv \int n(\boldsymbol{r})ds \tag{10.5}$$

で定義できる。式 (10.5) で定義される距離は，**光路長**（optical path length）または**光学距離**（optical distance）と呼ばれる。屈折率 n が空間的に一様なとき，光路長は（屈折率 × 幾何学的距離）で求められる。

　伝搬に伴う位相変化 ϕ は，媒質中の光の波数 $k=nk_0$（k_0：真空中の光の波数）と幾何学的伝搬距離 z との積で与えられる。これはまた，光路長 φ と真空中の光の波数 k_0 の積としても求められる。

$$\phi = nk_0z = \varphi k_0 \tag{10.6}$$

§10.3　光の伝搬に関する基本原理・定理と関連事項

10.3.1　フェルマーの原理

　本項と次項では，屈折率が空間で変化する媒質中を，光がどのようにして伝搬するかについて考える。

　図 **10.5** に示すように，空間における任意の 2 点 P，Q 間を固定する。この 2 点間を伝搬する光線の経路（光路）は次式で表される。

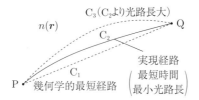

図 10.5 フェルマーの原理

$n\,(\boldsymbol{r})$：空間的に変化する屈折率

C_1 の方が幾何学的距離が短いが，光路長が最小で最短時間で伝搬する C_2 が実現経路となる

$$\delta I = \delta \int c\,dt = 0 \tag{10.7}$$

ただし，δ は変分，c は真空中の光速を表す．変分とは，関数 $f(x)$ の関数である汎関数があるとき，関数 $f(x)$ の微小変化に対する汎関数の変化量を表し，ここでの $f(x)$ は光線の経路，汎関数は真空中に換算された光線の伝搬距離である．

式 (10.7) は，2 点 P，Q 間であらゆる光路を想定するとき，実現される光路は伝搬時間が極値，現実的には最短時間の経路であることを意味する．これは**フェルマーの原理**（Fermat's principle）あるいは**最小時間の原理**（least time principle）と呼ばれる．

式 (10.7) を，空間的に変化する屈折率 $n(\boldsymbol{r})$（$\boldsymbol{r}$：3 次元位置ベクトル）の媒質中の表現に変換するため，屈折率 n の位置での光速を v，線素 ds の伝搬時間を dt とする．このとき，$n = c/v$ を利用して，式 (10.7) の被積分項が

$$c\,dt = c\frac{ds}{v} = \frac{c}{v}ds = n\,ds$$

で書ける．これを式 (10.7) に代入すると，次式に書き直せる．

$$\delta I = \delta \int n(\boldsymbol{r})ds = 0 \tag{10.8}$$

式 (10.8) により，屈折率が変化する空間中を実際に伝搬する光線の経路は，光路長が最小値をとることに言い換えられた．

フェルマーの原理に従うと，ある 2 点間を伝搬する光線が途中で屈折や反射

により異なる経路をとる場合，屈折面や反射面を介した光路長の和（差）が等しい場合には結像関係を満たして実像（虚像）ができる。

10.3.2　光線方程式

本項では，屈折率が空間で変化する媒質中を光線が伝搬するとき，光線の軌跡を求める方法を紹介する。

空間的に変化する屈折率 $n(\boldsymbol{r})$ の媒質中を伝搬する光線の軌跡は，**光線方程式**（ray equation）

$$\frac{d}{ds}\left[n(\boldsymbol{r})\frac{d\boldsymbol{r}}{ds}\right] = \mathrm{grad}[n(\boldsymbol{r})] \tag{10.9}$$

$$\frac{d\boldsymbol{r}}{ds} = \left(\frac{dx}{ds}, \frac{dy}{ds}, \frac{dz}{ds}\right) \quad :\text{デカルト座標系}$$

で記述できる。ただし，s は光線に沿った経路である。式 (10.9) の右辺は屈折率の勾配を表すから，$n(\boldsymbol{r}) \neq$ 定数 のとき，光線は屈折率の空間変化が大きい方へ曲がることがわかる。

屈折率が一様なとき，式 (10.9) の左辺 [ ] 内が定数となり，次式で書ける。

$$n\frac{d\boldsymbol{r}}{ds} = \boldsymbol{a}_0 \quad (\boldsymbol{a}_0 : 定ベクトル) \tag{10.10}$$

式 (10.10) は，一様媒質中では屈折率と光線の方向余弦の積が一定となることを表し，応用上重要である（4.1.1，7.1.1 項参照）。式 (10.10) を積分すると

$$\boldsymbol{r} = \boldsymbol{r}_0 + \frac{\boldsymbol{a}_0}{n}s \quad (\boldsymbol{r}_0 : 定ベクトル) \tag{10.11}$$

を得る。これは，初期値 $\boldsymbol{r}_0$ を通り $\boldsymbol{a}_0$ に平行な直線を表し，一様媒質中では光が直進するという**光線の直進性**を示している。

フェルマーの原理は光線の伝搬経路を記述する積分表示，光線方程式は微分表示であるが，両者は等価である。光線方程式は光線の軌跡を出発位置から順次求めることができるので，具体的な問題に適用しやすく，本書でもいくつかの場面で使用している。

10.3.3　マリュスの定理

屈折と反射に関するスネルの法則を §3.4 で，屈折と反射を利用した結像作用

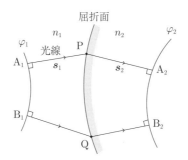

図 10.6　マリュスの定理
n_i：屈折率，φ_i：波面，$\boldsymbol{s}_i$：光線の向き，$\varphi_i \perp \boldsymbol{s}_i$ $(i = 1, 2)$，
A_1PA_2 間と B_1QB_2 間の光路長が等しい

を §4.2 と §4.3 で，光線に基づいて説明した．また，光線と波面の直交関係を
10.2.2 項で説明した．しかし，ある程度の広がりをもつ波面（光線の集合とし
ての光線束）が屈折面や反射面において，どのように振る舞うかについては，必
ずしも自明なことではない．

　光線束が屈折率の異なる境界面に入射する様子を**図 10.6** に示す．入射前の
波面を φ_1 とすると，波面上の任意の点 A_1 から出る光線は，φ_1 と直交する向
き $\boldsymbol{s}_1$ 方向に伝搬する．境界面上の点 P に達した光線はここで屈折し，屈折後
の光線が点 A_2 に到達する．このとき，そこでの光線の向き $\boldsymbol{s}_2$ と波面 φ_2 が常
に直交している（証明は省略）．これを**マリュスの定理**（theorem of Malus）と
いう．

　マリュスの定理により，光が屈折や反射を何度繰り返しても，その振る舞い
は直感的にわかりやすい光線で考えるだけでよく，波面について改めて考慮す
る必要がなくなる．

10.3.4　レンズの位相変換作用
　光軸に平行に伝搬してきた光線が，焦点距離 $f(> 0)$ の球面凸レンズに入射
すると，レンズ透過後に光線はレンズの後側焦点 F_2 に向かって伝搬する（§4.2
参照）．光線と波面は直交し（10.2.2 項参照），またマリュスの定理により，レ
ンズ透過後も光線と波面が直交する．これらは，光軸に垂直な平面波が，レン

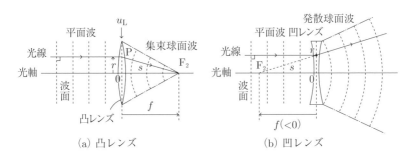

図 **10.7**　レンズの位相変換作用
u_L：レンズの複素振幅透過率，
$s^2 = f^2 + r^2$，f：焦点距離，r：レンズ上の光軸からの距離，
F_2：後側焦点

ズ透過後に焦点 F_2 を中心とした集束球面波に変換されることを意味する（図
10.7）。つまり，凸レンズは波面変換作用をもつと考えることができる。

　波面変換作用を位相変換作用として記述するため，光波の複素振幅を u
$= \exp(-jks)$ で表す。位相項において，$k = 2\pi/\lambda$ は伝搬媒質中の光波の
波数，λ は光波の波長，s は伝搬距離を表す。

　伝搬距離 s をレンズ特性と関連づけるため，光軸を原点としてレンズ面座標
を (x, y) で表す。光軸から距離 $r = \sqrt{x^2 + y^2}$ にあるレンズ面上の点 P と焦
点 F_2 は，$s^2 = f^2 + r^2$ で結びつけられる。近軸光線を想定して $r \ll f$ とす
ると，s は

$$s = \sqrt{f^2 + r^2} = f\left[1 + \left(\frac{r}{f}\right)^2\right]^{1/2} \fallingdotseq f + \frac{r^2}{2f} \qquad (10.12)$$

で近似できる。式 (10.12) における第 1 項はレンズ面全体で同一の効果をもた
らすから，波面の集束作用に寄与するのは第 2 項である。

　したがって，凸レンズの波面変換作用に寄与する位相因子 u_L は，複素振幅
透過率の形で

$$u_\mathrm{L} = \exp\left(-j\frac{k}{2f}r^2\right) = \exp\left(-j\frac{\pi}{\lambda f}r^2\right) \qquad (10.13)$$

で表すことができる。式 (10.13) は，**結像作用**では，複素振幅透過率の位相項

に光軸からの距離 r の 2 乗に比例する因子が含まれることを示している。このことは，複素振幅透過率の位相項に r^2 に比例する因子を含むものは，球面レンズ以外の光学素子でも結像作用をもつことを表す。

式 (10.13) で位相項の符号を反転させると，同じ式が凹レンズ（焦点距離 $f < 0$，光軸に垂直に進んできた平面波を，焦点 F_2 から出る発散球面波に変換する作用をもつ）にも適用できる（図 10.7(b) 参照）。

【演習問題】

10.1 下記の電磁波が幅 $10\,\mathrm{mm}$ の開口に垂直入射するとき，回折角 θ_d を求めよ。
① 周波数 $50\,\mathrm{GHz}$（電波），② 波長 $500\,\mathrm{nm}$（可視光）。

10.2 ガラスの屈折率がコーシーの分散式 $n = 1.42 + B/\lambda^2$（$B = 1.6 \times 10^4\,\mathrm{nm}^2$）で表されている。このとき，次の各問に答えよ。
① 波長 $\lambda = 700\,\mathrm{nm}$ の光に対する屈折率，位相速度 v_p，群速度 v_g を求めよ。
② 上記波長では正常分散，異常分散のいずれか，根拠を示して答えよ。

10.3 厚さ $2.0\,\mathrm{mm}$ のクラウンガラス（屈折率 1.518）と厚さ $3.0\,\mathrm{mm}$ のフリントガラス（屈折率 1.620）が貼り合わされ，空気中に置かれている。これに真空中で波長 $589\,\mathrm{nm}$ の光が垂直入射するとき，次の問に答えよ。
① 貼り合わされたガラスを透過する際の光路長を求めよ。
② ガラス透過に伴う位相変化を求めよ。

10.4 ブルーレイディスク（BD）では，ピット列が半径方向に周期 $0.32\,\mathrm{\mu m}$ で平面回折格子を形成しているとみなせる。蛍光灯からの光を BD に照射させるとき，次の問に答えよ。
① 入射角 $\theta_\mathrm{in} = 30°$ で照射するとき，回折角 $\theta_\mathrm{dif} = 40°$ で可視光（波長 380〜780 nm）が観測できるか。
② 入射角が $\theta_\mathrm{in} = 30°$ のとき，可視光が観測される回折角 θ_dif の範囲を求めよ。

第11章　電磁波の理論

　これ以前の章では，本書の主旨を優先させるため，論理的には必要な内容を敢えて後回しにしてきた。それらの内容をまとめてここで提示する。

　§11.1 では，電磁波を記述する上で基礎となる，マクスウェル方程式と構成方程式を示した後，マクスウェル方程式から波動方程式を導く。§11.2 では，電磁波エネルギーなど，電磁波の基本概念と性質を説明する。§11.3 では，異なる媒質の境界面での電磁界の接続方法を記述する境界条件を説明する。

§11.1　マクスウェル方程式と関連する概念

11.1.1　マクスウェル方程式と構成方程式
　電波や光波を含む電磁波の振る舞いはマクスウェル方程式（Maxwell's equations）を用いて導くことができる。媒質中での特性も含めると，これは

$$\nabla \times \boldsymbol{E} = -\frac{\partial \boldsymbol{B}}{\partial t} \qquad \text{：ファラデーの電磁誘導法則} \qquad (11.1\text{a})$$

$$\nabla \times \boldsymbol{H} = \frac{\partial \boldsymbol{D}}{\partial t} + \boldsymbol{J} \qquad \text{：アンペールの法則} \qquad (11.1\text{b})$$

$$\mathrm{div}\,\boldsymbol{D} = \rho \qquad \text{：電束に関するガウスの法則} \qquad (11.1\text{c})$$

$$\mathrm{div}\,\boldsymbol{B} = 0 \qquad \text{：磁束に関するガウスの法則} \qquad (11.1\text{d})$$

で記述できる。各パラメータは SI 単位系で，$\boldsymbol{E}$ [V/m] は電界，$\boldsymbol{H}$ [A/m] は磁界，$\boldsymbol{D}$ [C/m^2] は電束密度，$\boldsymbol{B}$ [T：テスラ] は磁束密度，$\boldsymbol{J}$ [A/m^2] は電流密度，ρ [C/m^3] は電荷密度を表す。

　電荷の移動が電流となるから，電流密度 $\boldsymbol{J}$ と電荷密度 ρ は独立ではなく，これらは連続の方程式（equation of continuity）

$$\frac{\partial \rho}{\partial t} + \mathrm{div} \boldsymbol{J} = 0 \tag{11.2}$$

を満たしている。式 (11.2) は**電荷保存則**を表し，任意の閉曲面で流入・出する
電流の流束が，その内部での電荷の増加・減少量に等しいことを意味する。

　電界の時空間的な変化は，マクスウェル方程式 (11.1a,b) により，磁束や磁界
の変化を誘起し，さらに磁界の変化が電束や電界の変化を引き起こす。このよ
うに，電磁界が互いに新たな成分を誘起しながら伝搬する波動が生まれる。こ
の波動を**電磁波**（electromagnetic wave）と呼ぶ。

　媒質中での電磁波を考える場合には，誘電体中に発生する**電気分極** $\boldsymbol{P}$ $[\mathrm{C/m^2}]$
や磁性体での**磁化** $\boldsymbol{M}$ $[\mathrm{T}]$ を考慮する必要があり，これらは

$$\boldsymbol{D} \equiv \varepsilon_0 \boldsymbol{E} + \boldsymbol{P} \tag{11.3a}$$

$$\boldsymbol{B} \equiv \mu_0 \boldsymbol{H} + \boldsymbol{M} \tag{11.3b}$$

で関係づけられる。ただし，ε_0 は真空の誘電率，μ_0 は真空の透磁率である。

　電界 $\boldsymbol{E}$ や磁界 $\boldsymbol{H}$ がそれほど大きくないとき，電気分極 $\boldsymbol{P}$ と磁化 $\boldsymbol{M}$ がそ
れぞれ $\boldsymbol{E}$ と $\boldsymbol{H}$ に比例し，$\boldsymbol{P} = \chi_\mathrm{e} \varepsilon_0 \boldsymbol{E}$，$\boldsymbol{M} = \chi_\mathrm{m} \mu_0 \boldsymbol{H}$ と書ける（χ_e：電気
感受率，χ_m：磁化率）。これらを式 (11.3a,b) に代入して，電束密度 $\boldsymbol{D}$ と磁束
密度 $\boldsymbol{B}$ が次式で表せる。

$$\boldsymbol{D} \equiv \varepsilon \varepsilon_0 \boldsymbol{E}, \quad \varepsilon = 1 + \chi_\mathrm{e} \tag{11.4a}$$

$$\boldsymbol{B} \equiv \mu \mu_0 \boldsymbol{H}, \quad \mu = 1 + \chi_\mathrm{m} \tag{11.4b}$$

ここで，ε は媒質の**比誘電率**（relative dielectric permittivity），μ は媒質の**比
透磁率**（relative magnetic permeability）を表す。ε と μ は真空での値に対
する相対比を表し，無次元である。書物によっては，ここでの $\varepsilon \varepsilon_0$ や $\mu \mu_0$ を ε
や μ と表し，これらが媒質の誘電率，透磁率と表示される場合もある。

　磁化は外部電磁波による原子内電子の歳差運動で生じるが，磁性体以外の自
然界の物質では，その構成単位の大きさが可視光の波長に比べて約 4 桁小さい
ために影響が小さく，光の領域では比透磁率を $\mu = 1$ としても差し支えない。

　導電体では，式 (11.1b) における $\boldsymbol{J}$ が伝導電流

$$J_c \equiv \sigma E \tag{11.5}$$

で表される。ここで，σ [S/m] は導電率または電気伝導度と呼ばれる。

物質の性質と電磁界との関係を表す式 (11.3)〜(11.5) は**構成方程式**（constitutive equations）または物質方程式と呼ばれる。媒質中の電磁波の振る舞いは，マクスウェル方程式と構成方程式を連立させて解くことにより求めることができる。

11.1.2　無損失等方性媒質での波動方程式

本項では，無損失（$J = \rho = 0$）の等方性媒質中における 3 次元波動方程式を導く。式 (11.4) で比誘電率 ε と比透磁率 μ がともに時間に依存せず，空間的に緩やかに変化している（ε と μ の 1 波長当たりの変化が微小）とする。

マクスウェル方程式 (11.1a) を μ で割った後に両辺の rot，つまり $\nabla\times$ をとった式と，式 (11.1b) の両辺を t で偏微分した式が

$$\nabla \times \left[\frac{1}{\mu}(\nabla \times E)\right] = -\mu_0 \nabla \times \frac{\partial H}{\partial t}, \quad \nabla \times \frac{\partial H}{\partial t} = \varepsilon\varepsilon_0 \frac{\partial^2 E}{\partial t^2}$$

で書ける。第 2 式を第 1 式の右辺に代入して H を消去すると，次式が得られる。

$$\mathrm{rot}\left(\frac{1}{\mu}\mathrm{rot} E\right) = -\varepsilon\varepsilon_0\mu_0 \frac{\partial^2 E}{\partial t^2} \tag{11.6}$$

式 (11.6) の左辺でベクトル演算 $\mathrm{rot}(f A) = f\mathrm{rot} A + (\mathrm{grad} f) \times A$ を用いた後に，μ の空間変化が緩やかであることを利用し，さらにベクトル公式 $\mathrm{rot}\,\mathrm{rot} = \mathrm{grad}\,\mathrm{div} - \nabla^2$ を適用すると，次式を得る。

$$\mathrm{grad}(\mathrm{div} E) - \nabla^2 E + \varepsilon\varepsilon_0\mu\mu_0 \frac{\partial^2 E}{\partial t^2} = 0 \tag{11.7}$$

これに式 (11.1c) より得られる $\mathrm{div} E = 0$ を第 1 項に代入すると，これが消失する。

磁界 H に対しても，上と同様の手順で式 (11.1a,b) から E を消去すると，形式的に電界と同じ式を得る。

以上より，無損失・等方性媒質で比誘電率と比透磁率の空間変化が緩やかなとき，電磁波を形成する電界 E と磁界 H に対する微分方程式が

$$\nabla^2 \boldsymbol{\Psi}(\boldsymbol{r}, t) - \frac{1}{v^2} \frac{\partial^2 \boldsymbol{\Psi}(\boldsymbol{r}, t)}{\partial t^2} = 0 \quad (\boldsymbol{\Psi} = \boldsymbol{E}, \boldsymbol{H}) \tag{11.8}$$

$$\frac{\partial^2 \boldsymbol{\Psi}}{\partial x^2} + \frac{\partial^2 \boldsymbol{\Psi}}{\partial y^2} + \frac{\partial^2 \boldsymbol{\Psi}}{\partial z^2} - \frac{1}{v^2} \frac{\partial^2 \boldsymbol{\Psi}}{\partial t^2} = 0 \quad : \text{デカルト座標系} \tag{11.9}$$

で表される。ただし，$v = c/n$ は媒質中の光速（位相速度），c は真空中の光速，n は媒質の屈折率，$\boldsymbol{r}$ は 3 次元位置ベクトルを表す。式 (11.8) は，媒質中の電磁波に対する 3 次元スカラー**波動方程式**である。これにより電界と磁界が成分ごとの微分方程式で求められる（式 (3.14) 参照）。

　電磁界が一定の角周波数 ω で変動している場合，式 (11.8) で時間変動項を含めて $\boldsymbol{\Psi}(\boldsymbol{r}, t) = \psi(\boldsymbol{r}) \exp(j\omega t)$ とおくと，次式が得られる。

$$\nabla^2 \boldsymbol{\psi}(\boldsymbol{r}) + |\boldsymbol{k}|^2 \boldsymbol{\psi}(\boldsymbol{r}) = 0, \quad |\boldsymbol{k}|^2 = \varepsilon\mu \frac{\omega^2}{c^2} = \varepsilon\mu k_0^2 \tag{11.10}$$

式 (11.10) は電磁波の位置 $\boldsymbol{r}$ に関する情報を含み，**ヘルムホルツ方程式**（Helmholtz equation）と呼ばれる。ここで，$\boldsymbol{k}$ は媒質中の**波数ベクトル**であり，その向きは波面の伝搬方向に一致し，大きさ $k = |\boldsymbol{k}|$ は媒質中の電磁波の波数を表す。k_0 は真空中の電磁波の波数である。電磁波の各種特性および性質が式 (11.8) や式 (11.10) を出発式として導けるので，これらの方程式は重要である。

§11.2　電磁波の性質

11.2.1　3 次元波動

　無損失・等方性媒質に対する 3 次元波動方程式 (11.8) の解は，1 次元波動（3.2.1 項参照）と同様にして，時間 t と位置ベクトル $\boldsymbol{r}$ に依存する項に関する変数分離法で求めることができる。その解は次式で得られる。

$$\boldsymbol{\Psi} = \exp\left[j(\omega t \mp \boldsymbol{k} \cdot \boldsymbol{r})\right] \quad (\boldsymbol{\Psi} = \boldsymbol{E}, \boldsymbol{H}) \tag{11.11}$$

ここで，ω は角周波数，$\boldsymbol{k}$ は媒質中の電磁波の波数ベクトルである。式 (11.11) は平面電磁波を表し，複号のうち $-\,(+)$ は前進波（後進波）を表す。1 次元波動と異なり，この場合は波数部分がベクトルで表されている。

波動の伝搬方向の単位ベクトルである**波面法線ベクトル** (wave-normal vector) を $s = k/|k|$ で表すと，無損失・等方性媒質中の平面電磁波は

$$\boldsymbol{\Psi} = \boldsymbol{\Psi}(vt - \boldsymbol{r} \cdot \boldsymbol{s}) \quad (\boldsymbol{\Psi} = \boldsymbol{E}, \boldsymbol{H}) \tag{11.12}$$

とも書ける。これらを式 (11.1) に適用すると，電界 $\boldsymbol{E}$，磁界 $\boldsymbol{H}$，波数ベクトル $\boldsymbol{k}$，波面法線ベクトル $\boldsymbol{s}$ が次式で関係づけられる。

$$\boldsymbol{E} = \frac{1}{\omega \varepsilon \varepsilon_0} \boldsymbol{H} \times \boldsymbol{k} = Z_{\mathrm{w}} \boldsymbol{H} \times \boldsymbol{s} \tag{11.13a}$$

$$\boldsymbol{H} = -\frac{1}{\omega \mu \mu_0} \boldsymbol{E} \times \boldsymbol{k} = -\frac{1}{Z_{\mathrm{w}}} \boldsymbol{E} \times \boldsymbol{s} \tag{11.13b}$$

$$\boldsymbol{k} = \frac{\omega \varepsilon \varepsilon_0}{|\boldsymbol{H}|^2} \boldsymbol{E} \times \boldsymbol{H} = \frac{k^2}{\omega \mu \mu_0 |\boldsymbol{H}|^2} \boldsymbol{E} \times \boldsymbol{H} \tag{11.13c}$$

$$\boldsymbol{s} = \frac{\boldsymbol{k}}{|\boldsymbol{k}|} = \frac{1}{Z_{\mathrm{w}}} \frac{\boldsymbol{E}}{|\boldsymbol{H}|} \times \frac{\boldsymbol{H}}{|\boldsymbol{H}|} \tag{11.13d}$$

$$Z_{\mathrm{w}} \equiv \sqrt{\frac{\mu}{\varepsilon}} Z_0 = \frac{\omega \mu \mu_0}{k} = \frac{k}{\omega \varepsilon \varepsilon_0} \tag{11.14}$$

$$Z_0 \equiv \sqrt{\frac{\mu_0}{\varepsilon_0}} = 120 \pi \, \Omega = 377.0 \, \Omega \tag{11.15}$$

$$Y_0 \equiv \frac{1}{Z_0} = 2.65 \times 10^{-3} \mathrm{S} \, [\text{ジーメンス}] \tag{11.16}$$

ただし，Z_{w} は**波動インピーダンス** (wave impedance) または媒質の**固有インピーダンス** (intrinsic impedance)，Z_0 は**真空インピーダンス** (impedance of free space)，Y_0 は**真空アドミタンス** (admittance of free space) と呼ば

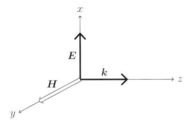

図 11.1 電磁波における電磁界と波数ベクトル
等方性媒質では電界 $\boldsymbol{E}$，磁界 $\boldsymbol{H}$，波数ベクトル $\boldsymbol{k}$ が右手系をなす。

れる。空気 ($\varepsilon = \mu \fallingdotseq 1.0$) 中では，波動インピーダンスを真空インピーダンスと同一視 ($Z_\mathrm{w} = Z_0$) しても差し支えない。

式 (11.13a) は，電界と磁界の振幅比が時間と位置に依存しない一定値となり，この比が波動インピーダンスに比例することを示す。式 (11.13) は，ベクトル $\boldsymbol{E}$，$\boldsymbol{H}$，$\boldsymbol{k}$ が右手系をなすことを示している（**図 11.1**）。等方性媒質の場合，電磁波エネルギーは $\boldsymbol{k}$ 方向に伝搬する（11.2.2 項参照）。伝搬方向の電磁界成分をもたない電磁波を TEM 波という。

11.2.2　電磁波エネルギーとポインティングベクトル

電磁波はエネルギーをもっており，外部に対して仕事をすることができる。本項では，無損失・等方性媒質を想定して，電磁波によって運ばれるエネルギーについて説明する。

電磁波を形成する電磁界により蓄えられる，単位体積当たりのエネルギー密度 U [J/m^3] は，マクスウェル方程式および式 (11.4) を利用することにより，次式で表される。

$$U = U_\mathrm{e} + U_\mathrm{m} \tag{11.17a}$$

$$U_\mathrm{e} = \frac{1}{2}\boldsymbol{E} \cdot \boldsymbol{D}^* = \frac{1}{2}\boldsymbol{E} \cdot (\varepsilon\varepsilon_0 \boldsymbol{E})^* \tag{11.17b}$$

$$U_\mathrm{m} = \frac{1}{2}\boldsymbol{H} \cdot \boldsymbol{B}^* = \frac{1}{2}\boldsymbol{H} \cdot (\mu\mu_0 \boldsymbol{H})^* \tag{11.17c}$$

ただし，U_e は（平均）電気エネルギー密度，U_m は（平均）磁気エネルギー密度，＊は複素共役を表す。電磁波の形で運ばれるエネルギーは，電気エネルギーと磁気エネルギーが等量ずつである（演習問題 11.2 参照）。

電磁波エネルギーに関する重要な概念として**ポインティングベクトル**（Poynting vector）がある。これは電磁波によって運ばれる単位時間・単位面積当たりのエネルギーの大きさと伝搬の向きを表すものであり，

$$\boldsymbol{S} \equiv \frac{1}{2}\boldsymbol{E} \times \boldsymbol{H}^* \ [\mathrm{W/m^2}] \tag{11.18}$$

で定義される。この式における 1/2 は，電磁波のエネルギーを測定する場合，時間平均が瞬時値の半分になることを表す。$\boldsymbol{S}$ は，電波領域では**電力密度**（power

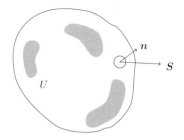

図 **11.2** エネルギー定理
U：単位体積当たりのエネルギー密度,
$\boldsymbol{S}$：ポインティングベクトル,
$\boldsymbol{n}$：曲面での外向き単位法線ベクトル

flow density），光波領域では光強度（optical intensity）とも呼ばれる。単色平面波の場合，光強度が $I = (1/2)nc\varepsilon_0|\boldsymbol{E}|^2$（$n$：屈折率，$c$：真空中の光速）で表せる。

任意の方向に伝搬する電磁波がある断面を通過するとき，電磁波のエネルギー密度 U とポインティングベクトル $\boldsymbol{S}$ の間では

$$\frac{\partial U}{\partial t} + \mathrm{div}\,\boldsymbol{S} = 0 \tag{11.19}$$

が成り立っている。式 (11.19) は**エネルギー定理**（energy theorem）と呼ばれ，電磁波のエネルギー密度 U の時間変化が，ポインティングベクトル $\boldsymbol{S}$ に伴うエネルギーの流入・出のみで決まることを示す（**図 11.2**）。式 (11.19) は電磁波に関する**エネルギー保存則**を表し，電流密度 $\boldsymbol{J}$ が存在するときにも成立する。

U の時間変化がない（$\partial U/\partial t = 0$）とき，この式は着目する断面へ流入・出する電磁波エネルギーが釣り合っていることを意味する。

U が時間的に変化する（$\partial U/\partial t \neq 0$）とき，$\mathrm{div}\,\boldsymbol{S} = -\partial U/\partial t$ は断面から流出する電磁波のエネルギー密度を表す。これを断面での外向き単位法線ベクトル $\boldsymbol{n}$ を用いて断面 S で積分すると

$$P_{\mathrm{g}} = \int_S \boldsymbol{S} \cdot \boldsymbol{n}dS \tag{11.20}$$

を得る。P_{g} [W] は電磁波の単位時間当たりの伝搬エネルギーを表し，これを

電波領域では**電力**（electric power），光波領域では**光パワ**（optical power）または光電力と呼ぶ。

　式 (11.20) で定義した電磁波の伝搬エネルギーの表現を，代表的な座標系に対して以下に示す。電磁波が z 方向に伝搬するときの平均電力は

$$P_{\mathrm{g}} = \frac{1}{2} \int_{-\infty}^{\infty} \int_{-\infty}^{\infty} (E_x H_y^* - E_y H_x^*) dx dy \quad : \text{デカルト座標系 } (x,y,z)$$

(11.21)

および

$$P_{\mathrm{g}} = \frac{1}{2} \int_{0}^{2\pi} \int_{0}^{\infty} (E_r H_\theta^* - E_\theta H_r^*) r dr d\theta \quad : \text{円筒座標系 } (r,\theta,z)$$

(11.22)

で求められる。

§11.3　不連続面での境界条件

　媒質中で屈折率 n，つまり比誘電率 ε や比透磁率 μ が連続的に緩やかに変化しているとき，波動方程式から導かれる電磁界はその媒質内で連続的に変化する。しかし，屈折率がある面を境として不連続となっているとき，電磁界がどのように変化するかは自明ではない。このような不連続面における電磁界の変化の仕方を規定するものを**境界条件**（boundary condition）という。

　図 **11.3** で，媒質 1，2 が平面で分離されており，n_{12} は境界面に垂直で，媒質 1 側から媒質 2 側に向かう単位法線ベクトル，t_1 は境界面に平行な媒質 1 側の単位ベクトルを表す。境界条件はマクスウェル方程式から導かれるが，以下では重要な結果のみを示す。

(i) 電界 E に関して：

　ファラデーの電磁誘導法則の式 (11.1a) より，次式が求められる。

$$E^{(2)} \cdot t_1 = E^{(1)} \cdot t_1, \quad n_{12} \times E^{(2)} = n_{12} \times E^{(1)}$$

(11.23a,b)

ここで，上付き ( ) 内添え字 1，2 は媒質 1，2 側での電磁気量を表す。式 (11.23a,b)

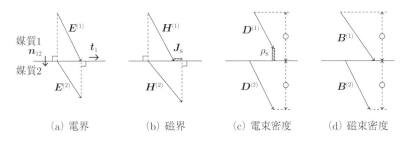

(a) 電界　　　(b) 磁界　　　(c) 電束密度　　　(d) 磁束密度

図 **11.3** 一般の媒質に対する境界条件
J_s：表面電流密度，ρ_s：表面電荷密度，
上付き添字 1, 2 は媒質 1, 2 に対する値

の表現は等価であり，内積はベクトル t_1 方向への成分を表す。式 (11.23) は，電界 E の境界面に対する接線成分が連続であることを意味する（図 11.3(a) 参照）。

(ii) 磁界 H に関して：

アンペールの法則の式 (11.1b) より，次式が導かれる。

$$n_{12} \times H^{(2)} = n_{12} \times H^{(1)} + J_s \tag{11.24a}$$

$$\iiint J dV = \iint J_s dS \tag{11.24b}$$

ただし，J [A/m^2] は電流密度，J_s [A/m] は表面電流密度，dS は境界に平行な領域からなる媒質 1・2 を含む方形に関する面積要素，dV は面積要素と境界面に垂直な方向からなる体積要素を表す。式 (11.24a) は，磁界 H の境界面に対する接線成分が J_s ぶんだけ変化することを意味する（図 11.3(b) 参照）。

(iii) 電束密度 D に関して：

電束に関するガウスの法則の式 (11.1c) より，次式が導かれる。

$$D^{(2)} \cdot n_{12} = D^{(1)} \cdot n_{12} + \rho_s \tag{11.25a}$$

$$\iiint \rho dV = \iint \rho_s dS \tag{11.25b}$$

ただし，ρ [C/m^3] は電荷密度，ρ_s [C/m^2] は表面電荷密度である。式 (11.25a) は，電束密度 D の境界面に対する法線成分が ρ_s ぶんだけ変化することを意味

する（図 11.3(c) 参照）。

(iv) 磁束密度 $\boldsymbol{B}$ に関して：

　磁束に関するガウスの法則の式 (11.1d) より，次式が導かれる。

$$\boldsymbol{B}^{(2)} \cdot \boldsymbol{n}_{12} = \boldsymbol{B}^{(1)} \cdot \boldsymbol{n}_{12} \tag{11.26}$$

式 (11.26) は，磁束密度 $\boldsymbol{B}$ の境界面に対する法線成分が連続となることを意味する（図 11.3(d) 参照）。

　特に，誘電体のように，媒質が非磁性で無損失（$\boldsymbol{J}_{\mathrm{s}} = \rho_{\mathrm{s}} = 0$）の場合，境界条件では次の電磁気量が境界面で連続となる。① 電界 $\boldsymbol{E}$ の接線成分，② 磁界 $\boldsymbol{H}$ の接線成分，③ 電束密度 $\boldsymbol{D}$ の法線成分，④ 磁束密度 $\boldsymbol{B}$ の法線成分。

　屈折率，つまり比誘電率 ε や比透磁率 μ の異なる境界面がある場合，波動方程式から求められる電界や磁界の形式解のうち，境界条件を満たすものだけが物理的に意味をもつ。

【演習問題】

11.1　一様媒質中を z 軸方向に伝搬する光波の電界が次式で表されているとき，下記の各値を求めよ。ただし，比透磁率を $\mu = 1$ とする。

$$E_x = \cos[1.2\pi \times 10^{15}(t - 5 \times 10^{-9}z)] \ [V/m], \quad E_y = E_z = 0$$

① 周波数，媒質中の波数，媒質中の光速，媒質の屈折率，真空中の波長，② 波動インピーダンス，磁界成分，③ 電束密度成分。

11.2　無損失等方性媒質で運ばれる電磁波エネルギーは，電気エネルギーと磁気エネルギーが等量であることを示せ。

11.3　一様媒質中を z 軸方向に伝搬する光波の磁界成分が次式で与えられるとき，下記の各値を求めよ。ただし，比透磁率を $\mu = 1$ とする。

$$H_x = -\sin\left[\pi \times 10^{15}\left(t - \frac{1}{1.90 \times 10^8}z\right)\right] \ [A/m], \quad H_y = H_z = 0$$

① 屈折率，② 電界成分，③ ポインティングベクトル。

11.4　y-z 面を境界として，屈折率の値が $x \geqq 0$ で $n = 1.43$，$x < 0$ で $n = 1.45$ の誘電体があり，光波の電磁界が x の正負領域にまたがって存在し，z 方向に伝搬してい

る。次の各場合について $x = 0$ における電磁界成分の連続性を調べよ。不連続の場合は違いを定量的に示せ。比透磁率は全領域で $\mu = 1$ とする。

① 電磁界の非ゼロ成分が E_y, H_x, H_z の場合（TE モードに対応）。

② 電磁界の非ゼロ成分が H_y, E_x, E_z の場合（TM モードに対応）。

付　録

【SI 単位系での接頭語】

名称	記号	大きさ	名称	記号	大きさ
エクサ exa	E	10^{18}	デシ deci	d	10^{-1}
ペタ peta	P	10^{15}	センチ centi	c	10^{-2}
テラ tera	T	10^{12}	ミリ milli	m	10^{-3}
ギガ giga	G	10^{9}	マイクロ micro	μ	10^{-6}
メガ mega	M	10^{6}	ナノ nano	n	10^{-9}
キロ kilo	k	10^{3}	ピコ pico	p	10^{-12}
ヘクト hecto	h	10^{2}	フェムト femto	f	10^{-15}
デカ deca	da	10^{1}	アト atto	a	10^{-18}

【主要な物理量】

$$c = 2.99792458 \times 10^8 \,\mathrm{m/s} \fallingdotseq 3.0 \times 10^8 \,\mathrm{m/s} \quad :\text{真空中の光速}$$

$$\varepsilon_0 = 8.854188 \times 10^{-12} \,\mathrm{F/m} \left(= \frac{10^7}{4\pi c^2} \right) \quad :\text{真空の誘電率}$$

$$\mu_0 = 1.256637 \times 10^{-6} \,\mathrm{H/m} (= 4\pi \times 10^{-7}) \quad :\text{真空の透磁率}$$

A. F 行列の固有値と固有ベクトルの導出

式 (2.37) が自明解以外の解をもつ条件は

$$\begin{vmatrix} A - \lambda & B \\ C & D - \lambda \end{vmatrix} = 0 \tag{A.1}$$

で書ける。上式に式 (2.35) のユニモジュラー性を利用すると，

$$(A - \lambda)(D - \lambda) - BC = \lambda^2 - (A + D)\lambda + 1 = 0 \tag{A.2}$$

で書ける。式 (A.2) の 2 次方程式を解くと，固有値が次式で求められる。

$$\lambda_{\pm} = \frac{1}{2}\left[(A + D) \pm \sqrt{(A + D)^2 - 4}\right] \quad （複号同順） \tag{A.3}$$

式 (A.3) で，式 (2.34) の行列 F に関して $g = \mathrm{Tr}\{\mathrm{F}\}/2 = (A + D)/2$ とおくと，$\lambda_{\pm} = g \pm \sqrt{g^2 - 1}$ と書ける。$|g| \leqq 1$ のとき $g = \cos\vartheta$ とおくと，$\lambda_{\pm} = \cos\vartheta \pm j\sin\vartheta = \exp(\pm j\vartheta)$ で書ける。そこで，固有値を

$$\lambda_{\pm} = \exp(\pm j\vartheta) \tag{A.4}$$

とおく。このとき，式 (A.4) を式 (A.2) に代入して，次式を得る。

$$\lambda_{\pm}^2 - (A + D)\lambda_{\pm} + 1 = \exp(\pm j2\vartheta) - (A + D)\exp(\pm j\vartheta) + 1 = 0 \tag{A.5}$$

これを

$$\exp(\pm j\vartheta) - (A + D) + \exp(\mp j\vartheta) = 0 \tag{A.6}$$

に変形した後，オイラーの公式を用いると

$$\vartheta = \cos^{-1}\frac{A + D}{2} \tag{A.7}$$

が導かれる。これが本文の式 (2.41) である。式 (A.6) が成り立つとき，式 (A.4) の固有値 $\lambda_{\pm}$ を本文の式 (2.38) に戻した式の第 1 行成分 $(A - \lambda_{\pm})x_1 + Bx_2 = 0$ より，本文の式 (2.42) が導かれる。

B. チェビシェフの恒等式の導出

まず，式 (2.34) の行列 F を対角化するため，固有値 λ_+（λ_-）に属する式 (2.42) の固有ベクトルを，1（2）列ベクトルとする行列 M を作ると，これは

$$M = \begin{pmatrix} B & B \\ \exp(j\vartheta) - A & \exp(-j\vartheta) - A \end{pmatrix} \tag{B.1}$$

と書ける。行列 M の逆行列は次式で求められる。

$$M^{-1} = \frac{1}{|M|} \begin{pmatrix} \exp(-j\vartheta) - A & -B \\ -[\exp(j\vartheta) - A] & B \end{pmatrix} \tag{B.2}$$

$$|M| = -2jB\sin\vartheta \tag{B.3}$$

次に，F 行列を逆行列 M^{-1} と行列 M で挟んだ行列の積を作る。代数学の定理によると，これは対角化でき，固有値 $\lambda_\pm$ を用いて

$$P \equiv M^{-1}FM = M^{-1} \begin{pmatrix} A & B \\ C & D \end{pmatrix} M = \begin{pmatrix} \lambda_+ & 0 \\ 0 & \lambda_- \end{pmatrix} \tag{B.4}$$

で表される。

行列 F の N 乗を求めるため，各行列 F の前後と間に単位行列 E を分解した $MM^{-1} = E$ を配置し，式 (B.4) を利用すると

$$F^N = \begin{pmatrix} A & B \\ C & D \end{pmatrix}^N = MM^{-1} \begin{pmatrix} A & B \\ C & D \end{pmatrix} MM^{-1} \begin{pmatrix} A & B \\ C & D \end{pmatrix}$$

$$\cdots MM^{-1} \begin{pmatrix} A & B \\ C & D \end{pmatrix} MM^{-1}$$

$$= MP^N M^{-1} = M \begin{pmatrix} \lambda_+^N & 0 \\ 0 & \lambda_-^N \end{pmatrix} M^{-1} \tag{B.5}$$

で書ける。

式 (B.5) の右辺における 3 項の積は，F 行列のモジュラー性を表す式 (2.35) とオイラーの公式を利用して

$$
F^N = \frac{-2j}{|M|} \begin{pmatrix} B\{A\sin N\vartheta - \sin[(N-1)\vartheta]\} & B^2 \sin N\vartheta \\ -(1 + A^2 - 2A\cos\vartheta)\sin N\vartheta & B\{-A\sin N\vartheta + \sin[(N+1)\vartheta]\} \end{pmatrix}
$$

と変形できる。この 2 行 1 列成分に式 (2.35) と付録の式 (A.6) を用いた後，式 (B.3) を代入すると

$$
F^N = \frac{1}{\sin\vartheta} \begin{pmatrix} A\sin N\vartheta - \sin(N-1)\vartheta & B\sin N\vartheta \\ C\sin N\vartheta & -A\sin N\vartheta + \sin(N+1)\vartheta \end{pmatrix}
$$
(B.6)

を得る。

　ここで，式 (B.6) の対称性をよくするため，2 行 2 列成分を変形する。2 行 2 列成分の分子第 2 項に加法定理を利用して

$$
q_{22} = -A\sin N\vartheta + \sin[(N-1)\vartheta]\cos 2\vartheta + \cos[(N-1)\vartheta]\sin 2\vartheta
$$

を得る。これの 2ϑ を含む項に，付録の式 (A.6) より得られる

$$
\cos 2\vartheta = (A+D)\cos\vartheta - 1, \quad \sin 2\vartheta = (A+D)\sin\vartheta
$$
(B.7)

を適用した後，加法定理を逆に利用すると

$$
q_{22} = -A\sin N\vartheta + (A+D)\sin N\vartheta - \sin(N-1)\vartheta
$$
$$
= D\sin N\vartheta - \sin(N-1)\vartheta
$$

に整理できる。この結果を式 (B.6) の 2 行 2 列成分に戻して，行列 F の N 乗が本文の式 (2.43) で表せる。

C. ブロッホ–フロケの定理

　ブロッホの定理は固体物理の分野で周知のものであり，数学の分野ではフロケの定理（Floque theorem）と呼ばれている。

　1 次元周期構造中における波動の振る舞いを，次式の下で考える。

$$
\frac{d^2\psi(x)}{dx^2} + \kappa^2(x)\psi(x) = 0
$$
(C.1)

$$\kappa(x + \Lambda) = \kappa(x) \tag{C.2}$$

式 (C.1) は調和振動子や電子の運動方程式等でもよく現れる波動方程式であり，$\psi(x)$ は波動関数を表す。$\kappa(x)$ は x に依存する値であり，媒質が x 方向に対して周期 Λ の並進対称性を満たしていることを表す。

式 (C.2) により，周期 Λ だけ離れた位置での波動関数の $\psi(x + \Lambda)$ と $\psi(x)$ はともに式 (C.1) を満たす。よって，これらの波動関数では倍数関係の

$$\psi(x + \Lambda) = C(\Lambda)\psi(x) \tag{C.3}$$

が成り立つ。ここで，$C(\Lambda)$ は周期 Λ に依存する係数である。

係数 $C(\Lambda)$ の性質を調べるため，式 (C.3) の左辺の引数に Λ を加えると，式 (C.3) を繰り返し利用して，次の 2 通りの表現が得られる。

$$\psi[(x + \Lambda) + \Lambda] = C(\Lambda)\psi(x + \Lambda) = [C(\Lambda)]^2\psi(x) \tag{C.4a}$$

$$\psi[x + (\Lambda + \Lambda)] = \psi(x + 2\Lambda) = C(2\Lambda)\psi(x) \tag{C.4b}$$

式 (C.4) より $C(2\Lambda) = [C(\Lambda)]^2$ が導ける。これを N 周期（N: 任意の整数）ずれた場合に一般化すると，次式で書ける。

$$C(N\Lambda) = [C(\Lambda)]^N \tag{C.5}$$

式 (C.5) の性質を満たす $C(\Lambda)$ は指数関数である。もし指数関数の引数が実数ならば，無限周期の場合に波動関数が発散またはゼロに収束することになり，不適である。したがって，引数を純虚数にする必要があり，係数は

$$C(\Lambda) = \exp(\pm jK\Lambda) \tag{C.6}$$

で表せる。ただし，K はブロッホ波数と呼ばれる実数である。

式 (C6) を式 (C3) に戻すと，周期構造での波動関数が次式で書ける。

$$\psi(x + \Lambda) = \exp(\pm jK\Lambda)\psi(x) \tag{C.7}$$

式 (C.7) はブロッホの定理と呼ばれている。ブロッホ波数 K は周期構造全体

で同一の値を示す。式 (C.7) は，x 方向に 1 周期ずれると，元の位置の波動関数に対して $\exp(\pm jK\Lambda)$ の位相因子が掛かることを表す。

D. 2 乗分布形媒質における子午光線の経路の厳密解の導出

式 (7.17) に屈折率分布の式 (7.1) を代入すると，次式を得る。

$$z = \int_{x_1}^{x} \frac{n_{\mathrm{in}} \cos \zeta_1}{\sqrt{[n_0^2 - (n_{\mathrm{in}} \cos \zeta_1)^2] - n_0^2 2\Delta (x/a)^2}} dx \tag{D.1}$$

分母の根号内を $[n_0^2 - (n_{\mathrm{in}} \cos \zeta_1)^2]$ で割った後，

$$f = \frac{n_0 \sqrt{2\Delta}(x/a)}{\sqrt{n_0^2 - (n_{\mathrm{in}} \cos \zeta_1)^2}} \tag{D.2}$$

と変数変換すると，式 (D.1) は次式で書ける。

$$z = \frac{n_{\mathrm{in}} a \cos \zeta_1}{n_0 \sqrt{2\Delta}} \int \frac{df}{\sqrt{1-f^2}} \tag{D.3}$$

ここで，不定積分 $\int dy/\sqrt{1-y^2} = \sin^{-1} y$ を利用すると，式 (D.3) は

$$\sin^{-1} f = \frac{n_0 \sqrt{2\Delta}}{n_{\mathrm{in}} a \cos \zeta_1} z + \sin^{-1} f_{\mathrm{in}} \tag{D.4}$$

と変形できる。

光線入射時の初期位相を $\phi_{\mathrm{in}} \equiv \sin^{-1} f_{\mathrm{in}}$ とおき，式 (D.4) から求めた f と式 (D.2) を等値し，集束定数 g の定義式 (7.2) を利用すると，式 (7.18a) が導ける。式 (D.2)，(7.1)，(7.2) を用いて，ϕ_{in} が式 (7.18b) で表せる。

演習問題の解答

【第 1 章】

1.1　式 (1.25) より $|\mathrm{F}_3| = A_3 D_3 - B_3 C_3 = A_1 D_1 (A_2 D_2 - B_2 C_2) - B_1 C_1 (A_2 D_2 - B_2 C_2)$ を得る。これに $|\mathrm{F}_2| = A_2 D_2 - B_2 C_2 = 1$ を適用すると $|\mathrm{F}_3| = A_1 D_1 - B_1 C_1$ となり，さらに $|\mathrm{F}_1| = A_1 D_1 - B_1 C_1 = 1$ を用いて $|\mathrm{F}_3| = 1$ を得る。

1.2　基本要素の F 行列は式 (1.15)，(1.18) で求められ，左から順に

$$\mathrm{F}_1 = \begin{pmatrix} 1 & j\omega L \\ 0 & 1 \end{pmatrix}, \quad \mathrm{F}_2 = \begin{pmatrix} 1 & 0 \\ j\omega C & 1 \end{pmatrix}, \quad \mathrm{F}_3 = \begin{pmatrix} 1 & j\omega L \\ 0 & 1 \end{pmatrix}$$

で書ける。この T 型回路の F 行列は，式 (1.33b) で $Z_1 = Z_3 = j\omega L$，$Z_2 = 1/Y_2 = 1/j\omega C$ とおいて，次式で得られる。

$$\mathrm{F} = \mathrm{F}_1 \mathrm{F}_2 \mathrm{F}_3 = \begin{pmatrix} 1 - \omega^2 LC & 2j\omega L - j\omega^3 L^2 C \\ j\omega C & 1 - \omega^2 LC \end{pmatrix}$$

行列式は $|\mathrm{F}| = (1 - \omega^2 LC)^2 - j\omega C(2j\omega L - j\omega^3 L^2 C) = 1$ となる。

1.3　この回路の F 行列は，T 型回路の式 (1.33) で $Z_1 = R_1$，$Z_2 = R_2$，$Z_3 = R_1$ とおいて

$$\mathrm{F_T} = \frac{1}{R_2} \begin{pmatrix} R_1 + R_2 & R_1(R_1 + 2R_2) \\ 1 & R_1 + R_2 \end{pmatrix}$$

で表せる。反復インピーダンスは，対称回路での式 (1.42) を利用して $Z_{\mathrm{it}} = \sqrt{B/C} = \sqrt{R_1(R_1 + 2R_2)} = 50$ と書ける。これを整理して $R_2 = (50 + R_1)(50 - R_1)/2R_1$ を得る。これに $R_1 = 25\,\Omega$ を代入して $R_2 = 37.5\,\Omega$ を得る。

1.4　初段と $N + 1$ 段目の回路の電圧・電流特性は，チェビシェフの恒等式 (2.43) を

用いて次式で関係づけられる。

$$
\begin{pmatrix} V_1 \\ I_1 \end{pmatrix} = \begin{pmatrix} A & B \\ C & D \end{pmatrix}^N \begin{pmatrix} V_{N+1} \\ I_{N+1} \end{pmatrix}
$$

$$
= \begin{pmatrix} AU_{N-1} - U_{N-2} & BU_{N-1} \\ CU_{N-1} & DU_{N-1} - U_{N-2} \end{pmatrix} \begin{pmatrix} V_{N+1} \\ I_{N+1} \end{pmatrix}
$$

このときの入力インピーダンスは次式で書ける。

$$
Z_{\rm in} = \frac{V_1}{I_1} = \frac{(AU_{N-1} - U_{N-2})V_{N+1} + BU_{N-1}I_{N+1}}{CU_{N-1}V_{N+1} + (DU_{N-1} - U_{N-2})I_{N+1}}
$$

$$
= \frac{(AU_{N-1} - U_{N-2})Z_{N+1} + BU_{N-1}}{CU_{N-1}Z_{N+1} + (DU_{N-1} - U_{N-2})}
$$

ただし，$Z_{N+1} = V_{N+1}/I_{N+1}$ はインピーダンスである。反復インピーダンス $Z_{\rm it}$ は，入力インピーダンス $Z_{\rm in}$ と無限遠でのインピーダンス Z_{N+1} が等しい条件より $Z_{\rm it} = [(AU_{N-1} - U_{N-2})Z_{\rm it} + BU_{N-1}]/[CU_{N-1}Z_{\rm it} + (DU_{N-1} - U_{N-2})]$ となる。この式に式 (1.31) を適用して整理すると，$U_{N-1} \neq 0$ として $CZ_{\rm it}^2 + (D-A)Z_{\rm it} - B = 0$ を得る。この式は段数 N によらず式 (1.39) と同じであり，$Z_{\rm it}$ は式 (1.40) に一致する。

【第 2 章】

2.1 ① 式 (2.10) より $Z_{\rm c} = \sqrt{L/C} = 688\,\Omega$，② 式 (2.12) より $\beta = \omega\sqrt{LC}$ $= 6.40\,{\rm rad/m}$，③ 式 (2.16)，(2.12) より $v_{\rm p} = v_{\rm g} = 1/\sqrt{LC} = 1.97 \times 10^8\,{\rm m/s}$，④ 式 (2.13) より $\lambda_{\rm g} = 2\pi/\beta = 0.983\,{\rm m}$。

2.2 伝送線路の特性インピーダンスを等しくする。式 (2.10) を用いて $C_2 = C_1 L_2/L_1 = (75 \cdot 290)/320 = 68.0\,{\rm pF/m}$ となる。

2.3 ① 式 (2.28) より $Z_{\rm c} = \sqrt{75 \cdot 50} = 61.2\,\Omega$ とする。② 式 (2.10) を用いて，電気容量を $C = L/Z_{\rm c}^2 = 336\,{\rm pF/m}$ とする。③ 4 分の 1 波長に相当するためには，式 (2.13) より長さを $\ell = \lambda_{\rm g}/4 = \pi/(2\omega\sqrt{LC}) = 0.049\,{\rm m} = 4.9\,{\rm cm}$ にすればよい。

2.4 相反回路で成り立つ分散関係の式 (2.49) を用いて，$\pm\sin(K\Delta z) = \sqrt{1 - \cos^2(K\Delta z)} = \sqrt{4 - (A+D)^2}/2$ を得る。これと式 (2.49) をブロッホインピーダンスの式 (2.51) の中辺に代入し整理して，次式が得られる。$Z_{\rm B} = B/[\cos(K\Delta z) \pm j\sin(K\Delta z) - A] = \left[A - D + j\sqrt{4 - (A+D)^2}\right]/2C$

【第 3 章】

3.1 式 (3.9) を式 (3.14) の第 1 項に代入して，式 (3.8a) を用いると

$$\frac{\partial^2 u}{\partial z^2} = -Ak^2 \sin(\omega t - kz) = -A\frac{\omega^2}{v^2} \sin(\omega t - kz)$$

を得る。式 (3.9) を式 (3.14) の第 2 項に代入すると，

$$\frac{1}{v^2}\frac{\partial^2 u}{\partial t^2} = -A\frac{\omega^2}{v^2} \sin(\omega t - kz)$$

を得る。これらを式 (3.14) の左辺に代入して，与式が示せる。

3.2 式 (3.23) を用いて $L = \mu\mu_0 = 1.26 \times 10^{-6}$H/m，$C = \varepsilon\varepsilon_0 = 2.13 \times 10^{-11}$F/m。

3.3 ① 式 (3.22) または式 (3.25) より $Z_\mathrm{w} = Z_0\sqrt{\mu/\varepsilon} = 120\pi\sqrt{1/2.5} = 238\,\Omega$，② 空気中では真空インピーダンス $Z_0 = 120\pi\,\Omega = 377\,\Omega$ とほぼ同じ。屈折角は式 (3.31) より $\theta_\mathrm{t} = \sin^{-1}(Z_\mathrm{w}\sin\theta_\mathrm{i}/Z_0) = 18.4°$ となる。③ TE 波の振幅反射係数は式 (3.37b) より $r_\perp = -\sin(\theta_\mathrm{i} - \theta_\mathrm{t})/\sin(\theta_\mathrm{i} + \theta_\mathrm{t}) = -0.269$，TM 波の振幅反射係数は式 (3.41b) より $r_{||} = \tan(\theta_\mathrm{i} - \theta_\mathrm{t})/\tan(\theta_\mathrm{i} + \theta_\mathrm{t}) = 0.182$。④ 式 (3.43) を用いて $r_\perp = -r_{||} = (Z_\mathrm{w} - Z_0)/(Z_\mathrm{w} + Z_0) = -0.226$。

3.4 ① 式 (3.22) または式 (3.25) より $Z_\mathrm{w1} = Z_0/n_1 = 120\pi/1.5 = 251\,\Omega$，$Z_\mathrm{w2} = 168\,\Omega$。② 式 (3.43) より $r_{||} = (n_2 - n_1)/(n_2 + n_1) = 0.2$，③ 式 (2.32) より $r = (Z_\mathrm{c2} - Z_\mathrm{c1})/(Z_\mathrm{c2} + Z_\mathrm{c1}) = 0.2$，④ $Z_\mathrm{c1}/n_1 = Z_\mathrm{c2}/n_2 = 50/1.5 = 33.3$。

3.5 式 (3.37a) で $r_\perp = 1$ とおくと $n_2\cos\theta_\mathrm{t} = 0$ となり，$n_2 \neq 0$ より $\theta_\mathrm{t} = \pi/2$ が導ける。この結果をスネルの法則の式 (3.30) に代入すると，入射角が $\theta_\mathrm{i} = \sin^{-1}(n_2/n_1)$ で書ける。これは臨界角の式 (3.52) に一致している。式 (3.41a) で $r_{||} = 1.0$ とおいた式からも同様にして，入射角が臨界角に一致することが導ける。

【第 4 章】

4.1 ① 式 (4.12a) で $\phi_1 = (1 - n_\mathrm{L})/R$，$\phi_2 = (n_\mathrm{L} - 1)/R$ とおく。焦点距離 f は式 (4.15) で表せるから，両式の 2 行 1 列成分より $\phi_1 + \phi_2 + \phi_1\phi_2(d_\mathrm{L}/n_\mathrm{L}) = (1 - n_\mathrm{L})/R + (n_\mathrm{L} - 1)/R - [(n_\mathrm{L} - 1)/R]^2(d_\mathrm{L}/n_\mathrm{L}) = -1/f$ を得る。これより $f = (n_\mathrm{L}/d_\mathrm{L})[R/(n_\mathrm{L} - 1)]^2$ を得る。② いま求めた式より $R = (n_\mathrm{L} - 1)\sqrt{fd_\mathrm{L}/n_\mathrm{L}}$，

これに各値を代入して $R = 8.2$。③ 式 (4.16) で $R_1 = R$, $R_2 = -R$ 等とおいて，$R = 2(n_\mathrm{L} - 1)f = 2 \cdot 0.6 \cdot 100 = 120$ で得られる。よって，同じ焦点距離を得るのに，メニスカスレンズの方がはるかに小さい曲率半径で達成できる。

4.2 ① 所与の値を式 (4.16) に代入して $f = 60\,\mathrm{mm}$，つまり凸レンズを得る。
② 横倍率の式 (4.22b) で $M = 2.0$ とおくと，$s_1 = -30\,\mathrm{mm}$ を得る。式 (4.22a) で $M = 2.0$ とおくと，$s_2 = -60\,\mathrm{mm}$ を得る。これらの値は結像式 (4.20) を満たす。物体をレンズの前方 $30\,\mathrm{mm}$ に置くと，正立像がレンズの前方 $60\,\mathrm{mm}$ にできる。

4.3 式 (4.19a) における 1 行 2 列成分の $B_\mathrm{d} = 0$ を用いる。$B_\mathrm{d} = B_\mathrm{s} - A_\mathrm{s}s_1/n_1 + D_\mathrm{s}s_2/n_2 - C_\mathrm{s}(s_1s_2/n_1n_2) = 0$ に，式 (4.15) より得られる $A_\mathrm{s} = D_\mathrm{s} = 1$, $B_\mathrm{s} = 0$, $C_\mathrm{s} = -n_2/f$ を代入すると，$-s_1/n_1 + s_2/n_2 + (n_2/f)(s_1s_2/n_1n_2) = 0$ を得る。両辺に $-n_1n_2/s_1s_2$ を掛け整理して式 (4.20) が導ける。

4.4 ① 薄肉レンズではレンズ内の転送行列が単位行列となる。式 (4.9)，(4.15) を用いて

$$\begin{pmatrix} 1 & 0 \\ -1/f & 1 \end{pmatrix} = \begin{pmatrix} 1 & 0 \\ (1.5-1)/R_2 & 1 \end{pmatrix} \begin{pmatrix} 1 & 0 \\ (1-1.5)/R_1 & 1 \end{pmatrix}$$
$$= \begin{pmatrix} 1 & 0 \\ (1.5-1)/R_2 + (1-1.5)/R_1 & 1 \end{pmatrix}$$

2 行 1 列成分より $-1/f = 0.5/R_2 - 0.5/R_1$ を得る。
② 前問で得られた式に $R_2 = -60\,\mathrm{cm}$, $f = 40\,\mathrm{cm}$ を代入して $R_1 = 30\,\mathrm{cm}$ を得る。
③ 第 3 屈折面の曲率半径を R_3 とおくと，問 ① と同様に考えて

$$\begin{pmatrix} 1 & 0 \\ -1/f & 1 \end{pmatrix}$$
$$= \begin{pmatrix} 1 & 0 \\ (1.6-1)/R_3 & 1 \end{pmatrix} \begin{pmatrix} 1 & 0 \\ (1.5-1.6)/R_2 & 1 \end{pmatrix} \begin{pmatrix} 1 & 0 \\ (1-1.5)/R_1 & 1 \end{pmatrix}$$

2 行 1 列成分より $-1/f = (1.6-1)/R_3 + (1.5-1.6)/R_2 + (1-1.5)/R_1$ を得る。これに $R_1 = 30\,\mathrm{cm}$, $R_2 = -60\,\mathrm{cm}$, $f = 50\,\mathrm{cm}$ を代入して $R_3 = -120\,\mathrm{cm}$ を得る。つまり，凸レンズの後ろに凹レンズを付加する。

【第 5 章】

5.1 ① 定義に従って計算すると

$$q_3 = \frac{Aq_2 + B}{Cq_2 + D} = \frac{A[(Aq_1 + B)/(Cq_1 + D)] + B}{C[(Aq_1 + B)/(Cq_1 + D)] + D}$$

$$= \frac{(A^2 + BC)q_1 + (AB + BD)}{(CA + DC)q_1 + (CB + D^2)}$$

となり，次式を得る。

$$A_3 = A^2 + BC, \quad B_3 = AB + BD, \quad C_3 = CA + DC, \quad D_3 = CB + D^2$$

② $\mathrm{F}^2 = \begin{pmatrix} A & B \\ C & D \end{pmatrix}^2 = \begin{pmatrix} A & B \\ C & D \end{pmatrix} \begin{pmatrix} A & B \\ C & D \end{pmatrix}$

$$= \begin{pmatrix} A^2 + BC & AB + BD \\ CA + DC & CB + D^2 \end{pmatrix}$$

各行列成分は前問の $A_3 \sim D_3$ に一致している。

③ $z = (Aq + B)/(Cq + D)$ $(AD - BC \neq 0)$ とおき，これを逆に解くと $q = (-Dz + B)/(Cz - A)$ が得られる。係数について計算すると $(-D)(-A) - BC = AD - BC \neq 0$ となり，逆変換もまた一次分数変換となる。

5.2　式 (5.42) を式 (5.43a) に適用後に整理すると $b_1^2 = -BD/AC = [f\ell_1 + \ell_2(f - \ell_1)](\ell_1 - f)/(\ell_2 - f)$ を得る。この式の左右の辺より得られる $[f\ell_1 + \ell_2(f - \ell_1)](\ell_1 - f) = b_1^2(\ell_2 - f)$ の左辺で $\ell_2 = (\ell_2 - f) + f$ を用いて変形すると，$f\ell_1(\ell_1 - f) - (\ell_2 - f)(\ell_1 - f)^2 - f(\ell_1 - f)^2 = b_1^2(\ell_2 - f)$ を得る。上式を $(\ell_2 - f)$ の項に関して整理すると $(\ell_2 - f)[(\ell_1 - f)^2 + b_1^2] = f(\ell_1 - f)[\ell_1 - (\ell_1 - f)] = f^2(\ell_1 - f)$ が導ける。これより式 (5.44) を得る。

5.3　式 (5.45) の分母で第 2 項を無視しないで式を整理すると，f に関する 2 次方程式 $(\ell_1 + \ell_2)f^2 - (\ell_1^2 + 2\ell_1\ell_2 + b_1^2)f + \ell_2(\ell_1^2 + b_1^2) = 0$ が導かれる。ただし，$b_1 \equiv \pi w_{01}^2/\lambda$ とおいた。これを解いて焦点距離が $f = (\ell_1^2 + 2\ell_1\ell_2 + b_1^2 \pm D)/2(\ell_1 + \ell_2)$，$D \equiv \sqrt{\ell_1^4 + 2(\ell_1^2 - 2\ell_2^2)b_1^2 + b_1^4}$ で得られる。スポットサイズに関する b_1 は，ℓ_1 と ℓ_2 より微小なことを利用し，D を 1 次の微小量まで考慮して求めると，$D \fallingdotseq \ell_1^2 + [(\ell_1^2 - 2\ell_2^2)/\ell_1^2]b_1^2$ を得る。これを利用し b_1 を元の表現に戻して，最適焦点距離が次の 2 つで得られる。

$$f_+ \fallingdotseq \ell_1 + \frac{\ell_1 - \ell_2}{\ell_1^2}\left(\frac{\pi w_{01}^2}{\lambda}\right)^2, \quad f_- \fallingdotseq \frac{1}{1/\ell_1 + 1/\ell_2} + \frac{\ell_2^2}{\ell_1^2(\ell_1 + \ell_2)}\left(\frac{\pi w_{01}^2}{\lambda}\right)^2$$

5.4　ビーム広がり角は，式 (5.61) を用いて，水平方向が $\theta_x = 0.85/3.0\,\pi = 0.090\,\mathrm{rad} = 5.2°$，垂直方向が $\theta_y = 0.85/0.4\,\pi = 0.68\,\mathrm{rad} = 39°$ となる。これは，波長を固定するとき，スポットサイズが小さいほどビームの広がりが大きくなるという，回折の性質

を表している。

【第 6 章】

6.1 ① 左の反射鏡からビームウェストまでの距離は，式 (6.27) に r_1 = 10 m, r_2 = 7 m, L = 1 m, λ = 10^{-6} m を代入して $\ell_0 = (7 - 1)$ $/(10 + 7 - 2)$ = 0.4 m, 最小スポットサイズは，式 (6.28a) より w_0 = $\sqrt{10^{-6}/\pi}\sqrt[4]{(10-1)(7-1)(10+7-1)/(10+7-2)^2}$ m = 0.790 mm となる。左右の反射鏡上でのスポットサイズは式 (6.26) より $w(0)$ = 0.806 mm, $w(L)$ = 0.826 mm となる。② $r_1 = r_2 = L = 1$ m に設定する。最小スポットサイズは，式 (6.29a) より $w_0 = 0.399$ mm。反射鏡面上でのスポットサイズは，式 (6.30) より $w(0) = w(L) = 0.564$ mm となる。比は $w(0)/w_0 = 0.564/0.399 = 1.41 = \sqrt{2}$ となる。

6.2 式 (6.28a) の両辺を平方して

$$w_0^2 = (\lambda_0/\pi n)\sqrt{L^3(r_1 - L)(r_2 - L)(r_1 + r_2 - L)}/\sqrt{[L(r_1 + r_2 - 2L)]^2}$$
$$= \frac{\lambda_0 L}{\pi n} \frac{\sqrt{(1 - L/r_1)(1 - L/r_2)[L/r_1 + L/r_2 - L^2/r_1 r_2]}}{-L/r_1 - L/r_2 - 2(-L/r_1 - L/r_2 + L^2/r_1 r_2)}$$
$$= \frac{\lambda_0 L}{\pi n} \frac{\sqrt{(1 - L/r_1)(1 - L/r_2)[1 - (1 - L/r_1)(1 - L/r_2)]}}{(1 - L/r_1) + (1 - L/r_2) - 2(1 - L/r_1)(1 - L/r_2)}$$

$g_i \equiv 1 - L/r_i$ で置き換えると，与式になる。

6.3 ① 式 (6.39) を用いて $\delta\nu_c = 3 \times 10^8/(2 \cdot 0.4) = 3.75 \times 10^8$ Hz = 375 MHz となる。② $2 \times 10^9/3.75 \times 10^8 = 5.3$ だから縦モードが 5〜6 本たつ。③ 縦モード間隔を利得帯域幅より大きくすればよいから，式 (6.39) より $c/2nL > 2 \times 10^9$ を解いて，$L < 3 \times 10^8/(2 \cdot 2 \times 10^9) = 0.75 \times 10^{-1} = 0.075$ m, つまり 7.5 cm 以下にすればよい。

6.4 式 (6.38) で $1 - L/r = x$ (x : 微小値) とおくと，$\cos^{-1}\sqrt{(1 - L/r_1)(1 - L/r_2)}$ = $\cos^{-1} x$ ... (1) と書ける。$y = \pi/2 - x$ とおき，加法定理を用いて $\cos y$ = $\cos(\pi/2 - x) = \sin x \fallingdotseq x \cdots$ (2)。これより $\pi/2 - x = \cos^{-1} x \cdots$ (3), 式 (2) の後半 2 辺より $x = \sin^{-1} x \cdots$ (4) を得る。式 (3) の左辺第 2 項に式 (4) を代入して $\cos^{-1} x = \pi/2 - \sin^{-1} x \cdots$ (5) となる。これを式 (1) に戻して与式が得られる。

【第 7 章】

7.1 式 (7.15) で $n_2 = 1$ とおくと，焦点距離が $f = 1/[gn_0 \sin(gz)]$ となる。この式より求めるロッド長は $z = (1/g)\sin^{-1}(1/fgn_0)$ で表せる。これに所与の値を代入して $z = 2.46\,\mathrm{mm}$ を得る。

7.2 式 (7.18a) の振幅の分子根号内を変形した $n_0^2 - n_{\mathrm{in}}^2 + n_{\mathrm{in}}^2 \sin^2\zeta_1$ に，式 (7.1) から得られる $n_{\mathrm{in}}^2 = n_0^2(1 - g^2 x_1^2)$ を代入する。その後，弱導波近似 $(n_{\mathrm{in}} \fallingdotseq n_0)$ を用いると $n_0^2 g^2 x_1^2 + n_0^2 \sin^2\zeta_1$ となり，振幅が $\sqrt{(gx_1)^2 + \sin^2\zeta_1}/g$ で書ける。$\sin$ 内の第 1 項で弱導波近似と近軸光線近似 $(\zeta_1 : 微小)$ を用いると $(n_0 g / n_{\mathrm{in}} \cos\zeta_1)z \fallingdotseq gz$ となる。初期位相の式 (7.18b) で，根号内分母は振幅の場合の分子と同様に変形できる。根号内分子に式 (7.1) を代入し，弱導波近似を適用すると $\phi_{\mathrm{in}} = \sin^{-1}\left(n_0 g x_1 / \sqrt{n_0^2 g^2 x_1^2 + n_{\mathrm{in}}^2 \sin^2\zeta_1}\right)$ $\fallingdotseq \sin^{-1}\left(gx_1 / \sqrt{g^2 x_1^2 + \sin^2\zeta_1}\right)$ と変形でき，これは式 (7.10) に帰着する。近い値の差の計算では，注意が必要である。

7.3 数学的帰納法を利用する。$N = 1$ のときは与式が明らかに成り立つ。$N = m$ のときに成り立つとすれば，$N = m+1$ のとき加法定理を用いると

$$\begin{pmatrix} A & B \\ C & D \end{pmatrix}^{m+1} = \begin{pmatrix} \cos m\vartheta & (1/g)\sin m\vartheta \\ -g\sin m\vartheta & \cos m\vartheta \end{pmatrix}\begin{pmatrix} \cos\vartheta & (1/g)\sin\vartheta \\ -g\sin\vartheta & \cos\vartheta \end{pmatrix}$$
$$= \begin{pmatrix} \cos(m+1)\vartheta & (1/g)\sin(m+1)\vartheta \\ -g\sin(m+1)\vartheta & \cos(m+1)\vartheta \end{pmatrix}$$

となり，このときも与式が成り立つ。与式で $N\vartheta = gz$ とおくと，これは式 (7.32) に一致する。

7.4 式 (7.52) より $w^2(z) = \{[gkw^2(0)]^2 \cos^2(gz) + 4\sin^2(gz)\}/[gkw(0)]^2$ を得る。分子に半角の公式を用いて $w(z) = \sqrt{\{[gkw^2(0)]^2 - 4\}\cos(2gz) + \{[gkw^2(0)]^2 + 4\}}/\sqrt{2}gkw(0)$ を得る。これに $w(0) = \sqrt{2/gk}$ を代入して式 (7.54a) が導ける。式 (7.53) に半角の公式を適用して

$$R(z) = -\frac{1}{g}\left\{\cot(2gz) + \frac{[gkw^2(0)]^2 + 4}{[gkw^2(0)]^2 - 4}\mathrm{cosec}(2gz)\right\}$$

を得る。これに $w(0) = \sqrt{2/gk}$ を代入すると，{ } 内第 2 項の分母がゼロとなり，式 (7.54b) が導ける。

【第 8 章】

8.1 単一モード条件は $V < \pi/2$ である。式 (8.69) を用いると，$(\pi d/\lambda_0)n_0\sqrt{2\Delta}$ $< \pi/2$ より $d < \lambda_0/(2n_0\sqrt{2\Delta})$ を得る。この右辺に所与の値を代入すると，右辺 $= 0.85/(2 \cdot 3.5\sqrt{2 \cdot 0.06}) = 0.35\,\mu\mathrm{m}$ となり，$d < 0.35\,\mu\mathrm{m}$ を得る。これは GaAlAs レーザに対する条件である。

8.2 ① 式 (8.45a) より $w = V\sqrt{b} = (\pi/2)\sqrt{0.646} = 1.263$，② V パラメータの定義式 (8.42) を用いてコア幅は $d = V\lambda_0/\pi n_0\sqrt{2\Delta} = 3.17\,\mu\mathrm{m}$，③ 式 (8.42) より $u = \sqrt{V^2 - w^2} = 0.934$，伝搬定数は式 (8.41b) より $\beta = \sqrt{(2\pi n_0/\lambda_0)^2 - (2u/d)^2}$ $= 6.98\,\mu\mathrm{m}^{-1} = 6.98\times10^6\,\mathrm{m}^{-1}$，④式 (8.76) に上記値を代入して $\Gamma = w(w+V^2)/[(w$ $+1)V^2] = 0.844$ を得る。

8.3 式 (8.39) で $n_2 = n_1$ とおくと $\zeta_2 = \zeta_1$，$\gamma_2 = \gamma_1$ が成り立ち，式 (8.39) は $\tan[2(\kappa d/2)] = [2(\zeta_0\kappa d/2)(\zeta_1\gamma_1 d/2)]/[(\zeta_0\kappa d/2)^2 - (\zeta_1\gamma_1 d/2)^2]\cdots(1)$ で書ける。式 (1) に式 (8.41) を適用し，その左辺で $\tan$ に関する倍角公式を用いると，$\tan 2u = 2\tan u/(1 - \tan^2 u)\cdots(2)$ を得る。式 (1) の右辺は，分母・子を $(\zeta_0 u)^2$ または $(\zeta_1 w)^2$ で割って次式を得る。

$$\frac{2(\zeta_0 u)(\zeta_1 w)}{(\zeta_0 u)^2 - (\zeta_1 w)^2} = \frac{2(\zeta_1 w/\zeta_0)}{1 - (\zeta_1 w/\zeta_0 u)^2} \quad \text{または} \quad \frac{2(\zeta_0 u/\zeta_1 w)}{(\zeta_0 u/\zeta_1 w)^2 - 1} = \frac{-2(\zeta_0 u/\zeta_1 w)}{1 - (\zeta_0 u/\zeta_1 w)^2}$$

式 (2) と上記前者の式から偶対称の式 (8.67) が，後者の式から奇対称の式 (8.68) が導ける。

8.4 TE (TM) モードの法線成分は $I_x(V_x)$，コア・クラッド境界は $x = \pm d/2$ である。TM 偶対称のコアでは，I_y の式 (8.73a) を式 (8.14a) に代入して

$$V_x\left(\pm\frac{d}{2}\right) = j\frac{\beta}{Y_0}C_{\mathrm{Ie}}\cos\left(\pm\kappa\frac{d}{2}\right) = j\frac{\beta}{Y_0}C_{\mathrm{Ie}}\cos u = \frac{\beta}{\omega n_0^2\varepsilon_0}C_{\mathrm{Ie}}\cos u$$

となる。右・左クラッドでは式 (8.75a) を式 (8.14a) に代入して

$$V_x\left(\pm\frac{d}{2}\right) = j\frac{\beta}{Y_1}C_{\mathrm{1e}}\mathrm{e}^w\cos u\exp\left[\mp\gamma_1\left(\pm\frac{d}{2}\right)\right] = j\frac{\beta}{Y_1}C_{\mathrm{1e}}\mathrm{e}^w\cos u\,\mathrm{e}^{-w}$$

$$= \frac{\beta}{\omega n_1^2\varepsilon_0}C_{\mathrm{1e}}\cos u$$

となり，コアとクラッドの屈折率が異なるので不連続となる。TM 奇対称も同様である。TE モードの I_x では式 (8.3a) でのインピーダンス $Z_t = j\omega\mu\mu_0$ が関係し，光波領域で

は常に $\mu = 1$ なので境界で連続となる。

【第9章】

9.1　垂直入射だから式 (9.5) で $\beta = 0$ とおいて，横方向伝搬定数を $\kappa_a = 2\pi n_a/\lambda_0$ $= \pi/100\,\mathrm{nm}^{-1}$，$\kappa_b = n_b 2\pi/\lambda_0 = \pi/200\,\mathrm{nm}^{-1}$ で，また $\kappa_a a = \kappa_b b = \pi/2$，$\cos(\kappa_a a) = \cos(\kappa_b b) = 0$，$\sin(\kappa_a a) = \sin(\kappa_b b) = 1$，$\kappa_a/\kappa_b = 2$ を得る。これらを式 (9.9b) 等に代入して

$$\mathrm{F}_a^{\mathrm{TE}} = \begin{pmatrix} 0 & Z_t/\kappa_a \\ -\kappa_a/Z_t & 0 \end{pmatrix}, \quad \mathrm{F}_b^{\mathrm{TE}} = \begin{pmatrix} 0 & Z_t/\kappa_b \\ -\kappa_b/Z_t & 0 \end{pmatrix}$$

が得られる。これを b 層基準で示すと次式が導ける。

$$\begin{pmatrix} V_{m,b} \\ I_{m,b} \end{pmatrix} = \mathrm{F}_b^{\mathrm{TE}}\mathrm{F}_a^{\mathrm{TE}} \begin{pmatrix} V_{m+1,b} \\ I_{m+1,b} \end{pmatrix}$$
$$= \begin{pmatrix} -\kappa_a/\kappa_b & 0 \\ 0 & -\kappa_b/\kappa_a \end{pmatrix}\begin{pmatrix} V_{m+1,b} \\ I_{m+1,b} \end{pmatrix}$$
$$= \begin{pmatrix} -2 & 0 \\ 0 & -1/2 \end{pmatrix}\begin{pmatrix} V_{m+1,b} \\ I_{m+1,b} \end{pmatrix}$$

ここでの値は 4 分の 1 波長積層条件を満たすように設定している。電界と磁界の交差項がなく，1 周期伝搬するごとに b 層の電界の位相が反転しつつ減衰する。

9.2　① 伝搬定数 β は z 軸方向の不変量で，周期構造がある x 軸方向への垂直入射では $\beta = 0$ となる。② 式 (9.5) に $\beta = 0$ を代入すると $\kappa_a = n_a k_0$，$\kappa_b = n_b k_0$ と書ける。これと $\kappa_a a = \kappa_b b = \pi/2$ を式 (9.18) 代入すると，与式が導かれる。

9.3　① 式 (9.18) の右辺に $\pm \sin(\kappa_a a)\sin(\kappa_b b)$ を付加すると，加法定理を用いて右辺 $= \cos(\kappa_a a + \kappa_b b) - [-1 + (\kappa_a^2 + \kappa_b^2)/2\kappa_a\kappa_b]\sin(\kappa_a a)\sin(\kappa_b b)$ を得る。これを整理して与式を得る。② $|n_a - n_b| \ll n_a, n_b$ のとき $\kappa_a \fallingdotseq \kappa_b$ であり，右辺第 2 項の係数は

$$\frac{(\kappa_a - \kappa_b)^2}{2\kappa_a\kappa_b} = \frac{1}{2}\frac{\kappa_a - \kappa_b}{\kappa_a}\frac{\kappa_a - \kappa_b}{\kappa_b} \fallingdotseq 0$$

と変形でき，これが近似的に無視できる。よって $\cos(K^{\mathrm{TE}}\Lambda) = \cos(\kappa_a a + \kappa_b b)$ より，与式が導かれる。

【第 10 章】

10.1 ① 式 (3.7b) より, 波長は $\lambda = 3.0 \times 10^8/(50 \times 10^9) = 6.0 \times 10^{-3}$ m $= 6.0$ mm。これを式 (10.1) に代入して $\sin\theta_{\mathrm{d}} = 0.6$, $\theta_{\mathrm{d}} = 36.9°$。② $\sin\theta_{\mathrm{d}} = 5.0 \times 10^{-5}$, $\theta_{\mathrm{d}} \fallingdotseq 5.0 \times 10^{-5}$rad $= 2.86 \times 10^{-3}°$。光波領域では波長が短いので, 回折角は電波に比べると極度に微小となる。

10.2 ① 屈折率は $n = 1.453$, 位相速度は式 (3.5) より $v_{\mathrm{p}} = (3.0 \times 10^8)/1.453 = 2.065 \times 10^8$ m/s。群速度は式 (10.4) の最右辺を利用する。$dn/d\lambda = -2B/\lambda^3 = -9.33 \times 10^{-5}$, $v_{\mathrm{g}} = (3.0 \times 10^8)/1.518 = 1.976 \times 10^8$ m/s。② 式 (3.6), (3.7) より $\omega = 2\pi c/\lambda$, $dn/d\omega = (dn/d\lambda)/(d\omega/d\lambda) = B/\pi c\lambda$, $dn/d\omega > 0$ となり正常分散。

10.3 ① 光路長は式 (10.5) を用いて $\varphi = 1.518 \cdot 2.0 + 1.620 \cdot 3.0 = 7.896$ mm。② 位相変化は式 (10.6), (3.8b) を用いて $\phi = 2\pi\varphi/\lambda_0 = (2\pi \cdot 7.896 \times 10^{-3})/589 \times 10^{-9} = 8.42 \times 10^4$ rad となる。

10.4 ① 式 (10.2) より $\lambda = 320(\sin 30° + \sin 40°)/m = 366/m$ [nm] となり, どの回折次数でも可視光が観測されない。② $380 \le 320(\sin 30° + \sin\theta_{\mathrm{dif}})/m \le 780$ を満たす θ_{dif} の範囲を求める。$m = 1$ のとき $\sin^{-1}(380/320 - \sin 30°) = 43.4°$, $780/320 - \sin 30° = 1.94$ であり, $43.4° \le \theta_{\mathrm{dif}} \le 90°$ となる。つまり, 蛍光灯などの白色光源を背にして BD を傾けたときに色づいて見える。

【第 11 章】

11.1 波動の形式は式 (11.11) を参照する。① 周波数は式 (3.6) より $\nu = \omega/2\pi = 1.2\pi \times 10^{15}/2\pi = 600$ THz, 媒質中の波数は $k = 1.2\pi \times 10^{15} \cdot 5 \times 10^{-9} = 6\pi \times 10^6$ m^{-1}, 媒質中の光速は式 (3.8a) より $v = \omega/k = (1.2\pi \times 10^{15})/(6\pi \times 10^6) = 2 \times 10^8$ m/s, 媒質の屈折率は式 (3.5) を用いて $n = c/v = (3.0 \times 10^8)/(2.0 \times 10^8) = 1.5$, 真空中の波長は式 (3.7b) より $\lambda_0 = c/\nu = (3.0 \times 10^8)/(6 \times 10^{14}) = 5 \times 10^{-7}$ m $= 500$ nm。② 波動インピーダンスは式 (11.14) より $Z_{\mathrm{w}} = Z_0/n = 120\pi/1.5 = 80\pi\,\Omega$, 磁界は式 (11.13b) に電界の式 E_x を代入して $\boldsymbol{H} = (1/Z_{\mathrm{w}})E_x\mathbf{e}_y$ より $H_y = (1/80\pi)\cos[1.2\pi \times 10^{15}(t - 5 \times 10^{-9}z)]$ [A/m]。③ 比誘電率の値は式 (3.24) より $\varepsilon = n^2 = (1.5)^2 = 2.25$, 電束密度成分は, 式 (11.4a), (3.2) を用い

て $D_x = \varepsilon\varepsilon_0 E_x = 1.992 \times 10^{-11} \cos[1.2\,\pi \times 10^{15}(t - 5 \times 10^{-9}z)]$ [C/m²]。

11.2　磁気エネルギー密度 U_m の式 (11.17c) に式 (11.13b) を代入し，スカラー 3 重積の公式 $\boldsymbol{A} \cdot (\boldsymbol{B} \times \boldsymbol{C}) = \boldsymbol{B} \cdot (\boldsymbol{C} \times \boldsymbol{A}) = \boldsymbol{C} \cdot (\boldsymbol{A} \times \boldsymbol{B})$ を適用すると，$U_\mathrm{m} = (\mu\mu_0/2Z_\mathrm{w}^2)(\boldsymbol{s} \times \boldsymbol{E}) \cdot (\boldsymbol{s} \times \boldsymbol{E})^* = (\mu\mu_0/2Z_\mathrm{w}^2)\boldsymbol{s} \cdot [\boldsymbol{E}^* \times (\boldsymbol{s} \times \boldsymbol{E})]$ が得られる。この結果にベクトル 3 重積の公式 $\boldsymbol{A} \times (\boldsymbol{B} \times \boldsymbol{C}) = (\boldsymbol{A} \cdot \boldsymbol{C})\boldsymbol{B} - (\boldsymbol{A} \cdot \boldsymbol{B})\boldsymbol{C}$ を適用して得られる $\boldsymbol{E}^* \times (\boldsymbol{s} \times \boldsymbol{E}) = (\boldsymbol{E}^* \cdot \boldsymbol{E})\boldsymbol{s} - (\boldsymbol{E}^* \cdot \boldsymbol{s})\boldsymbol{E} = |\boldsymbol{E}|^2\boldsymbol{s}$ を代入し，式 (11.14) を用いると $U_\mathrm{m} = (\varepsilon\varepsilon_0/2)|\boldsymbol{E}|^2$ を得る。これは電気エネルギー密度 U_e の式 (11.17b) に一致する。

11.3　① 式 (11.12) を参照して与式の (　) 内第 2 項の係数より，媒質中の光速が $v = 1.9 \times 10^8$ m/s となり，屈折率は式 (3.5) を用いて $n = c/v = (3.0 \times 10^8)/(1.9 \times 10^8) = 1.579$。② まず，波動インピーダンスが式 (11.14) より $Z_\mathrm{w} = Z_0/n = 120\,\pi/1.579 = 76.0\,\pi\,\Omega$，電界成分は式 (11.13a) に磁界成分を代入して $E_y = -Z_\mathrm{w} H_x = 76.0\,\pi \sin[\pi \times 10^{15}(t - z/1.90 \times 10^8)]$ [V/m]。これは E_y を z 軸の回りに $-90°$ 回転させると H_x になることを表す。③ ポインティングベクトルは，式 (11.18) を用いて $S_z = -(1/2)E_y H_x^* = (1/2)Z_\mathrm{w}|H_x|^2 = 38.0\,\pi \sin^2[\pi \times 10^{15}(t - z/1.90 \times 10^8)]$ [W/m²] となる。

11.4　境界条件により，誘電体では境界に対する電界・磁界の接線成分が連続，電束密度と磁束密度の法線成分が連続となる。本題の場合，接線成分は $y \cdot z$ 成分，法線成分は x 成分となる。① の TE モードの場合，接線成分の E_y, H_z は直ちに連続である。磁束密度の法線成分 $\mu\mu_0 H_x$ が連続となれば，$\mu = 1$ だから H_x も連続となる。② の TM モードの場合，接線成分の H_y, E_z が連続である。電束密度の法線成分 $\varepsilon\varepsilon_0 E_x$ ($\varepsilon = n^2$：比誘電率) で，境界で屈折率 n が異なるから E_x は不連続となる。$x \geqq 0$ 側の E_x が負側よりも $(1.45/1.43)^2$ 倍大きくなる。

参考図書

　以下では，電気回路，光工学，光学，および関連分野の参考書と，本書を執筆する際に参考にした文献を掲載する。

【電気回路関係】

- 川上正光：改版基礎電気回路Ⅱ，コロナ社，1967.
- 柳沢健：回路理論基礎，電気学会，1986.
- R. E. Collin（石井正博，角田稔，山下栄吉訳）：マイクロ波工学上・下，近代科学社，1969.

【光工学関係】

- 霜田光一，矢島達夫編著：量子エレクトロニクス上，裳華房，1972.
- H. A. Haus: *"Waves and fields in optoelectronics,"* Prentice Hall, 1984.
- A. Yariv: *"Optical Electronics,"* (Fourth Ed.) Saunders College Publishing, 1991.
- ヤリーヴ，イェー（多田邦雄，神谷武志監訳）：光エレクトロニクス　基礎編，（原書6版）丸善，2010.

【光学関係】

- M. Born and E. Wolf: *"Principles of Optics,"* Pergamon press, 1970.
- ボルン，ウォルフ（草川徹・横田英嗣訳）：光学の原理Ⅰ〜Ⅲ，東海大学出版会，1974.
- 石黒浩三：光学，裳華房，1982.
- E. Hecht: *"Optics,"* Addison-Wesley Publishing, 1987.

- ヘクト（尾崎義政・朝倉利光訳）：ヘクト 光学 I〜III，丸善，2004.
- 鶴田匡夫：応用光学 I・II，培風館，1990.
- 左貝潤一：光学の基礎，コロナ社，1997.

【第8章】

- 國分泰雄：光波工学，共立出版，1999.
- 左貝潤一：導波光学，共立出版，2004.

【第9章】

- P. Yeh: "*Optical waves in layered media*," Wiley, New York, 1988.

索　引

【著者略歴】

左貝潤一（さかい じゅんいち）

現　在　立命館大学名誉教授・工学博士
著　書　『光学の基礎』，コロナ社（1997）
　　　　『光通信工学』，共立出版（2000）
　　　　『通信ネットワーク概論』，森北出版（2018）
　　　　『電磁波工学エッセンシャルズ』，共立出版（2020）
　　　　『光の数理』，コロナ社（2021）
　　　　他

電気系のための光工学
－回路理論に基づいて－

Optical engineering
for electrical course persons
－ On the basis of circuit theory－

2022年10月20日　初　版　第1刷発行

検印廃止
NDC 549.95
ISBN978-4-320-08652-4

著　者　左貝潤一　© 2022

発行者　**共立出版株式会社**/南條光章

東京都文京区小日向 4-6-19
電話 東京(03)3947 局 2511 番
〒 112-0006/振替 00110-2-57035 番
www.kyoritsu-pub.co.jp

印　刷　藤原印刷
製　本

一般社団法人
自然科学書協会
会員

Printed in Japan